LabVIEW를 이용한 의용생체계측 시스템

Biomedical Instrumentation Using LabVIEW

LabVIEW를 이용한
의용생체계측 시스템
Biomedical Instrumentation Using LabVIEW

김희찬 지음
서울대학교 의용전자연구실

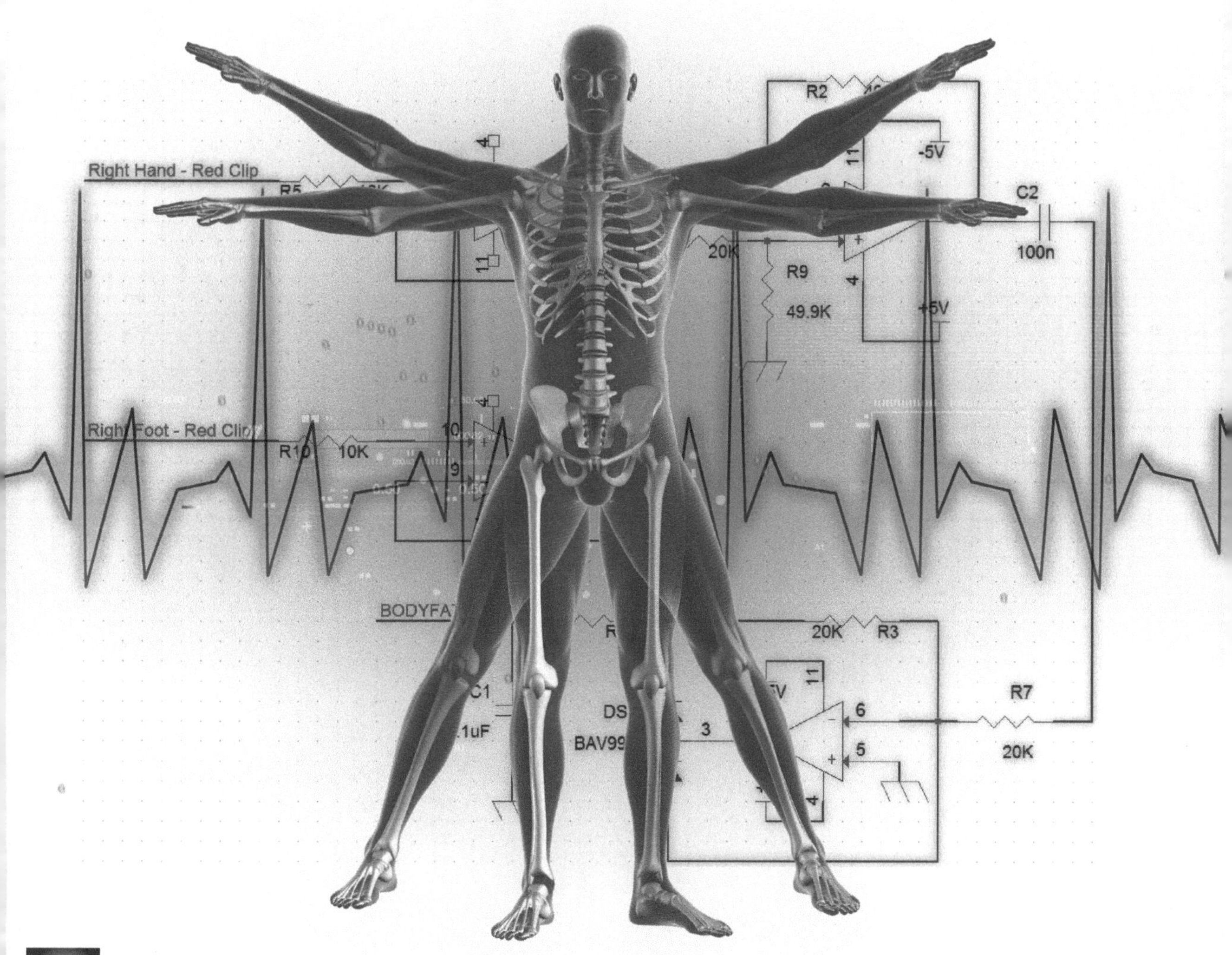

머리말

흔히 이공계 분야의 대학 학부교육이 산업계나 연구소, 심지어는 대학원에서 필요로 하는 실무적인 능력조차 제대로 함양시키지 못한다는 비판을 듣고 있습니다. 이에 대한 원인으로 우리나라 대학교육의 다양한 현실적 문제점들이 제기되고 있지만 이론과 실기를 효과적으로 병행교육하기에 적합한 교재가 없다는 점도 주요 원인 중 하나라고 말할 수 있습니다.

의공학교육의 1차 목표가 공학적인 지식과 기술을 기반으로 의생명과학 분야의 여러 문제를 해결하기 위한 응용 능력을 키우는 데 있음을 생각할 때, 생리학이나 생물학 그리고 공학 분야의 이론적인 지식교육과 함께 현실적인 문제를 해결할 수 있는 구체적인 방법들을 실습할 수 있는 실험교육이 매우 중요하다는 것을 실감하게 됩니다. 의공학의 여러 주제 중에서도 의용생체계측은 센서와 프로세서 그리고 작동기로 이루어지는 계측 시스템을 설계하고 제작하여 의생명과학 분야의 구체적인 문제에 응용하는 가장 실용적인 분야입니다. 따라서 계측 시스템의 구성원리에 대한 이해뿐만 아니라 직접적인 설계와 제작을 통한 실험실습이 매우 중요합니다. 개인적인 경험에 비추어 볼 때에도 의공학을 전공하는 학생들이 타전공 이공계 학생들과 자신들의 차이점을 가장 쉽게 느낄 수 있는 기회는 자신들이 만든 기구나 장치를 사람이나 동물에 적용하는 실습을 통해서라고 생각합니다.

'LabVIEW를 이용한 의용생체계측 시스템'은 의공학(Biomedical Engineering)을 전공하는 학부 3학년 학생에서부터 학부에서 타전공 후 의공학을 공부하는 대학원생들을 위해 쓰여졌습니다. 특히 수업을 통해서 의용생체계측 분야에 대한 이론적인 지식의 습득뿐만 아니라 의용생체계측 시스템을 스스로 구현할 수 있는 응용 능력이 함양될 수 있도록 내용을 구성하였습니다. 이를 위해 다양한 주제의 의용생체계측 시스템 설계를 LabVIEW를 통해 구현하는 예제를 포함하였습니다.

LabVIEW는 Laboratory Virtual Instrument Engineering Workbench의 약자이며, 직관적인 그래픽 아이콘 및 흐름 차트를 연상케 하는 와이어를 사용하여 고급 측정,

테스트 및 컨트롤 시스템을 개발하기 위해 수백만의 엔지니어 및 과학자들이 사용하는 그래픽 프로그래밍 환경입니다. 제어계측 분야에서 사용하기 쉽고 편리한 프로그래밍 언어라고 할 수 있습니다. LabVIEW의 장점은 기본적으로 주어지는 예제만으로도 실제 업무에 사용할 수 있을 뿐 아니라 소스코드가 아이콘으로 이루어져 있어 데이터의 흐름을 직관적으로 관찰할 수 있고, GUI(Graphic User Interface)의 구현이 용이하여 개발시간을 단축시킬 수 있다는 점입니다. 따라서 의용생체계측 분야에서 습득한 지식과 실기를 구체적인 문제해결에 적용하는 응용 능력을 배양하는데 가장 적절한 도구라고 할 수 있습니다.

PART 1은 의용생체계측 분야의 기본 이론으로 의용생체계측이라는 학문 분야의 정의와 연구개발의 대상물인 의료기기(Medical Device)에 대한 기초지식, 그리고 의용생체계측 시스템의 구성요소에 대해 설명하고 있습니다. 이어서 일반적인 계측 시스템의 3대 구성요소인 센서(sensor), 프로세서(processor), 작동기(actuator) 중 의용생체계측 시스템에서 가장 중요한 센서와 프로세서에 대해 설명하고 있습니다. 이를 기반으로 다양한 진단용 의료기기나 실험용 측정장치의 설계와 구현에 대한 통찰력을 습득할 수 있을 것으로 기대합니다. 치료용 의료기기나 실험용기기 중에서도 특별한 처치를 담당하는 기구에는 작동기가 중요한 구성요소인데, 이에 대한 좀 더 깊이 있는 설명은 다음 번에 나올 책에 포함시킬 것을 기약합니다. PART 2에서는 LabVIEW 프로그래밍에 대한 기본적인 소개와 함께 신호처리기법과 DAQ card를 이용한 아날로그 신호수집 방법을 소개합니다. PART 3에서는 대표적인 생체신호인 심전도계측을 포함한 의용생체계측 분야의 총11가지 주제에 대해 생리학적인 기초원리와 LabVIEW 프로그래밍과 결과분석 및 토의를 제공합니다.

이 책이 완성되기까지 많은 사람들의 참여가 있었습니다. PART 1의 기본원리 부분은 지난 20여 년 동안 서울대학교 의과대학의 의공학교실과 공과대학의 의용생체 및 바이오엔지니어링협동과정에서 '의용생체계측' 과목 강의를 진행하며 사용했던 수업자료를 정리한 것입니다. 그 동안 이 자료준비를 위해 수고했던 사람들과 수업을 들으며 잘못된 부분을 지적하고 좀 더 확실한 내용을 준비하도록 자극해준 수많은 학생들의 기여가 포함되어 있습니다. 특히 박지흠 학생이 많이 도와주었습니다. PART 2의 LabVIEW 프로그래밍 부분은 본 연구실 출신인 공현중 박사가 집필하였습니다. PART3에 포함된 11가지의 다양한 응용 예는 2011~2012년 서울대학교 의용전자연구실(Medical Electronics Laboratory, MELAB)에 재학하고 있는 석박사과정 학생들의 노력에 의해 준비되었습니다: <심전도 – 김우영>, <심박변이율 – 노승우>, <혈압 – 신일형>, <근전도와 근력 – 류지원>, <호흡과 가스 교환 – 김광복, 차재평>, <혈당 – 박상윤>, <혈액 전해질 – 노종민>, <혈구 계수와 면역분석법 – 이사람, 최형선>, <뇌파 – 조인아>, <체온 – 이충희>, <체중과 체지방 – 윤치열>. 이들은 각각의 주제에 대해 생리학적인 원리에서부터 시스템 구축, LabVIEW 프로그래밍, 실험과 결과데이터 정리 및 토의내용 도출에 이르기까지 많은 수고를 아끼지 않았습니다. 다행히도 모든 주제들은 지난 15년 동안 MELAB에서 여러 가지 프로젝트를 통하여 수행되었거나 현재 진행되고 있는 연구주제에 직간접적으로 포함된 것들이어서 실험실을 거쳐나간 여러 선배들의 노력의 결과를 활용할 수 있었습니다.

이렇게 수많은 사람들의 참여에 의해 쓰여졌으나 아직도 많은 오류와 불확실한 내용이 많이 남아있음을 인정하지 않을 수 없습니다. 이 책이 앞으로 의용생체계측 분야에서 훌륭한 교재로 지속적으로 사용된다면 그것은 아마 미래의 독자들에 의한 날카로운 지적과 혹독한 비판을 통해서 가능할 것임을 확신합니다. 마지막으로 우리 의공학도들에게는 국민소득 2만불 시대에 새로운 국가 신성장동력산업으로 의료기기 산업을 발전시켜 우리나라를 선진국 대열에 진입시켜야하는 시대적 사명이 있음을 느낍니다. 이를 위해 최선의 노력을 할 현재와 미래의 의공학도들에게 이 책이 조금이나마 도움이 된다면 이 책을 쓰면서 느꼈던 저자들의 고통은 큰 기쁨과 보람으로 승화될 것입니다.

2012년 1월 연건동 서울대학교병원 연구실에서 김 희 찬

저자소개

김 희 찬(金喜贊)

직 위

서울대학교 의과대학 의공학교실 주임교수

서울대학교병원 의공학과 과장

서울대학교 의학연구원 의용생체공학연구소장

서울대학교병원 의료기기 IRB 전문간사

서울대학교 대학원 바이오엔지니어링 협동과정 주임교수

서울대학교병원 임상의학연구원 지식재산관리실장

학력 및 경력

1978 ~ 1982 서울대학교 공과대학 전자공학과(공학사)

1982 ~ 1984 서울대학교 대학원 전자공학과-의공학전공(공학석사)

1984 ~ 1989 서울대학교 대학원 제어계측공학과-의공학전공(공학박사)

1982 ~ 1989 서울대학교병원 의공학과(의공부기정)

1989 ~ 1991 미국 유타대학교 인공심장연구소(전임연구원)

1991 ~ 1993 서울대학교 의과대학(전임강사)

1993 ~ 1994 미국 유타대학교 인공심장연구소 및 제약학과(교환교수)

1994 ~ 현재 서울대학교 의과대학(조교수/부교수/정교수)

2006 ~ 2010 서울대학교병원 임상의학연구소 의료기기평가실장

2006 ~ 2010 서울대학교병원 임상의학연구소 GLP연구실장

목차

PART 2 의용생체계측을 위한 LabVIEW 프로그래밍

PART 3 의용생체계측 응용

PART 1

의용생체계측 이론

01 의용생체계측의 기초

1.1 의용생체계측(醫用生體計測, Biomedical Instrumentation)

Instrument는 도구를 의미하는 Tool과 구분 없이 쓰기도 하지만 특히 섬세하거나 과학적인 작업에 쓰는 기구를 지칭하는 말이다. Instrumentation은 "과학기술 분야의 응용을 목적으로 다양한 기구(instrument)들을 설계하고 개발하며 응용하는 종합적인 창작활동"이라고 정의할 수 있다. 이런 관점에서 생각하면 시간이나 물건의 양 따위를 헤아리거나 잰다는 의미의 계측(計測)이라는 단어는 Measurement에 더 가까워 Instrumentation에 대한 정확한 번역이 아닐 수 있으나 보다 적절한 대안이 없어 오랫동안 사용되고 있다.

따라서 의용생체계측은 "의료 목적으로 사용되는 모든 도구의 기구화(器具化)" 정도로 이해하는 것이 적당하다. 의료인이 환자의 진료에 사용하는 도구로 가장 중요한 것은 스스로 습득한 의학지식(knowledge)과 임상수기(skill)이겠으나 그밖에 사용할 수 있는 도구들은 크게 약(drug)과 의료기기(medical device)로 양분된다. 따라서 의용생체계측의 대상이 되는 기구들은 모두 의료기기에 해당한다.

[그림 1-1] 의료인의 도구로서의 약과 의료기기. 최근 들어 유전자치료나 세포치료 등에 사용되는 '생물학적 제제'들이 제3의 부류로 구분되고 있다.

1.2 의료기기(醫療器機, Medical Devices)

1.2.1 정의

우리나라 의료기기법에서는 의료기기를 다음과 같이 정의하고 있다. "사람 또는 동물에게 단독 또는 조합하여 사용되는 기구 · 기계 · 장치 · 재료 또는 이와 유사한 제품으로서 다음 각호의 1에 해당하는 제품"(단, 약사법에 의한 의약품과 의약외품 및 「장애인복지법」 제65조에 따른 장애인보조기구 중 의지 · 보조기를 제외)

- 질병의 진단 · 치료 · 경감 · 처치 또는 예방의 목적으로 사용되는 제품
- 상해 또는 장애의 진단 · 치료 · 경감 또는 보정의 목적으로 사용되는 제품
- 구조 또는 기능의 검사 · 대체 또는 변형의 목적으로 사용되는 제품
- 임신조절의 목적으로 사용되는 제품

이상과 같은 정의를 잘 생각해보면 앞서 기술한 바와 같이 의료진이 환자를 진료할 때 사용하는 도구로서 약을 제외한 나머지 거의 모든 것들을 의료기기라고 말할 수 있음을 알게 된다.

1.2.2 의료기기의 분류

의료기기법 제3조 등급분류와 지정에서 "식품의약품안전청장은 의료기기의 사용목적과 사용시 인체에 미치는 잠재적 위해성 등의 차이에 따라 체계적 · 합리적 안전관리를 할 수 있도록 의료기기의 등급을 분류하여 지정하여야 한다."라고 명시하고 있다. 이에 따라 식품의약품안전청장은 인체에 미치는 잠재적 위해성의 정도에 따라 의료기기위원회의 심의를 거쳐 의료기기를 다음 4개의 등급으로 분류하고 있다. 두 가지 이상의 등급에 해당되는 경우에는 가장 높은 위해도에 따른 등급으로 분류한다.

- 1등급: 인체에 직접 접촉되지 아니하거나 접촉되더라도 잠재적 위험성이 거의 없고, 고장이나 이상으로 인하여 인체에 미치는 영향이 경미한 의료기기
- 2등급: 사용 중 고장이나 이상으로 인한 인체에 대한 위험성은 있으나 생명의 위험 또는 중대한 기능장애에 직면할 가능성이 적어 잠재적 위험성이 낮은 의료기기
- 3등급: 인체 내에 일정기간 삽입되어 사용되거나, 잠재적 위험성이 높은 의료기기
- 4등급: 인체 내에 영구적으로 이식되는 의료기기, 심장 · 중추신경계 · 중앙혈관계 등에 직접 접촉되어 사용되는 의료기기, 동물의 조직 또는 추출물을 이용하거나 안전성 등의 검증을 위한 정보가 불충분한 원자재를 사용한 의료기기

같은 등급의 의료기기는 어느 회사에서 만들어도 똑같은 등급이 매겨진다. 따라서 1등급 의료기기가 2등급 의료기기에 비해서 더욱 우수한 성능을 가진 의료기기라는 의미가 아니라 1에서 4로 숫자가 커질수록 해당 의료기기는 사용 시 인체에 대한 잠재적 위험성이 더 크다는 의미이다. 이때 잠재적 위해성에 대한 판단기준은 다음과 같다.

- 의료기기의 인체 삽입여부
- 인체 내 삽입 · 이식기간
- 의약품이나 에너지를 환자에게 전달하는지 여부
- 환자에게 국소적 또는 전신적으로 생물학적 영향을 미치는지 여부
- 체내(구강 내를 제외한다)에서의 화학적 변화 유무

의료기기의 등급분류의 한 예로서, 안과의사가 사용하는 검안경(opthalmoscope)은 1등급, 심전도를 측정하는 심전계(electrocardiograph)는 2등급, 혈액투석을 시행하는 인공신장기(hemodialyzer)는 3등급, 인공심장박동기(pacemaker)는 4등급 의료기기이다.

1.2.3 의료기기의 개발

일반 공산품과 달리 모든 의료기기는 등급에 따라 식품의약품안전청으로부터 허가를 받거나 신고를 행한 후에 제조, 수입, 수리, 판매, 임대 등이 가능하다. 하나의 의료기기가 아이디어에서 출발하여 임상에 사용될 때까지는 개발, 평가 및 인증의 3단계 과정을 거쳐야 한다. 이 중에서도 생체 내(*in vivo*)에서의 안전성, 유효성 평가는 난이도나 비용 그리고 소요기간 등에서 가장 어려운 과정으로 일명 죽음의 계곡(Death Valley)이라고 불릴 만큼 대다수의 연구개발이 통과하지 못한다. 따라서 의료기기의 기술개발(R&D) 과정은 단순한 개발과정만을 생각해서는 안되고 평가까지 포함해서 생각해야 한다.

이와 같이 실험실 내 기술개발과정과 생체 내 안전성, 유효성 평가과정은 매우 다른 특성을 갖게 되는데, 의용생체계측에 경험이 없는 일반적인 기술개발자들로서는 간과하기 쉬운 것이므로 이에 대한 이해와 지식이 반드시 필요하다.

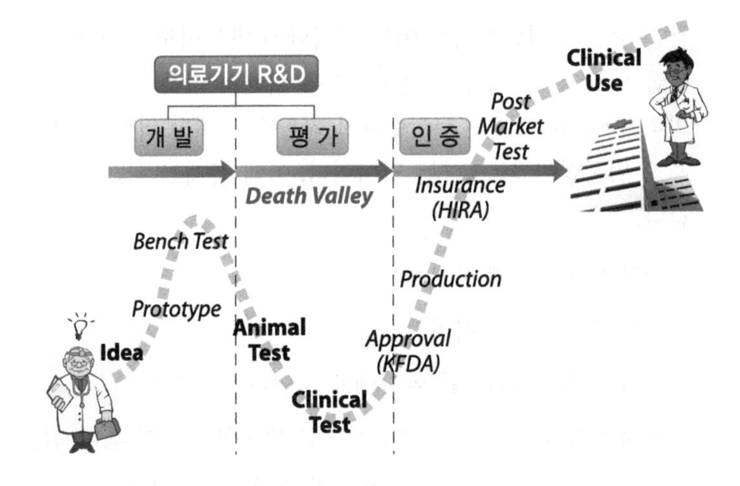

[그림 1-2] 의료기기의 상용화 과정. 일반 공산품과 달리 생체내 안전성, 유효성 평가과정과 복잡한 인증과정을 거쳐 임상에 활용될 수 있다.

일반적으로 공학적인 연구개발에 있어서 주어진 사양(specification)에 대한 안전성, 유효성 평가는 통계적인 접근이 사용되지 않는다. 즉 정량적인 측정결과를 통하여 주어진 기준을 만족시키거나 그렇지 못한 경우를 확실하게 판단할 수 있다. 그러나 생체는 고유의 다양성(Variety)과 변동성(Variability)으로 인하여 안전성, 유효성 평가의 결과 도출에 있어서 확률적인 접근방법이 필수적이다.

[표 1-1] 의료기기 R&D 과정 중 기술개발과 생체 내 안전성, 유효성 평가 과정의 특성비교

	기술개발	생체 내 안전성, 유효성 평가
핵심가치	아이디어, 요소기술	생명윤리, 안전성과 유효성
소요기간	(상대적으로) 단기간	(상대적으로) 장기간
기반학문	공학, 자연과학	의학, 생물학
결과분석	결정적(deterministic)	확률적(statistical)

1.3 의용생체계측 시스템

생체계측 시스템은 크게 세 가지 구성요소로 이루어진다. 인체나 동물, 또는 살아있는 세포 등과 같은 대상이 되는 바이오 시스템으로부터 생명현상과 관련된 정보를 포함하는 다양한 에너지 신호(biosignal)를 전기 에너지 형태의 신호(electrical signal)로 변환해주는 센서(sensor), 이와는 반대의 기능인 전기 에너지 신호를 다른 에너지로 변환하여 생체로 인가하는 작동기(actuator), 그리고 이 둘을 연결하면서 문

제해결 방식인 알고리즘을 포함하는 프로세서로 구성된다. 일반적인 의료기기를 생각해 보면 진단용 의료기기(diagnostic medical device)들은 대부분 센서와 프로세서만으로 구성되는 경우가 많고 치료용 의료기기(therapeutic medical device)는 센서와 프로세서 외에 작동기를 포함한다.

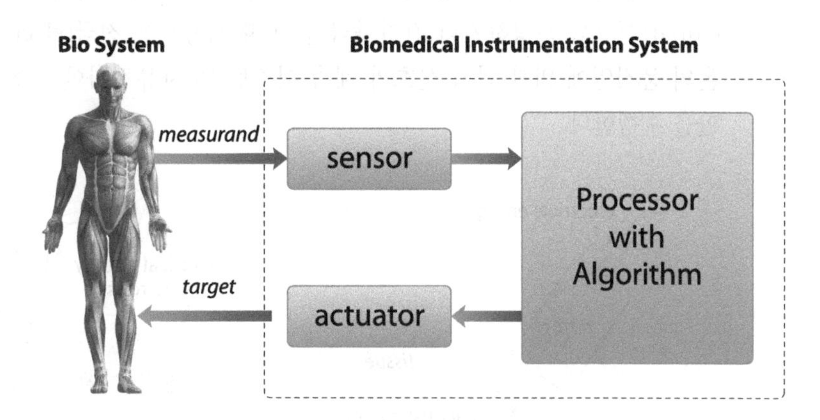

[그림 1-3] 의용생체계측 시스템의 구성. 센서, 알고리즘을 포함한 프로세서, 작동기의 세 부분으로 구성된다.

1.3.1 변환기(transducer)

변환기는 에너지의 형태를 바꾸는 소자를 부르는 말로, 입력으로 들어온 형태와 다른 에너지 형태의 출력을 제공하는 장치를 의미한다. 계측 시스템을 구성하는 센서와 작동기는 변환기의 서로 다른 종류라고 볼 수 있다. 즉 센서는 다양한 에너지 형태의 입력신호를 받아서 전기 에너지 형태의 출력신호를 제공하는 변환기이며, 작동기는 전기 에너지 형태의 입력신호를 받아서 다른 에너지 형태의 출력을 제공하는 변환기가 된다.

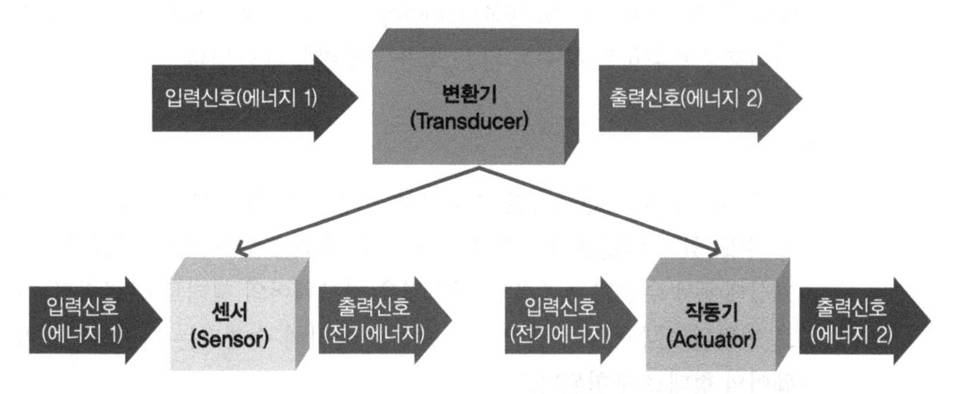

[그림 1-4] 변환기의 종류로서의 센서와 작동기. 센서는 전기 에너지 출력을 제공하고 작동기는 전기 에너지 입력을 받는 변환기로 볼 수 있다.

이와 같은 기능의 대칭성 때문에 동일한 소자가 사용 목적에 따라 센서와 작동기 모두로 쓰이는 경우가 자주 있다. 의료용 초음파 영상기(ultrasonograph)에서 탐촉자(probe)로 사용되는 압전소자(piezoelectric device)는 전기 에너지를 받아 초음파를 발생시키는 작동기로 사용되었다가 그 후 조직을 통과하면서 발생된 반사음파를 입력으로 받아 이에 비례하는 전기 신호로 변환하는 센서로 작용한다. 생체전기(biopotential)신호를 측정하거나 전기자극을 할 때 사용되는 전극(electrode)은 조직 내 이온의 움직임에 의한 전기 신호와 계측 시스템 내 자유전자에 의한 전기 신호간의 변환을 수행한다.

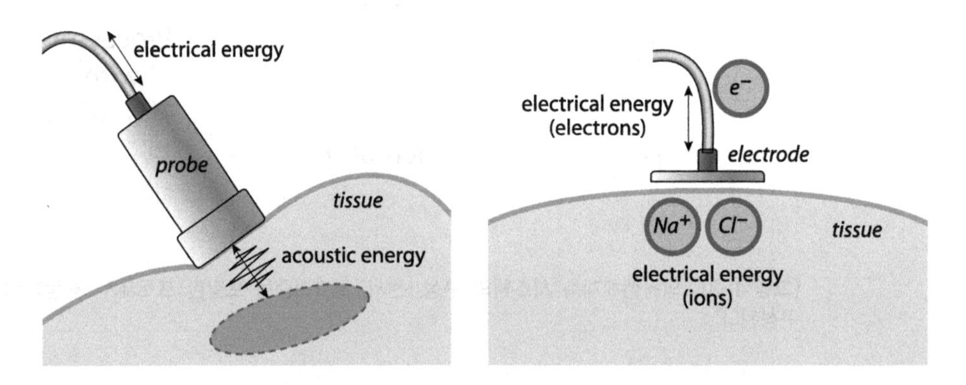

[그림 1-5] 의료용 초음파 영상장치에서 센서와 작동기의 역할을 하는 탐촉자는 하나의 소자가 시간차를 두고 두 가지 변환기의 역할을 담당한다. 생체조직과 계측 시스템 간에는 전극을 중심으로 이온과 자유전자의 서로 다른 전하(electric charge)로 구성된 전기 에너지간의 변환이 이루어진다.

생체계측 시스템에서 많이 사용되는 작동기로는 기계적인 출력을 제공하는 모터(motor), 솔레노이드(Solenoid), 압전소자(Piezoelectric device) 등이 있고 광학 에너지를 제공하는 레이저(LASER), 발광다이오드(LED), 전구(Bulb) 등이 있다. 반면에 센서는 기계(mechanical), 열(thermal), 전기(electric), 자기(magnetic), 질량(mass), 화학(chemical), 생물학(biological) 등 다양한 에너지 형태의 입력신호를 전기신호로 변환하는 무수히 많은 소자들이 활용되고 있다.

1.3.2 프로세서

계측 시스템의 핵심요소인 프로세서의 구성요소는 하드웨어와 소프트웨어로 구분할 수도 있고 아날로그와 디지털 파트로 구분할 수도 있다. 일반적으로 아날로그신호상태에서 수행되는 증폭과 필터링은 하드웨어의 형태로 구현되고, 디지털 데이터로 변환된 이후에 적절한 알고리즘을 사용하여 수행되는 디지털신호처리는 소프트웨어의 형태로 구현된다.

프로세서 구현의 가장 보편적인 형태는 PC를 사용하는 것인데, 특별히 소형으로 만들거나 제조단가를 줄일 필요가 있는 경우 내장형 시스템(embedded system) 형태로 구현된다. PC 기반의 시스템은 다양한 사용자들의 요구 사항을 만족시킬 수 있도록 유연하게 설계되고 지속적인 업그레이드가 용이하지만, 가격이 비싸고 기동시간(booting time)이 길다는 단점이 있다. 반면에 내장형 시스템은 일반적으로 마이크로컨트롤러(microcontroller)나 디지털신호처리장치(DSP chip) 기반으로 구성되어 최적화된 설계에 따라 그 크기와 생산 비용을 줄일 수 있고 신뢰성과 성능을 향상시킬 수 있는 장점이 있다.

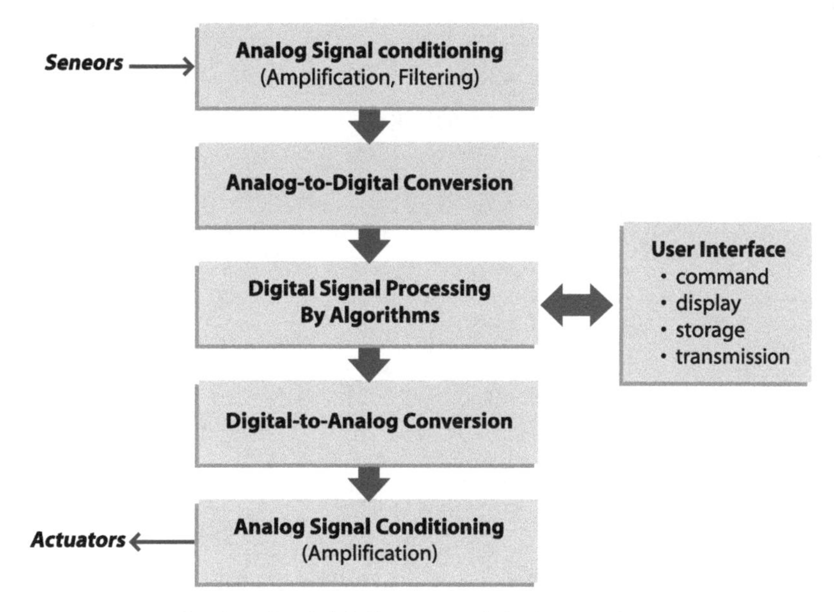

[그림 1-6] 처리장치(processor)의 기능적 구성요소

02 센서의 기초

2.1 의용생체계측용 센서의 특성과 종류

앞서 설명한 바와 같이 의용생체계측용 센서는 바이오 시스템으로부터 생명현상과 관련된 정보를 포함한 다양한 에너지의 신호를 입력으로 받아서 전기신호의 출력을 제공하는 변환소자이다. 이때 측정대상변수(Measurand, Stimulus)의 접근성에 따라 체내변수(혈압), 체표변수(심전도), 체방사변수(열적외선), 체외시료변수(혈당)로 나눌 수 있다.

2.1.1 센서의 특성

❶ **정확도(accuracy):** 참값과 센서를 통한 측정 오차 간의 비율로 정의된다. 센서의 출력이 얼마나 참값에 가까운가를 나타낸다.

❷ **정밀도(precision):** 두 가지의 의미로 사용된다. 같은 측정대상변수에 대한 연속적인 측정에서 측정치들 사이의 분산 정도를 나타내기도 하고, 센서를 이용한 계측 시스템의 출력에서 제공되는 유효숫자의 개수를 의미하기도 한다. 측정치들 사이의 분산을 표현하는 변수로는 분산상수(coefficient of variation, CV)가 사용되기도 하는데 이것은 동일한 대상에 대한 연속적인 측정결과에서 표준편차를

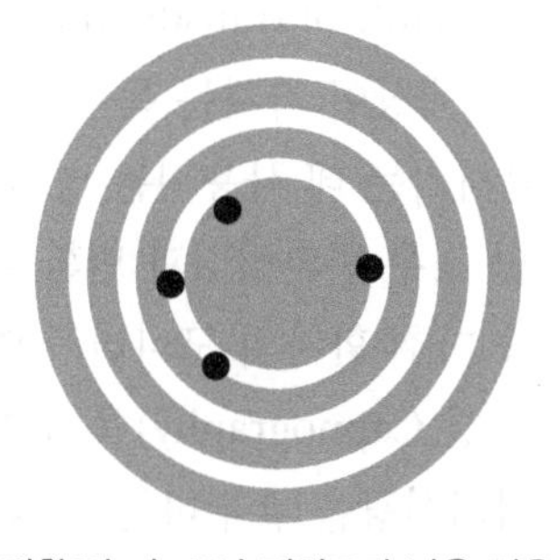

정확도는 높으나 정밀도가 낮은 경우

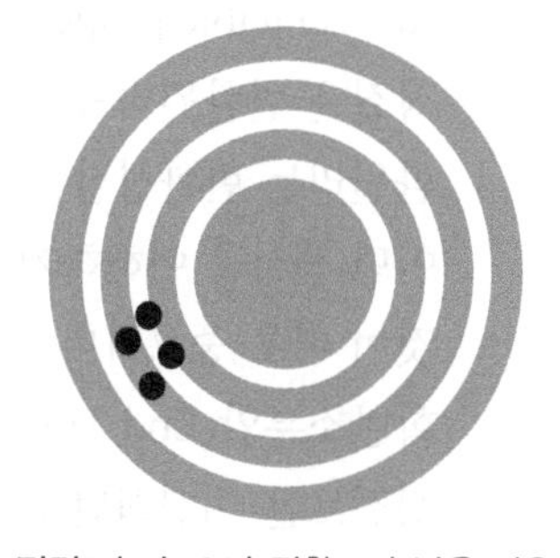

정밀도는 높으나 정확도가 낮은 경우

[그림 2-1] 센서의 특성변수로서 정확도(accuracy)와 정밀도(precision)의 의미

평균으로 나눈 값을 백분율(%)로 나타낸 것이다. 높은 정밀도 센서의 경우 CV 값은 작아야 한다.

③ **감도(sensitivity):** 센서 입력 증감에 대한 출력 증감의 비율로서 얼마나 미세한 입력 변화에 반응하는가를 나타낸다.

④ **선택도(selectivity):** 여러 가지 입력변수들의 존재할 때 해당 센서가 특정한 변수에만 응답하는 특성을 의미한다.

일반적으로 높은 감도와 높은 선택도를 동시에 만족시키기는 어렵다. 예를 들어 실리콘과 같은 반도체 소자를 이용해 만든 압력센서의 경우 압력에 대한 감도는 매우 우수하지만 온도변화에도 영향을 받기 때문에 센서의 선택도가 떨어지는 단점이 있다.

⑤ **재현성(reproducibility):** 동일 입력에 대한 센서의 출력 특성이 시간에 따라 변화하는 정도를 나타내는 변수로서 짧은 시간에 대한 특성을 나타내는 반복성(repeatability)에 비해서 상대적으로 긴 시간에 대한 특성을 나타낸다.

⑥ **작동구간(operating range):** 센서가 정확하게 작동하는 입력변수의 최대값과 최소값 사이를 의미한다. 작동구간을 벗어나는 입력에 대한 사용에서는 센서의 특성이 보장되지 않는다.

⑦ **응답시간(response time):** 시간에 따라 변하는 입력에 대해서 최종값의 90%까지 도달하는 데 걸리는 시간을 의미한다. 대개 계단입력(step input)에 대해 정의하며, 주파수 특성으로서 표현되는 대역폭(band width)과 동일한 특성을 표현한다.

⑧ **분해능(resolution):** 센서가 정확하게 측정할 수 있는 입력의 최소 변화 단위를 의미한다.

2.1.2 센서의 구성

Geddes와 Baker(1968)는 센서 혹은 변환기의 구성에 대한 개념으로 변환성질(transducible property)과 변환원리(principle of transduction)를 제시하였다. 변환성질은 변환원리를 적용할 수 있는 측정대상이 가지는 독특한 성질을 의미하며, 변환원리는 변환성질을 전기신호로 변환시키는 데 사용되는 방법을 의미한다. 따라서 어떤 센서를 이해하거나 새롭게 개발할 경우 변환성질과 변환원리를 각각 이해하는 것이 매우 중요하다. 예들 들어 수술 중 마취 환자의 모니터링에 필요한 호기말이산화탄소분압(End Tidal CO_2, $EtCO_2$) 측정(Capnography)을 위한 센서의 경우 변환성질로는 이산화탄소분자가 4.3μm 적외선광을 흡수하는 특성을 사용하고 변환원리로는 적외선방출다이오드(IR LED)와 광검출기(photo detector)의 쌍 사이에 환자의 호흡기류가 지나가도록 장치하는 방법이 사용된다.

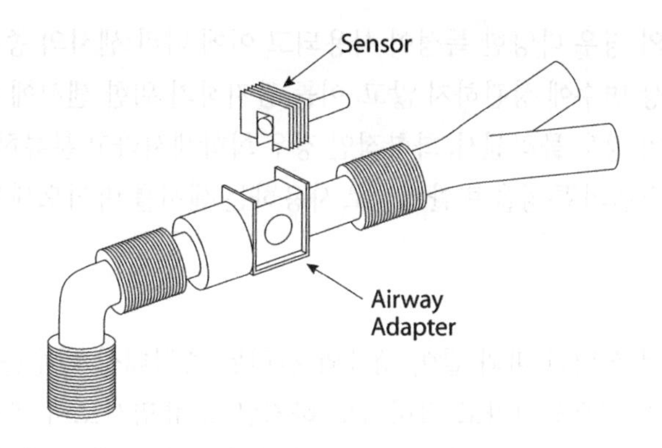

[그림 2-2] 호기말이산화탄소분압(EtCO_2) 측정용 센서 구성의 예

2.1.3 센서의 종류

센서의 종류를 구분하는 가장 보편적인 기준은 사용자의 측면에서 가장 관심이 있는 측정대상변수(measurand)의 종류에 따라 분류하는 것이다. 변수의 종류에는 물리변수, 화학변수, 생체관련 변수가 있는데, 이를 측정하는 센서들을 각각 물리센서(physical sensor), 화학센서(chemical sensor), 바이오센서(biosensor)라 부른다.

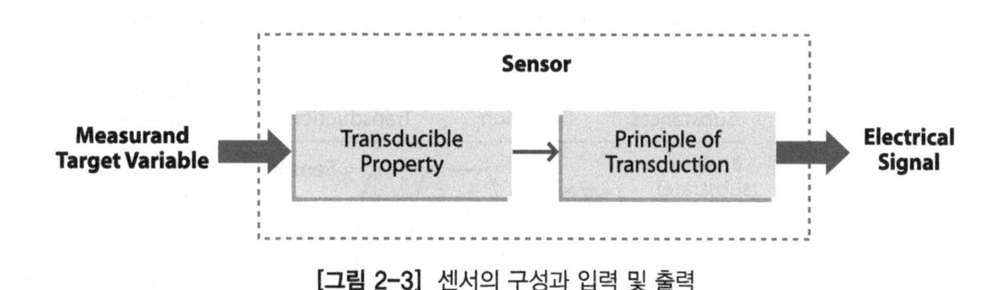

[그림 2-3] 센서의 구성과 입력 및 출력

[표 2-1] 측정변수에 따른 센서의 분류

	측정대상변수의 예
물리센서	길이, 무게, 온도, 속도, 가속도
화학센서	O_2, CO_2, Na^+, Cl^-, K^+
바이오센서	DNA, 심전도, 혈당, 적혈구

그러나 센서 자체를 개발하거나 이를 이용하여 계측 시스템을 구성하는 개발자의 입장에서는 측정변수의 종류에 따른 구분보다는 센서의 구성 특성에 따른 분류가 더욱 적절할 수 있다. 센서 구성에서 변환원리는 전기신호를 출력으로 제공하는 특성상 물리적인 원리로 작동되는 전기, 전자소자를 사용하게 되는 것이 일반적이지만, 변환성

질의 경우 다양한 특성이 사용되고 이에 따라 센서의 종류를 구분할 수 있다. 즉 측정 대상 변수에 상관하지 않고, 이를 감지하기 위한 센서에서 사용하는 변환성질이 물리적인 경우 물리센서, 화학적인 경우 화학센서라고 분류하는 것이다. 이에 따라 바이오 시스템의 특성을 변환성질로 사용하는 센서를 바이오센서(biosensor)라고 부른다.

2.1.4 바이오센서

앞서 설명한 바와 같이 생체와 관련된 측정대상 변수를 측정하는 데 사용하는 센서를 바이오센서라고 말하기도 하지만, 고유명사로서 바이오센서(Biosensor)는 학문적으로 다음과 같이 정의되는 특별한 구조를 갖는 센서를 의미한다. 즉 바이오센서는 기존의 센서에 생물학적인 감지요소(biological detection element)가 결합됨으로써 고감도(high sensitivity)와 고선택도(high selectivity)의 특성을 갖는 센서를 의미한다. 바이오센서가 고감도와 고선택도를 갖게 되는 이유는 생물학적 감지요소의 특성 때문인데, 오랜 기간동안 최적의 상태로 진화된 생체 내의 다양한 생화학적 반응이나 결합 또는 감지 기능들을 활용하기 때문이다. 이러한 고감도, 고선택도의 특성을 갖는 센서는 일반적으로 생체 시료에 대한 분석의 경우와 같이 극미량의 분석물질이나 유사한 성질의 간섭물질(interferent)이 많이 존재하는 상황에 적합하기 때문에 최근 들어 생체계측 분야에서 그 중요성이 증가되고 있다.

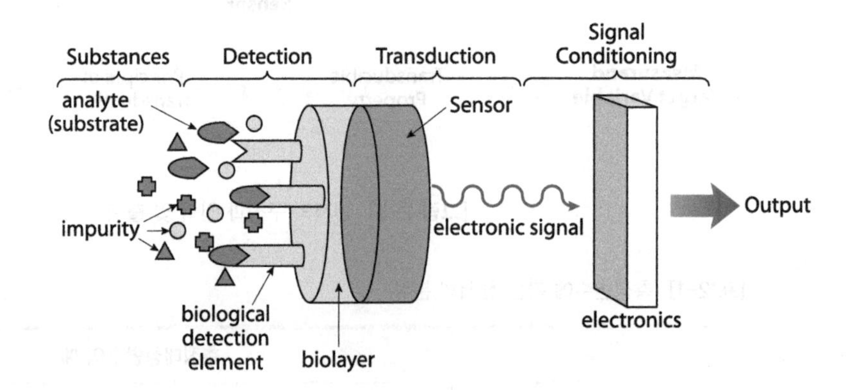

[그림 2-4] 바이오센서의 구성요소. 일반적인 물리화학적 센서의 표면에 생물학적 감지요소가 결합된 형태이다.

이와 같은 구조의 바이오센서는 인체 내의 감각기관이 작동하는 원리를 그대로 모사한 것으로 해석할 수도 있는데, [그림 2-5]와 같이 냄새를 맡을 때 사용하는 후각시스템과 비교하면 유사성을 쉽게 이해할 수 있다. 냄새를 일으키는 휘발성 분자는 코 내부 점막에 위치한 후각세포 표면에 있는 수용체(receptor)에 의해 고감도와 고선택도의 특성으로 결합하게 되고, 그 결과 이와 연결되어 있는 신경세포에서 활동

전위를 발생시키게 된다. 이러한 전기신호는 신경세포를 통해 신경회로망인 뇌로 전달되어 최종적으로 냄새의 종류를 인지하게 된다.

바이오센서에 사용될 수 있는 대표적인 생물학적 감지요소는 각종 생화학적 반응에 촉매로 작용하는 효소(enzyme), 면역반응에 작용하는 항체(antibody), DNA의 염기간 수소결합을 이용하는 핵산(nucleic acid), 세포막 수용체(receptor)를 생각할 수 있으나 미생물체(microorganism)나 세포/조직/장기(cell/tissue/organ)등까지도 생각할 수 있다.

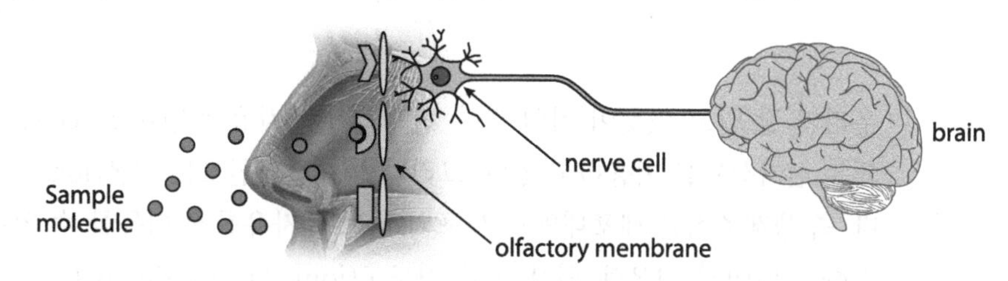

[그림 2-5] 바이오센서의 모델로서 인체 후각 시스템의 작동원리

2.2 생체전기신호와 전극

생체전기신호(bioelectric signal)는 가장 많이 활용되고 있는 의용생체계측 시스템의 측정대상변수이다. 따라서 생체전기신호 계측 시스템의 구성과 작동원리를 이해하는 것은 매우 중요한 의미를 갖는다.

2.2.1 전기신호

전기신호는 전하(電荷, charge, 어떤 물질이 갖고 있는 전기의 양, 일반적으로 Q로 표시함)를 띤 입자(charge carrier)들의 분포와 거동에 의해 발생되는 신호이다. 전기신호의 종류는 (1) 주어진 공간의 전하 분포에 따라 특정한 두 지점 사이에 형성되는 전기적인 위치 에너지 차이인 전위차(electric potential difference, 일반적으로 V로 표시)—전통적으로 전자공학에서는 전위차의 단위인 볼트(Volt)를 사용하여 전압(Voltage)이라는 표현을 사용하지만, 생체전기신호를 다루는 생리학 분야에서는 전위차, 혹은 줄여서 전위라는 표현을 사용한다. (2) 관심이 있는 특정한 전기적 통로(electrical path)를 따라 단위시간에 움직인 전하의 양(dQ/dt)으로 정의되는 전류(Current, 일반적으로 I로 표시함)가 있다.

[표 2-2] 전기신호로서 전위/전압과 전류의 특성비교

	전위/전압(V)	전류(I)
정의	두 지점 간의 전기적 위치 에너지 차이 ($V_{12} = (E_1 - E_2)/Q$)	단위 시간당 움직이는 전하량 ($I = dQ/dt$)
측정방식	병렬연결	직렬연결
측정기기	고입력저항 (이상적으로 $R_{in} = \infty$)	저입력저항 (이상적으로 $R_{in} = 0$)
측정난이도	상대적으로 용이	상대적으로 난이

우리가 잘 알고 있듯이 거의 모든 전자기기는 자유전자(free electron)에 의해 발생되는 전기신호를 이용하고 있다. 그러나 생체전기신호는 이온(ion)들에 의해 발생된다. 즉 생제조직은 세포내액과 세포외액 모두 자유롭게 이동할 수 있는 이온들을 포함하고 있어서 이온에 의한 직류 전도도(ionic DC conductivity)를 갖는 전해질성 도체(electrolytic conductor)로 볼 수 있다. 특히 세포외액(interstitial fluid)의 경우 0.9% NaCl(염화나트륨) 용액인 생리식염수로 등가할 수 있으므로, 생체 내의 모든 전기 신호는 Na^+와 Cl^- 두 이온의 분포와 움직임에 의해서 발생된다고 볼 수 있다. 따라서 생체전기신호를 계측하기 위해서는 이온에 의한 전기신호(ionic electrical signal)를 전자에 의한 전기신호(electronic electrical signal)로 변환하는 센서가 필요하다.

2.2.2 전극(electrode)

전극의 일반적인 정의는 "전기회로를 구성하는 요소 중에서 비금속성의 부분(반도체, 전해질, 진공 등)과 접점을 이루는 도전체"를 의미한다. 이를 생체응용에 적용해서 다시 설명하면 전극은 "전해질(생체조직)과 접촉하여 자유전자의 공급(source)과 회수(sink)를 담당하는 전류가 흐르는 한 쌍의 금속체"라고 표현할 수 있고 "전하 전달체(charge carrier)가 자유전자에서 이온으로, 또는 이온에서 자유전자로 교대(shift)되는 곳"이라고 설명할 수도 있다. 앞서 설명한 센서의 정의에 따르면 전극은 "이온에 의한 전기신호를 자유전자에 의한 전기신호로 변환하는 센서"로 정의할 수 있다([그림 1-5] 참조).

1 전기화학셀(Electrochemical Cell)

생체전기신호를 측정하기 위해 체표면에 전극을 붙인 상황은 전극(electrode)과 전해질(electrolyte)이 접촉하고 있는 상태로 전기화학(electrochemistry) 분야에서 말

하는 반쪽전지(half-cell)에 해당한다. 반쪽전지란 하나의 전도성 전극과 이를 둘러 싸고 있는 전도성 전해질이 계면에 자연적으로 생성된 두 가지 전하층을 사이로 분리되어 있는 구조를 의미한다. 두 개의 반쪽전지를 연결하면 하나의 전기화학셀을 구성할 수 있다. 이때 만들어지는 전기화학셀은 (1) 화학반응으로부터 전기 에너지를 얻어낼 수 있는 형태와(Galvanic cell or Voltaic Cell) (2) 외부로부터 전기 에너지를 공급받아 화학반응을 활성화할 수 있는 형태(Electrolytic Cell)가 있다. 대부분 생체전기신호의 크기는 아주 미약하기 때문에 반쪽전지에서 전극-전해질 계면을 미세 규모(microscale)에서 이해할 필요가 있다.

전극과 전해질은 서로 접촉하기 전에는 각각 전기적으로 중성의 상태를 유지하고 있다. 그러나 서로 접촉하는 순간 계면상에서 화학반응이 일어나고 그 결과 새로운 전기적 평형이 이루어진다. 여기서 일어나는 화학반응은 전극을 이루는 금속원자가 전자를 잃고 양이온이 되는 산화반응과 전해질이 포함하고 있는 금속이온이 전자와 결합하는 환원반응이다. 이러한 전극을 구성하는 금속원자의 산화-환원반응(Oxidation-Reduction Reaction, REDOX)의 결과로 전극-전해질 계면상에 새로운 전기적 평형이 이루어진다.

$$C \rightleftarrows C^{n+} + ne^{-}$$

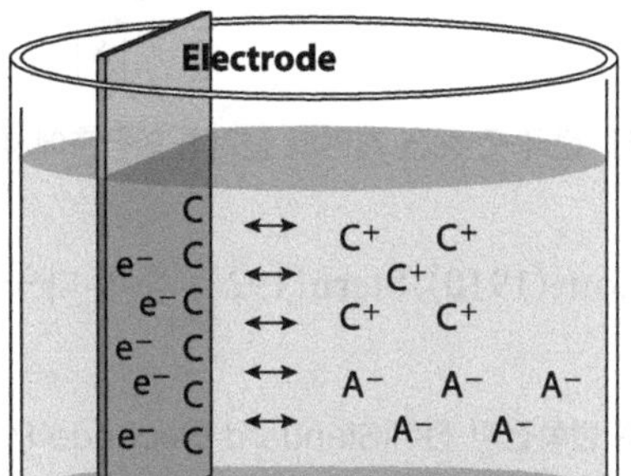

[그림 2-6] 반쪽전지에서 전극-전해질 계면. 전극은 금속원자 C로 구성되어있고 전해질은 금속 양이온 C^{+}과 음이온 A^{-}가 용해되어있는 용액이다.

예를 들어 산화반응이 일어나게 되면 금속원자는 전자를 잃고 양이온의 형태로 전해질에 용해되는데 결과적으로 전극 쪽에서는 음전하를, 전해질 쪽에서는 양전하를 밀어내는 전하펌핑(charge pumping)이 일어나게 된다. 이러한 전하펌핑의 결과는 전극-전해질 계면상에 전하 분리 현상이 나타나 전기 이중층(electrical double layer)을 형성하게 되고, 따라서 전기적으로 중성인 전해질 용액 대부분의 영역(bulk electrolyte)과 전극 사이에는 전위차가 발생한다. 이렇게 발생된 전위차는 지속적인 화학반응을 저해하는 방향으로 증가하게 되는데, 결국 순전하펌핑(net charge pumping)이 중지되는 상태에서 평형을 이루게 된다. 이때 전극-전해질 간의 최종적인 평형 전위차를 반쪽전지 전위(half-cell potential)라고 한다. 반쪽전지 전위는 금속의 종류, 전해질의 농도, 온도 및 기타의 조건에 따라 결정된다.

전극-전해질 계면에 형성된 전기적 이중층에 대한 모델이 [그림 2-7]에 나타나 있다.

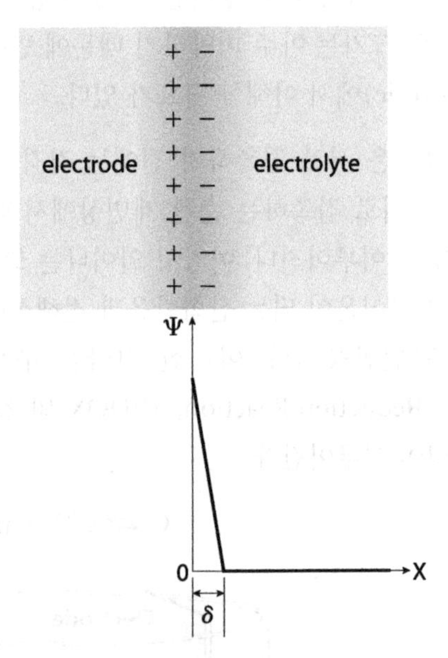

[그림 2-7] 전극-전해질 계면의 전기적 이중층에서 전하분포 및 전위형태(Helmholtz, 1879)

이 밖에도 Gouy(1910), Stern(1924) 등의 다양한 모델이 제시되었다.

[표 2-3] 표준 반쪽전지 전위(Standard Electrode Potentials at 298.15 K)

금속원자의 환원반응	반쪽전지 전위 E^0(V)
$Al^{3+} + 3e^- \rightarrow Al$	−1.660
$Zn^{2+} + 2e^- \rightarrow Zn$	−0.762
$Cr^{3+} + 3e^- \rightarrow Cr$	−0.740
$Fe^{2+} + 2e^- \rightarrow Fe$	−0.440
$Ni^{2+} + 2e^- \rightarrow Ni$	−0.250
$Pb^{2+} + 2e^- \rightarrow Pb$	−0.130
$2H^+ + 2e^- \rightarrow H_2$	0.00 (정의에 의해)
$AgCl + e^- \rightarrow Ag + Cl^-$	+0.223

(계속)

[표 2-3] 표준 반쪽전지 전위(Standard Electrode Potentials at 298.15 K) (계속)

금속원자의 환원반응	반쪽전지 전위 E^0(V)
$Cu^{2+} + 2e^- \rightarrow Cu$	+0.340
$Cu^+ + e^- \rightarrow Cu$	+0.520
$Ag^+ + e^- \rightarrow Ag$	+0.799
$Pt^{2+} + 2e^- \rightarrow Pt$	+1.188
$Au^{3+} + 3e^- \rightarrow Au$	+1.520
$Au^+ + e^- \rightarrow Au$	+1.830

2 전극의 거동 특성에 따른 전극의 분류

앞서 설명한 반쪽전지에 대한 이해로부터 전극과 생체조직이 접하고 있는 상태에 대한 전기적 등가회로는 다음과 같이 나타낼 수 있다.

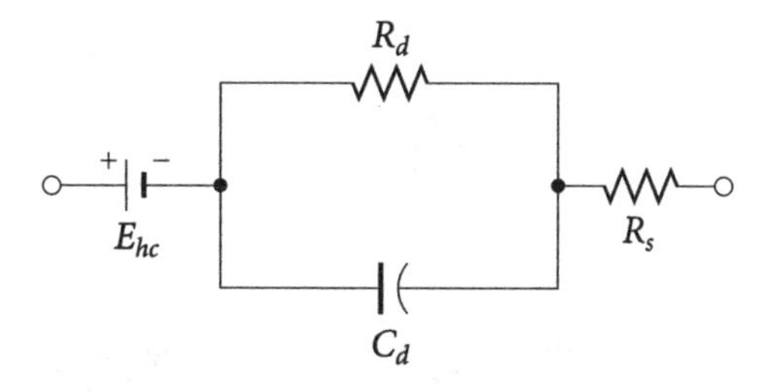

[그림 2-8] 전해질과 접촉하고 있는 전극의 전기적 등가회로: E_{hc} = 반쪽전지 전위, R_d // C_d = 전극-전해질 계면에 대한 등가 임피던스, R_s = 전해질 등가저항

위의 등가회로에서 R_d와 C_d의 물리적 의미를 살펴보면, C_d는 전극-전해질 인터페이스에서의 전기 이중층의 정전용량(capacitance)이고, 병렬 저항 R_d는 이 전기 이중층의 누설저항(leakage resistance)이다. 병렬 형태를 취한 것은 DC에서의 전체 임피던스가 일정한 값을 갖고 있음을 반영한 것이다. 중요한 사실은 이러한 전극의 등가 모델에서 각 소자들의 값은 전류밀도, 구동 전류의 파형, 주파수 등의 조건에 따라 변한다는 사실이다.

전극은 사용되는 금속의 종류와 금속표면에 대한 처리여부에 따라 그 거동의 특성이 매우 다르다. 완전 분극형(perfectly polarized or perfectly nonreversible) 전극과 완전 비분극형(perfectly nonpolarizable or perfectly reversible) 전극으로 구분되는데, 분극(polarization)은 일정 공간에 전하가 중성성(neutrality)을 잃고 분리되어 분포함으로써 국소적인 전기장(electric field)을 형성하는 현상을 말한다. 전기등가

회로를 통해볼 때 완전 분극형 전극은 전극-전해질 계면의 임피던스가 정전용량(C_d)만으로 나타내지는 전극을 의미하며, 완전 비분극 전극의 경우 저항(R_d)만으로 나타나는 전극을 의미한다. 실제로 완전한 분극 전극이나 완전한 비분극 전극은 이론적으로만 생각할 수 있는 것이고 현실적으로 사용되는 모든 전극은 이 두 가지 극단의 중간 특성을 갖게 된다.

❶ **완전 분극형 전극:** 이론적으로 완전한 분극형 전극은 존재하지 않지만 백금(Pt)과 같은 귀금속 전극이 이에 가까운 특성을 갖는다. 화학적으로 안정한(inert) 귀금속은 산화되어 전해질로 용해되기 어렵기 때문에 전극과 전해질의 계면에서 화학반응에 의한 인터페이스를 관통하는 갈바니전류(Galvanic current)가 흐르지 않는다. 따라서 전극-전해질 인터페이스를 통과해 흐르는 전류는 모두 변위전류(displacement current)로만 이루어지고 전극은 순수 용량성(capacitive) 특성을 갖는 것으로 모델링할 수 있다. 전극-전해질 계면상의 화학반응이 일어나지 않기 때문에 장기간 사용되는 이식형(implantable) 전극에 적합하나 계면 간의 상대적인 움직임은 변위전류의 변동으로 나타나기 때문에 동잡음(motion artifact)에 취약한 단점을 갖는다.

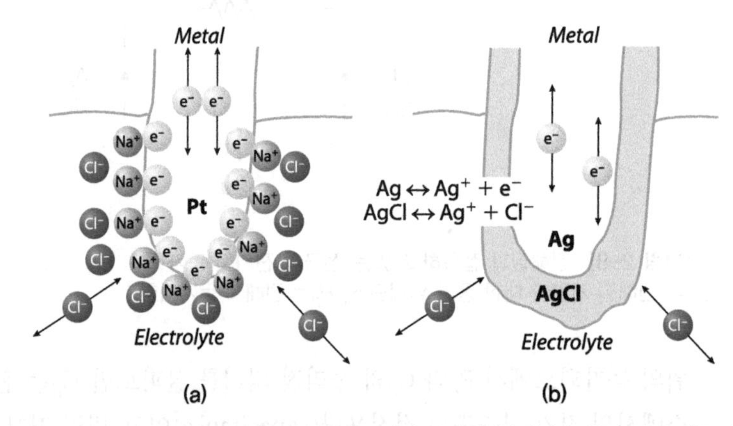

[그림 2-9] 전극의 거동 특성에 따른 분류에서 두 가지 극단의 형태. (a) 완전 분극 전극, (b) 완전 비분극 전극

❷ **완전 비분극 전극:** 완전 비분극 전극은 전극과 전해질의 경계면에서 전하의 이동에 의한 전류가 흐르는 전극을 의미한다. 이론적으로 완전한 비분극 전극은 경계면의 전하 이동에 에너지를 필요하지 않는 전극이지만 실제로는 전하 이동에 어느 정도 에너지를 필요로 하며 전기적으로는 저항성의 특성을 나타낸다. 대표적인 비분극 전극으로는 은-염화은(Ag-AgCl) 전극이 있다.

- 은-염화은 전극에 전류가 흐르면 전류의 방향에 따라서는 Ag이 산화환원 반응(REDOX system)을 일으키면서 전극-전해질 계면을 관통하는 전하의 1:1 흐름

이 존재하게 된다.

- Ag 산화의 경우: $Ag \rightarrow Ag^+ + e^-$, 이때 생긴 Ag^+은 전해질 속의 Cl^-과 결합하여 AgCl 염을 형성하는데, AgCl은 물에 잘 녹지 않으므로 생성된 대부분의 AgCl은 은전극의 표면에 침전하여 흡착된다.
- Ag 환원의 경우: AgCl 중 Ag 근처에 있는 Ag^+은 쉽게 $Ag^+ + e^- \rightarrow Ag$으로 될 수 있고 전해질과 접촉하고 있는 부분의 Cl^-이 전해질로 유리된다.

이와 같이 전극-전해질 계면을 통과하면서 방해받지 않는 전하의 흐름이 존재하게 되므로 이를 순수한 저항으로 모델링할 수 있다. 움직임에 의한 동잡음면에서 분극 전극에 비해 강인한 특성을 가지지만, 전극 표면에서의 지속적인 화학반응에 의존하고 있으므로 이식형센서에는 적합하지 않다. 특히 Ag의 환원반응이 일어나는 방향으로 연속적인 전류의 흐름이 존재하는 경우에는 AgCl이 분해되어 사라지기 때문에 전체적인 전극의 특성이 바뀌게 되므로 주의해야 한다. 이러한 특성 때문에 은-염화은 전극은 의료용 표면 전극으로 매우 광범위하게 사용되고 있다.

또 한 가지 은-염화은 전극은 기준 전극(reference electrode)으로 널리 활용되고 있다. 기준 전극이란 전기화학셀을 구성할 때 전류의 방향이나 크기에 무관하게 전해질과 안정된 전위를 유지할 수 있는 특성을 갖는 전극을 의미한다. 앞서 설명한대로 은-염화은 전극은 전극-전해질의 경계면에서 AgCl을 중계로 하는 가역반응이 진행되어 전하의 축적이 생기지 않으므로 안정한 전위차를 유지할 수 있다. 이러한 은-염화은 전극의 반쪽전지 전위(half-cell potential)가 안정한 이유를 수학적으로 살펴보자. 전극-전해질 계면에서의 화학반응은

$$Ag \leftrightarrow Ag^+ + e^-$$
$$Ag^+ + Cl^- \leftrightarrow AgCl\downarrow$$

이다. 반쪽전지 전위는 Ag의 REDOX 반응식에 의해서 결정되므로 위의 반응식에 Nernst equation을 적용하여 계산할 수 있다.

$$E = E^0_{Ag} - \frac{RT}{nF}\ln\frac{a_{Ag}}{a_{Ag^+}}$$

여기서 고체 Ag의 activity는 1로 볼 수 있으므로

$$E = E^0_{Ag} + \frac{RT}{nF}\ln(a_{Ag^+})$$

평형상태에서 Ag^+과 Cl^-의 이온 활동도(ionic activity)는 아래와 같이 그 곱이 용해도곱(Solubility Product, Ks)이 되는데, 대략 1.8×10^{-10} 정도로 일정하다.

$$a_{Ag^+} \times a_{Cl^-} = K_s$$

$$E = E_{Ag}^0 + \frac{RT}{nF}\ln\left(\frac{K_s}{a_{Cl^-}}\right)$$

$$E = E_{Ag}^0 + \frac{RT}{nF}\ln(K_s) - \frac{RT}{nF}\ln(a_{Cl^-})$$

위의 결과 식에서 Cl^-의 활동도(activity)가 안정하다면 반쪽전지 전위도 안정하게 되고, 따라서 일반적인 실험용 기준 전극의 경우에는 Ag-AgCl 전극을 포화된 KCl 용액에 담가 사용함으로써 안정된 전위를 유지한다. 하지만 생체 조직의 경우에는 Cl^-이 주 음이온이기 때문에 일정한 농도를 가지고 있어 이와 같은 조건이 만족되므로 Ag-AgCl 전극은 생체 전기신호 측정에서 매우 안정된 전극전위를 갖는 기준 전극으로 사용할 수 있게 된다.

이와 같은 Ag-AgCl 전극의 특성은 전극의 구성물질인 금속 Ag과 전해질의 주요이온 성분인 Cl가 결합한 염 AgCl을 표면에 처리한 결과로 얻어진 것이므로 사용하던 은 전극이 오염되었다고 해서 전극 표면의 층을 긁어내면 염화은이 제거되므로 주의해야 한다. 염화은은 짙은 적갈색으로 검은 빛깔을 띤다.

2.2.3 체표면 생체전위(surface biopotential)

체표면 생체전위는 생체의 체표면에서 측정하는 두 지점 사이의 전위차를 의미한다. 체표면에서 형성되는 전위차의 발생원인은 흥분성 세포에서 발생하는 활동전위(活動電位, action potential)로, 세포막전위(cell membrane potential)가 휴지전위(resting potential) 이상으로 자발적인 변동을 일으키는 것을 말하는데, 신경세포와 일부 내분비세포, 근육세포에서 신호를 전달하는 방법으로 사용된다. 신경, 근육 등의 흥분성 세포가 신호를 받거나 스스로 흥분하면 분극상태의 세포막 투과성을 빠르게 변화시켜 막전위가 단시간 동안 역전되면서 −60mV 정도의 휴지전위에서 +30 ~ +40mV로 막전위가 탈분극(depolarization)된다. 이러한 전위 변화는 수 millisecond 정도의 빠른 시간 안에 일어나고 회복된다. 활동전위는 휴지 상태로 돌아가기 전에 비활성 부위였던 인접부위에 전류를 보내어 새로운 활동전위를 생성하여 활동전위가 세포막 전체에 확산될 때까지 소실되지 않고 계속 이어진다. 실제로 단일 신경세포를 분리하여 생리식염수에 넣고 전기자극을 가하면 이와 같은 활동전위를 측정할 수 있다. 그러나 실제 인체 장기의 생리학적인 활동에 따라 체표면에 생성되는 전위차는 무수히 많은 흥분성 세포들이 만들어낸 활동전위가 모두 더해지고 이것들이 체액(body fluid)이라는 체적전도체(volume conductor)를 통해 피부로 전달된 결과이기 때문에 모양이나 크기, 그리고 시간에 따른 변화양상인 주파수 성분들도 단일 활동전위와는 다르게 나타난다.

[표 2-4] 대표적인 생체전기신호의 종류 및 특성

생 체 신 호	신호의 크기	신호의 주파수 대역 [Hz]	기본 변환 장치 혹은 측정방법
심전도(ECG)	0.5 ~ 4mV	0.01 ~ 250	skin electrode
뇌파(EEG)	5 ~ 300μV	DC ~ 150	scalp electrode
위전도(EGG)	10 ~ 1000μV	DC ~ 1	skin-surface electrode
근전도(EMG)	0.1 ~ 5mV	DC ~ 10,000	needle electrode
안전도(EOG)	50 ~ 3500μV	DC ~ 50	contact electrode
망막전위도(ERG)	0 ~ 900μV	DC ~ 50	contact electrode
전기피부반응(GSR)	1 ~ 500KΩ	0.01 ~ 1	skin electrode
심음도(PCG)	Dynamic range 80dB, threshold about 10^{-4}Pa	5 ~ 2,000	microphone

체표면에 형성된 생체전위의 측정은 마치 바닷물 속에 빠진 건전지가 조류에 의해 위치와 기전력이 시간에 따라 변하는 상황에서 해수면의 특정 두 지점을 선택하고 전위차를 측정하여 건전지의 양극과 음극의 방향과 현재의 기전력을 유추하는 것과 유사한 일이다. 즉 일정한 순간에 만들어진 수많은 활동전위들의 합은 인체 내부에 일정한 방향과 일정한 크기의 전기쌍극자(electric dipole)를 만드는 것과 등가하다. 다만 이러한 전기쌍극자 모멘트가 시간에 따라 방향과 크기가 달라진다고 볼 수 있

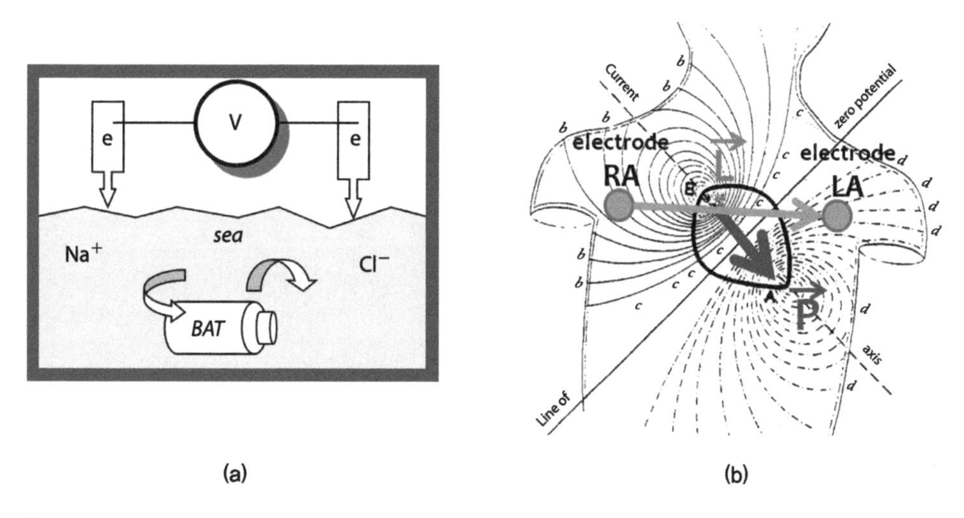

[그림 2-10] 체표면 생체전위 측정의 원리: (a) 바닷물에 빠진 건전지의 방향과 기전력을 수면상의 전위차 측정으로 유추하는 것, (b) 체표면 전위의 크기는 활동전위의 등가 전기쌍극자 벡터($\vec{P}$)와 체표면의 두 지점을 연결하는 리드 벡터($\vec{L}$)의 내적($\vec{P} \cdot \vec{L}$)으로 주어진다.

다. 이때 체표면의 특정 두 지점을 선택하여 체표면 전위차를 측정하게 되면 그 크기는 전기쌍극자 모멘트 벡터와 측정을 위해 선택한 두 지점을 연결하는 리드(lead) 벡터(체표면의 특정한 두 지점을 선택하는 방법을 리드(lead)라고 부른다) 간의 내적(inner product or dot product)에 비례하게 된다. 심전도 측정의 사지(四肢) 리드(limb lead) 중에서 심장의 해부학적인 방향과 비슷한 lead II에서 QRS 파가 가장 크게 측정되는 원리가 이것이다.

03 처리장치의 기초

3.1 처리장치(Processor)의 구성요소

의용생체계측 시스템의 구성요소로서 처리장치의 구성은 [그림 1-6]에 나타나 있는 대로 증폭기와 필터로 대표되는 아날로그신호 조절부와 A/D, D/A 변환기, 신호처리 알고리즘 등으로 이루어진다.

의용생체계측용을 포함한 모든 센서의 출력은 전기신호의 형태로 제공된다. 일반적으로 전기신호라 함은 기준전위(GND 점)에 대한 전위 혹은 전압변화로 주어지는 전압(voltage)신호를 의미한다. 전압신호는 증폭이나 측정이 용이하고 잡음의 영향도 상대적으로 작으며, 적은 파워로도 처리가 가능하다는 장점 때문에 모든 전기신호의 처리에서 사용된다. 따라서 전압변화로 주어지는 전기신호를 다루는 아날로그회로에서 가장 많이 사용되는 소자인 연산증폭기(Operational Amplifier, OP Amp)에 대한 원리와 응용방법을 이해하는 것은 매우 중요하다.

3.2 연산증폭기(Operational Amplifier, OP Amp) 기초

연산증폭기로 번역되는 Operation Amplifier(OP Amp)는 수많은 선형 및 비선형 아날로그회로를 구성하는 기본요소로서 다양한 응용이 가능한 전자소자이다.

1968년 μA741이라는 대표적인 IC 형태의 OP Amp가 최초로 상용화된 이후 OP Amp는 성능이 개선되었고 다양한 특성을 가진 수많은 종류가 개발되어 아날로그회로 설계 엔지니어에게는 어떤 제품을 사용해야 할지 고민되는 상황이 되었다. 따라서 OP Amp를 이용하여 구현할 수 있는 아날로그회로의 기능은 순전히 설계자의 OP Amp에 대한 이해를 기반으로한 독창성에 달렸다고 말할 수 있다.

3.2.1 OP Amp의 역사

1941년 Bell Lab. 의 Karl D. Swartzel Jr.에 의해서 신청된 미국특허 2,401,779 "Summing Amplifer"가 최초의 OP Amp라는 의견이 있으나 이것은 반전입력단 하나만을 가진 구조였다. 오늘날의 OP Amp의 공통된 구조인 반전입력(inverting input)과 비반전입력(non-inverting input)의 두 가지 입력단의 형태를 가진 OP Amp는 1940년대 초반에 미국의 국방연구소(National Defense Research Council, NDRC)에서 일하던 George Philbrick에 의해 개발되었다. 덧셈이나 적분 같은 다양한 수학적 계산을 수행하는 회로를 구성할 때 사용되었기 때문에 연산증폭기라는 이름이 붙게 되었다. 연립방정식이나 미분방정식을 푸는 데 사용되었던 아날로그컴퓨터(Analog Computer)는 대부분 OP Amp로 구성되었다. 디지털컴퓨터의 등장으로 이러한 수학적 연산을 위한 아날로그회로의 필요성은 사라졌지만 OP Amp는 그밖에 다양한 선형 및 비선형 아날로그회로에 응용되면서 지금까지 이르고 있다. 1962년 Burr-Brown Corp.와 Philbrick Research Inc.는 독자적으로 IC 형태의 OP Amp를 개발했으며, 이듬해인 1963년 Fairchild Semiconductor 사에 의해 IC OP Amp인 μA702가 최초로 상용화되었다. 이후 성능이 개선된 모델이 계속 출시되었는데, 1968년에 출시된 μA741은 내부 보상회로가 포함된 최초의 모델로서 오랫동안 대표적인 OP Amp로 사용되었다. 이러한 OP Amp의 사용으로 아날로그회로 설계자들은 수십 가지의 소자들을 사용해야만 했던 증폭기를 몇 개의 상용화된 OP Amp만으로 짧은 시간 내에 구성할 수 있게 되었다.

3.2.2 부궤환(Negative Feedback) 회로

OP Amp 회로의 설계에 있어서 가장 중요한 개념은 부궤환 회로이다. 실제로 OP Amp의 특성은 이상적인 조건에서 벗어날 뿐만 아니라 제품들 간의 특성도 서로 다르다. 하지만 부궤환 회로의 특성을 이용함으로써 일관된 성능의 회로를 구현할 수 있다. [그림 3-1]에서 볼 수 있듯이 개루프(open loop) 전달 특성이 A_{OL}로 주어진 시스템의 출력(output, y)을, β라는 전달 특성으로 입력(input, x)에 되먹임하여 입력과의 차이를 새로운 입력으로 하는 부궤환 회로를 구성하게 되면 새로운 시스템에 대한 전달함수는 다음과 같이 주어진다.

$$y = A_{OL}\{x - \beta y\}$$

$$\frac{y}{x} = \frac{A_{OL}}{1 + \beta A_{OL}}$$

여기서 A_{OL}이 큰 값을 가지게 되면 전체 시스템의 전달 특성은 다음과 같이

$$\frac{y}{x} = \frac{1}{\beta}$$

로 되어 궤환 회로 전달함수의 역수로 주어진다. 다시 말하면 주어진 시스템의 개루

프 특성(A_{OL})에 관계없이 전체 시스템의 특성($1/\beta$)을 우리가 원하는 대로 부궤환 회로의 전달 특성에 의해 구현할 수 있게 된다.

우리에게 주어진 OP Amp의 개루프 특성이 $A_{OL} \gg 1$처럼 매우 큰 값으로 주어지기만 한다면 부궤환 회로의 특성 β를 원하는 전체 시스템의 전달 특성($1/\beta$)의 역수로 구성하면 된다.

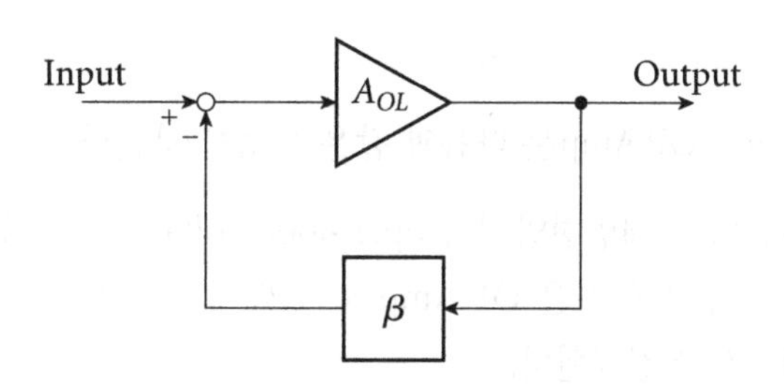

[그림 3-1] 일반적인 부궤환 회로

3.2.3 OP Amp의 표기법

OP Amp는 실제로는 수많은 트렌지스터와 저항 및 커패시턴스 등의 수동소자로 이루어진 복잡한 회로 시스템이지만, 실제 응용 시에는 외부연결단자를 통해 원하는 회로를 구성하게 된다. 따라서 OP Amp를 외부연결단자들과 이들에 대한 기능적 이름을 이용하여 다음과 같이 표시한다.

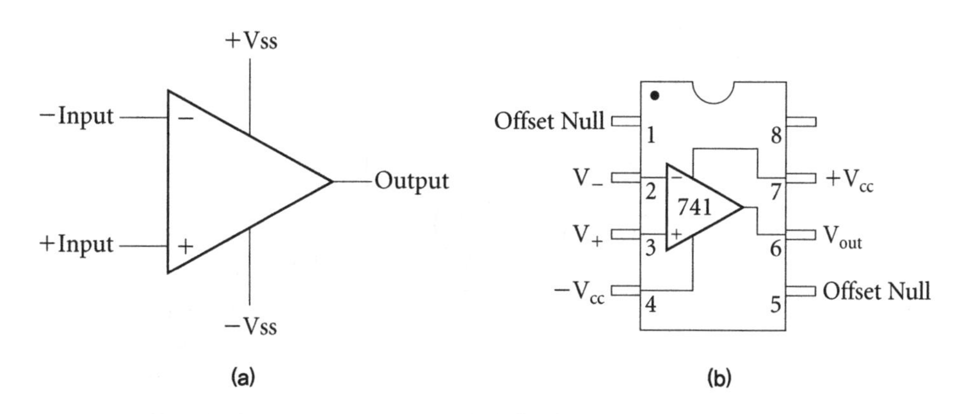

[그림 3-2] (a) OP Amp의 주요 입출력 단자, (b) 상용 OP Amp IC의 핀과 입출력 단자의 모식도

각 외부연결단자와 내부회로의 등가회로 모델은 다음과 같다.

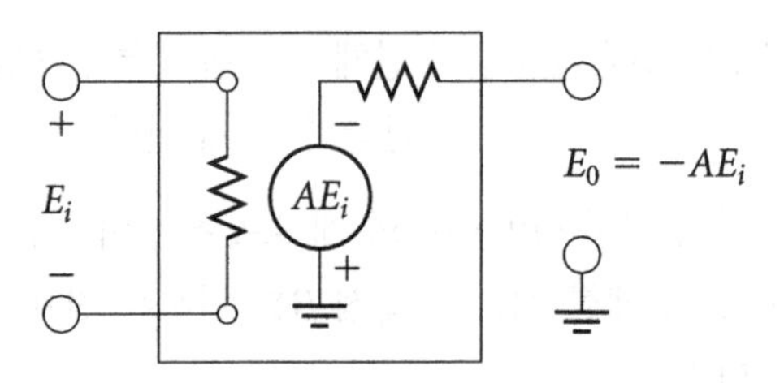

[그림 3-3] OP Amp의 동작특성 이해를 위한 등가모델

3.2.4 이상적인 OP Amp의 특성

이상적인 OP Amp는 다음과 같은 특성을 갖는다.

- 무한대의 개방전압이득(open-loop voltage gain)을 갖는다($A = \infty$): 구성된 회로의 폐루프 특성은 OP Amp 소자의 자체 특성에는 상관없이 궤환 회로의 성질에 의해서만 결정된다.
- 제로 출력 임피던스($Z_{\text{out}} = 0$): 출력은 이상적인 전압 소스가 된다.
- 무한대의 입력 임피던스($Z_{\text{in}} = \infty$): 앞쪽으로 연결된 회로에 부하효과(lading effect)를 주지 않는다.
- 무한대의 주파수 응답특성: 아무리 빨리 변하는 입력신호에 대해서도 모두 반응한다.
- 잡음의 영향은 없다.
- 궤환 회로에서 두 입력단은 서로 따라서 움직인다: 부궤환을 갖는 회로 구성에서 한쪽의 입력에 전압이 인가되면 다른 한쪽 입력도 같은 전위를 유지한다고 생각할 수 있다.

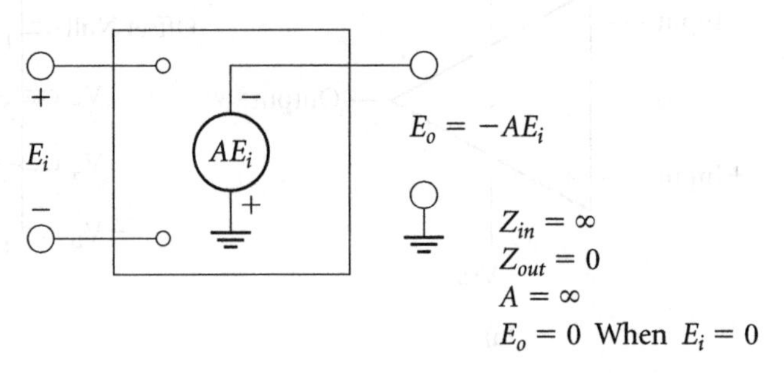

[그림 3-4] 이상적인 OP Amp의 동작 등가모델

3.2.5 기본 증폭기 형태

OP Amp를 사용하여 구현할 수 있는 기본 증폭기는 두 가지 종류로서 입력신호와 증폭된 출력신호가 동상인 비반전 증폭기(non-inverting amplifier)와 입력과 출력

파형이 서로 뒤집혀 있는, 즉 180° 위상차를 갖는 반전 증폭기(inverting amplifier)가 있다.

1 비반전 증폭기(Non-inverting Amplifier)

다음 그림에 나타나 있는 비반전 증폭기회로의 전체 이득을 두 가지 방법으로 계산해 보자.

❶ 부궤환 회로 개념으로 해석해보면 OP Amp의 출력 E_o를 R_i, R_o로 이루어진 저항 회로를 통해 반전(−) 입력단자로 되돌리는 전형적인 부궤환 회로이다. 궤환이득(β)을 구하면 전체 증폭기의 이득은 이의 역수인 $1/\beta$이다.

$$\beta = \frac{R_i}{R_i + R_o}$$

$$A_G = \frac{1}{\beta} = 1 + \frac{R_o}{R_i}$$

❷ 이상적인 OP Amp의 특성을 이용하면 두 입력단자의 전위가 항상 같게 유지되어야 하므로

$$E_i = \frac{R_i}{R_i + R_o} E_o$$

$$A_G = \frac{E_o}{E_i} = 1 + \frac{R_o}{R_i}$$

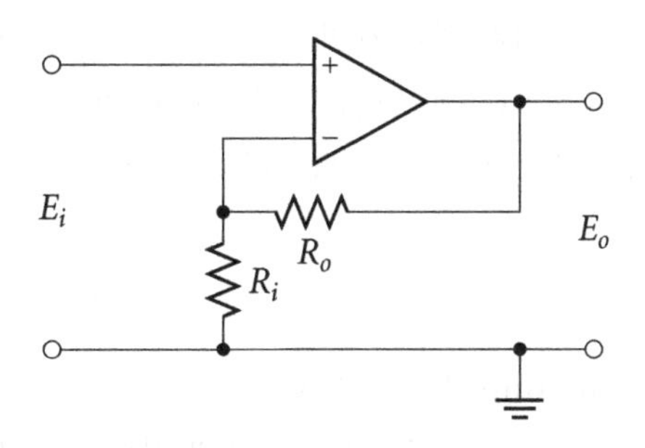

[그림 3-5] 비반전 증폭기회로

비반전 증폭회로는 항상 이득이 1보다 크게 되며, 입력신호가 OP Amp의 비반전 입력단자로 직접 연결되기 때문에 무한대의 입력 임피던스에 연결한 상황이므로 전류의 흐름은 0이 되고 신호원에 대한 부하효과가 전혀 없다.

2 전압 활로워(Voltage Follower)

비반전 증폭기에서 부궤환 회로의 이득(β)이 1인 형태이다. 따라서 전체 증폭기의 이득($1/\beta$) 역시 1이 된다. 이상적 증폭기의 특성상 두 입력단자의 전위는 항상 같기 때문에 회로의 구성에서 볼 수 있듯이 $E_i = E_o$가 유지된다. 전압이득은 없지만 이상적인 OP Amp의 경우 출력저항이 0이므로 어떤 크기의 부하가 연결되어도 주어진 전압을 유지하는 데 필요한 전류를 제공할 수 있다. 비반전 증폭기의 특성상 신호원에 대한 부하효과가 전혀없이 전류이득을 제공하므로 버퍼(buffer)라고 불리기도 한다.

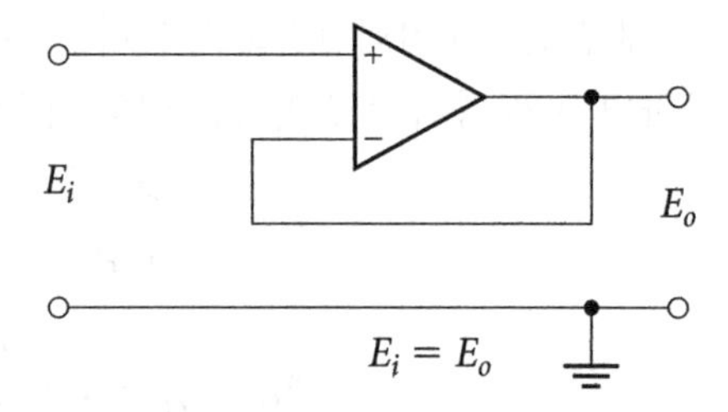

[그림 3-6] 전압 활로워 회로. 증폭률이 1인 비반전 증폭기에 해당한다.

$$A_G = \frac{E_o}{E_i} = 1$$

3 반전 증폭기(Inverting Amplifier)

반전 증폭기의 경우 OP Amp의 비반전 입력단자는 GND 단자에 연결되고 반전입력단자에 입력신호가 연결되므로 출력신호와 입력신호의 위상이 180° 바뀌게 된다. (−) 값을 갖는 전체 증폭기의 이득은 다음과 같이 계산할 수 있다. 즉 OP Amp의 비반전 입력단자가 GND 전위에 연결되어 있으므로 반전 입력단자 역시 0 전위를 유지한다. 따라서 입력신호로부터 저항 R_i를 통해 흐르는 전류(i)는 다음과 같다.

$$i = \frac{E_i}{R_i}$$

이 전류는 OP Amp의 반전 입력단자로는 흐르지 않고 모두 궤환 저항(R_o)를 통해서 흐르게 되므로 출력전위(E_o)는 다음과 같이 주어진다.

$$E_o = -i \cdot R_o$$

$$E_o = -\frac{E_i}{R_i}R_o$$

$$A_G = \frac{E_o}{E_i} = -\frac{R_o}{R_i}$$

비반전 증폭기와는 달리 1보다 작은 값을 포함한 모든 이득이 가능한 대신 증폭기회로의 입력 인피던스는 R_i로 줄어든다.

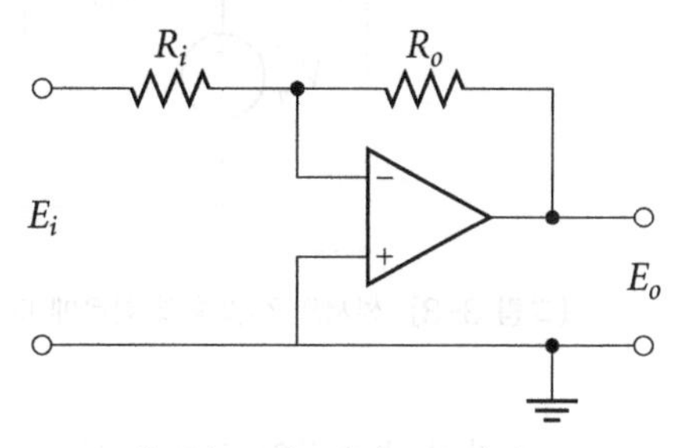

[그림 3-7] 반전 증폭기회로

3.3 센서출력 인터페이스(Preamp)

의용생체계측용을 포함한 모든 센서의 출력은 입력신호에 반응하는 전기신호를 출력한다. 이때 출력되는 전기신호의 형태는 전하 자체의 분포나 움직임으로 나타나는 전압(voltage, V)과 전류(current, I)신호가 있고, 수동소자(passive element)특성에 해당하는 저항(resistance, R), 정전용량(capacitance, C), 유도용량(inductance, L)의 변화가 있다. 이렇게 다양한 형태의 전기신호는 신호처리기(processor)에서 효율적으로 처리하기 위해서 모두 전압신호 형태로의 변환이 이루어진다. 따라서 센서를 신호처리기에 연결할 때 다양한 센서의 출력특성을 전압신호로 변환해 주는 인터페이스회로가 필요하다.

3.3.1 전압출력 센서

전압이란 앞서 정의한 대로 주어진 공간에서 전하의 분포양상에 의해 생성된 특정한 두 지점 사이의 전기적인 위치 에너지 차이이다. 따라서 주어진 전압신호를 처리할 때에는 전하의 분포양상을 바꾸지 않으면서 원하는 작업을 수행하는 것이 기본이다. 이것은 센서에 연결되는 회로의 입력등가저항(혹은 입력 임피던스, input impedance)이 매우 커야 함을 암시한다. 이것은 전기회로 해석에서 사용되는 Thevenin 등가회로를 통해서도 이해할 수 있는데, [그림 3-8]에서 V_{eq}는 센서 내부에서 입력신호에 반응하여 만들어낸 전압신호, 즉 전하의 분포양상으로 제공되는 기전력(electromotive force)에 해당한다. V_{eq}를 왜곡없이 그대로 전달하는 것이 인터페이스회로의 목적이다. R_{eq}는 센서의 출력회로가 갖는 등가저항으로서 얼마나 손실없이 생성된 기전력을 외부로 전달할 수 있는가를 결정한다. 여기에 연결되는 인터페이스회로의 등가저항은 이론적으로 무한대가 되어야 V_{eq}를 손실없이 그대로 전달할 수 있다.

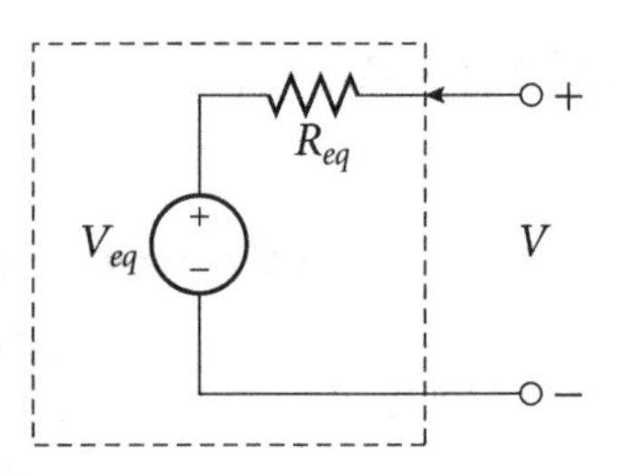

[그림 3-8] 센서의 전압출력 회로에 대한 Thevenin 등가회로

전압출력형 센서로 가장 대표적인 것은 앞서 설명했던 생체전기신호 계측을 위한 전극이 있고, 온도센서로 많이 사용되는 열전쌍(thermocouple)이 있다.

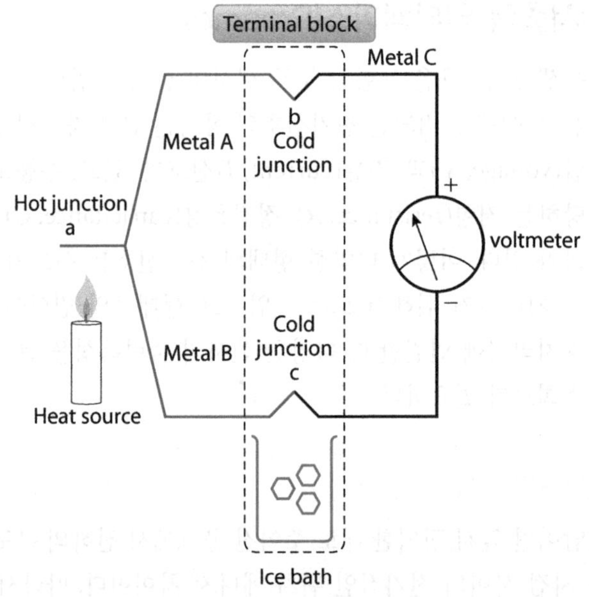

[그림 3-9] 전압출력형 센서인 열전쌍 소자의 측정회로 구성

1 부동전위원(floating voltage source)과 단일단자 전위원(single-ended voltage source)

부동전위원은 신호가 시스템의 접지(GND)에 대해 정의되지 않는 경우를 말하며, 신호원과 증폭기의 접지 사이에 전기적 연결이 없기 때문에 신호 전압이 부동(floating)이라고 한다. 이에 비해 단일단자 전위원은 시스템 접지에 대해 정의되는 신호원을 말한다. 신호원과 증폭기가 공동의 접지를 갖기 때문에 단일단자 신호원으로부터 제공되는 신호를 증폭하는 경우에는 앞에서 설명한 OP Amp의 기본 증폭회로를 사용하여 증폭하면 된다. 그러나 부동전위원으로부터 나오는 신호를 증폭할 경우에는 이와 같이 단일입력단자를 갖는 증폭기를 사용하면 문제가 되는 경우가 많다. 이 경우 다음에 설명할 차동증폭기를 사용해야 한다.

2 부동전위원으로서 생체전기신호를 위한 차동증폭기(Differential Amplifier)

생체전기현상의 측정과 기록에 있어서 환자나 증폭장치를 접지실(shield room) 에 넣지 않고도 측정이 가능한 것은 1934년 Matthews에 의해 차동증폭기(differential amplifier)가 개발된 뒤부터였다. 차동증폭기의 기능을 이해하기 위하여 먼저 생체전기신호를 단일단자증폭기(single-ended amplifier: 입력신호는 하나의 입력 단자로 제공되며 시스템 접지에 대해 정의되는 증폭기)로 증폭하는 경우를 [그림 3-10]을 참조하여 생각해 보자.

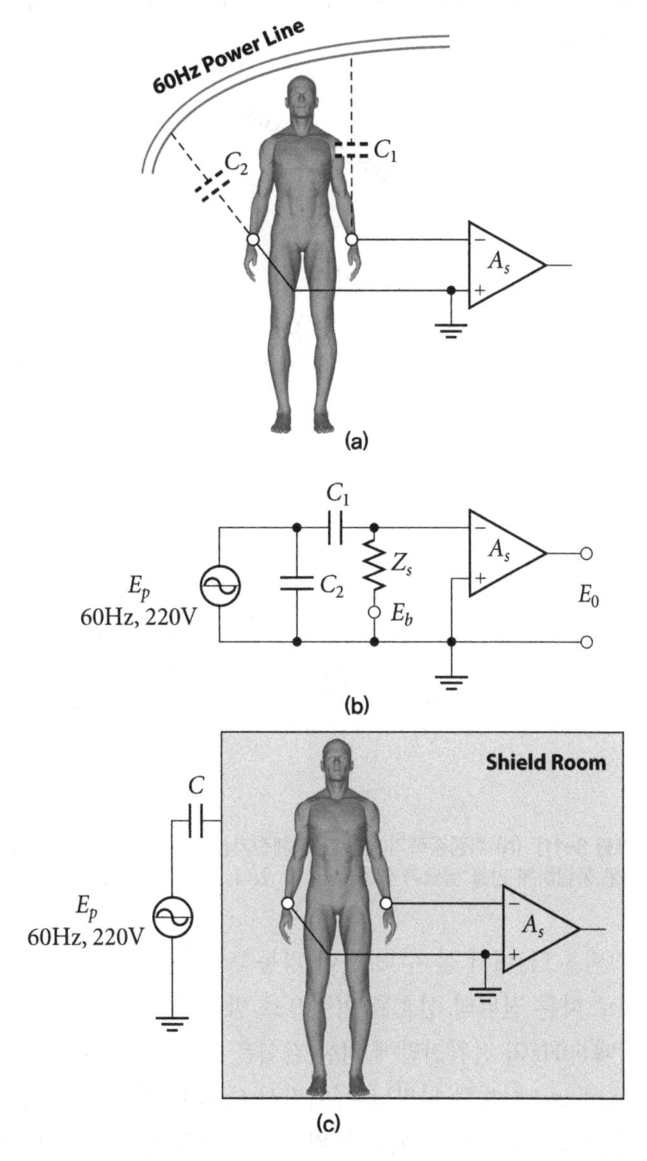

[그림 3-10] 생체전기신호(E_b)를 단일단자증폭기(A_s)로 증폭하는 경우에 대한 모식도. (a) 가장 강력한 교란신호인 60Hz 전원선과 인체 간의 정전용량을 통한 간섭, (b) 등가회로 모델, (c) 측정공간 전체를 접지함으로써 교란신호를 차단할 수 있다.

60Hz의 전원전압(E_p)과 인체 사이에는 표류정전용량인 C_1과 C_2로 연결되어 있다. 그러나 등가회로에 나와 있듯이 C_1이 증폭기의 입력과 전원전압간을 연결하고 있기 때문에 문제가 된다. C_2를 통한 전류는 증폭기의 입력으로 들어가지 않는다. 이러한 경우에 60Hz의 전원전압에 의한 잡음 발생을 줄이기 위해서는 생체 신호원의 출력임피던스 Z_s를 줄이거나, 표류정전용량 C_1을 줄이면 된다. 환자를 접지실 안에 넣는 것은 C_1을 줄이는 한가지 방법이 된다. 따라서 초기에 전기생리학(Electrophysiology) 실험실에는 접지실이 필수적인 장비 중 하나였다. 그러나 다음 그림과 같은 차동증폭기를 사용하면 C_1과 C_2를 그대로 두고서도 전원전압에 의한 영향을 증폭기 내에서 상쇄 시킬 수 있다.

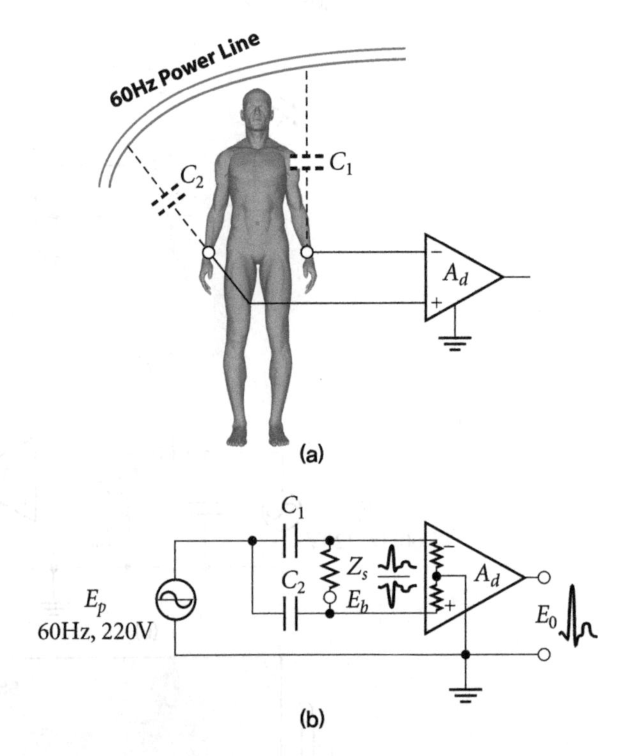

[그림 3-11] (a) 차동증폭기에 의한 생체전기신호의 증폭에 대한 모식도, (b) 등가모델, C_1과 C_2의 크기를 동일하게 만들 필요가 있음을 알 수 있다.

[그림 3-11]에서 볼 수 있듯이 차동증폭기는 두 개의 입력단자가 각각 접지에 대해 서로 다른 전위의 신호를 입력으로 받아 그 차이만을 증폭하여 출력하는 구조이다. 이때 60Hz의 전원전압에 의한 간섭은 C_1과 C_2에 의해 양쪽 입력단자에 같은 위상의(in phase) 신호로 나타난다(여기서 C_1과 C_2의 값은 같다고 가정하며, 만약 C_1과 C_2의 값이 서로 다르게 되면 동위상의 신호라 하더라도 그 크기가 다르기 때문에 차동증폭기의 출력에 그 신호 성분이 나타나게 된다). 생체전기신호(E_b)는 증폭기 내의

접지점에 대해 비반전(+) 단자와 반전(−) 단자에 각각 역상의(out of phase) 신호로 나타나기 때문에 출력(E_o)은 단지 이 생체전기신호에만 비례하게 된다($E_o = A_d E_b$).

차동증폭기의 기능을 최대한으로 살리기 위해서는 잡음을 가능한 양쪽 입력단자에 동일하게 인가되도록 해야 하며, 앞서 나왔던 60Hz의 전원전압 간섭의 경우처럼 C_1과 C_2의 값이 같도록 해야 한다. 인근에 자기장(magnetic filed)을 발생시키는 물건이 있을 경우에는 전극과 차동증폭기 간의 연결전선이 하나의 코일 형태를 이루어서 이곳에 자기장의 변화에 의한 전기장이 유도되고 특히 양쪽 단자에 역상으로 유도되어 출력에 나타나게 된다. 따라서 이런 경우는 두 전선을 서로 꼬아서 자기장이나 표류정전용량에 의한 간섭효과를 줄여야한다.

3 부동전위원으로서 생체전기신호를 위한 분리증폭기(Isolation Amplifier)

생체전기신호 계측에는 두 가지 목적으로 분리 전원을 사용해야 한다. 즉 전극에 직접 연결된 초단의 차동증폭기나 일부 부속회로에는 본 시스템에서 사용하는 주전원(main power supply)과 접지가 분리된 전원을 따로 사용해야 하는데 그 이유는 다음과 같다. 첫째, 만약의 경우에 전극을 통해 인체로 누설전류가 흘러 들어가 감전에 의한 사고를 줄이기 위해서이다. 따라서 분리전원의 용량을 꼭 필요한 정도의 전류만을 공급할 수 있도록 제한할 필요가 있다. 둘째, 전극을 인체의 체표면에 인가할 때 전극과 증폭기의 접지 간의 전기적인 통로(electrical path)를 만들지 않기 위함이다. 즉 전극과 접지 간에 존재할 수 있는 정전용량을 없애줌으로써 신호의 표류를 방지할 수 있다. 이러한 분리 전원으로는 간단하게 소형 건전지(battery)를 쓸 수도 있고 변압기 원리를 사용하여 접지를 분리하는 방법도 많이 사용된다. 최근에는 차동증폭기와 분리증폭기가 하나의 IC로 구현되어 분리 전원을 사용할 수 있도록 별도의 전원 단자가 마련되어 있는 증폭기가 시판되고 있다. 이러한 차동증폭기의 일반적인 성능은 주전원과의 분리 정도로서 20~50 pF의 정전용량과 수백 MΩ의 분리저항, 최대 인내 전압차이는 2~5kV이며, 증폭 이득은 보통 1:100 이상이고, CMRR(차동증폭기에서 자세하게 설명한다)은 60Hz에서 1,000,000(120dB) 정도이다. 주파수 특성은 DC에서 5~20kHz까지 보장된다.

4 차동증폭기(Differential Amplifier)

차동증폭기는 두 입력의 차이에 일정한 상수만큼 곱한 출력을 제공하는 증폭기의 한 형태이다. 다음 그림과 같이 하나의 이상적인 OP Amp를 사용하여 차동증폭기를 구현할 수 있는데, 전체 증폭기의 이득은 다음과 같은 두 가지 방법으로 해석할 수 있다.

❶ 선형중첩의 원리(linear superposition principle)를 이용하면 증폭기의 출력은 두 개의 입력 중 하나를 0으로 했을 때의 출력을 더한 것과 같다.

$$
\begin{aligned}
V_{out} &= V_{out}\big|_{V_1=0} + V_{out}\big|_{V_2=0} \\
&= \left(1+\frac{R_f}{R_1}\right)\left(\frac{R_g}{R_2+R_g}\right)V_2 + \left(-\frac{R_f}{R_1}\right)V_1 \\
&= \frac{(R_f+R_1)R_g}{(R_g+R_2)R_1}V_2 - \frac{R_f}{R_1}V_1
\end{aligned}
$$

❷ 이상적인 OP Amp의 특성을 이용하면 OP Amp의 비반전입력단의 전위는

$$V_+ = \frac{R_g}{R_2+R_g}V_2,\ \ V_- = V_+$$

따라서 반전입력단자의 전위도 이와 같이 유지되므로 궤환 회로에 대한 평형식은

$$\frac{V_- - V_1}{R_1} = \frac{V_{out} - V_-}{R_f}$$

$$\frac{\frac{R_g}{R_2+R_g}V_2 - V_1}{R_1} = \frac{V_{out} - \frac{R_g}{R_2+R_g}V_2}{R_f}$$

$$V_{out} = \frac{(R_f+R_1)R_g}{(R_g+R_2)R_1}V_2 - \frac{R_f}{R_1}V_1$$

여기서 $R_1 = R_2$이고, $R_f = R_g$의 조건이 만족되면

$$V_{out} = A\cdot(V_2 - V_1),\ \ A = \frac{R_f}{R_1}$$

$R_1 = R_f$이고, $R_2 = R_g$의 조건이 만족되면 차동이득은 1이 된다.

$$V_{out} = A\cdot(V_2 - V_1),\ \ A = 1$$

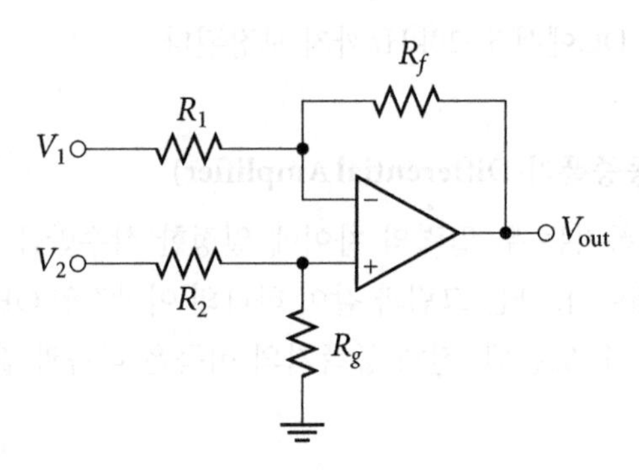

[그림 3-12] 1개의 OP Amp로 구현한 차동증폭기(Differential Amplifier) 회로

앞에서 구한 차동증폭기의 이득을 얻기 위해서는 이상적인 특성을 갖는 OP Amp를 사용해야함은 물론이고 저항소자 값이 정확하게 일치해야 하지만 현실적으로 이러한 조건을 완벽하게 만족시킬 수는 없다. 따라서 일반적인 차동증폭기의 출력은 다음 식과 같이 차동입력에 대한 증폭분과 동상입력에 대한 증폭분이 더해지는데, 이때 차동증폭이득(A_d)은 크고 동상증폭이득(A_c)은 0에 가까운 작은 값을 갖게 된다. 따라서 이러한 두 이득의 비에 해당하는 동상제거비(Common Mode rejection Ratio, CMRR)를 차동증폭기의 성능지표로 사용한다.

$$V_{out} = A_d(V_2 - V_1) + A_c\left(\frac{V_2 + V_1}{2}\right)$$

$$\text{CMRR} \triangleq \frac{A_d}{A_c}$$

5 계측증폭기(Instrumentation 또는 Instrumentational Amplifier, IA)

계측증폭기는 일반적인 차동증폭기에 입력버퍼를 연결한 형태의 증폭기이다. 입력 임피던스가 매우 크기 때문에 임피던스 매칭(impedance matching)에 신경 쓸 필요 없이 어떠한 종류의 신호원에도 연결하여 사용될 수 있는 장점이 있다. 따라서 생체전위 측정을 위한 증폭기를 비롯한 측정장비나 테스트장비와 같은 다양한 계측 시스템에 널리 사용된다. 여러 가지 형태의 OP Amp 기반의 IA가 구현 가능하지만 가장 기본이 되는 것은 [그림 3-13]과 같은 3-OP Amp 회로이며 전체적인 증폭기의 이득은 다음과 같다.

$$\frac{V_{out}}{V_2 - V_1} = \left(1 + \frac{2R_1}{R_{gain}}\right)\frac{R_3}{R_2}$$

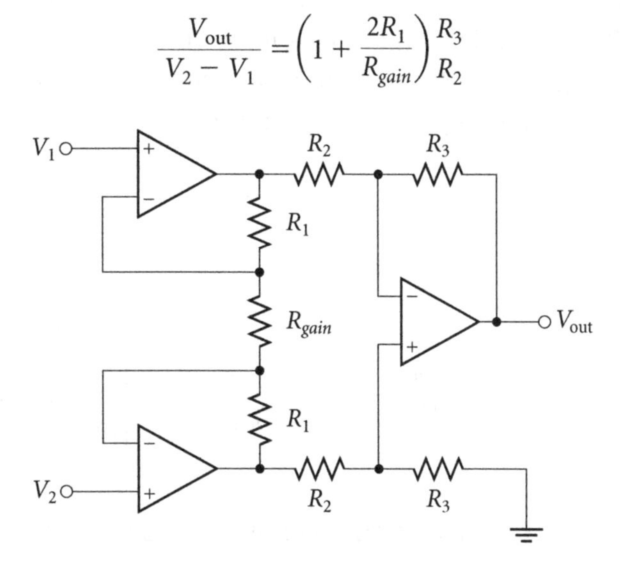

[그림 3-13] 3개의 OP Amp를 사용하여 구현한 계층증폭기(Instrumentation Amplifier) 회로

다만 부동전위원(floating voltage source)에 연결될 경우 입력 버퍼를 구성하는 두개의 OP Amp 각각에 입력바이어스 전류(input bias current)가 빠져나갈 수 없는 회로 구성이 되므로 이에 대한 대책이 필요하다.

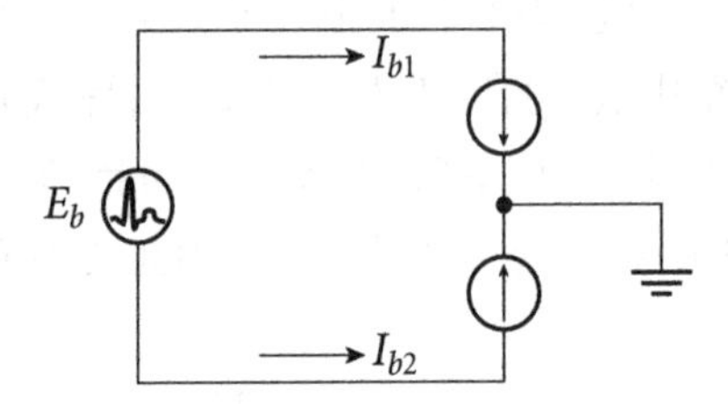

[그림 3-14] 부동전위원에 연결된 계측증폭기의 입력단 등가회로. 입력바이어스 전류에 대한 해결책이 없어 불안정한 출력특성이 나타나게 되므로 입력단에 저항을 연결하는 등의 대책이 필요하다.

3.3.2 전류출력 센서를 위한 인터페이스

전류는 주어진 경로를 따라 단위시간 동안 움직인 전하의 양으로 정의되므로 이를 계측하기 위해서는 해당 전류경로를 단절하고 계측장치를 직렬로 연결해야 하는 어려움이 있다. AC 전류의 경우 코일을 이용하여 전류경로 주변에 생성되는 자기장(magnetic field)의 변화를 검출하여 측정하는 방법도 있으나, 만약 사용하고자 하는 센서가 전류의 크기로 출력을 제공한다면 가장 간편한 방법은 전류신호를 전압신호로 변환하는 것이다. 전류 출력형 센서로 가장 대표적인 것은 광검출소자(phto-detector)로 사용되는 광다이오드(photo-diode)가 있다. 다이오드의 역방향전류(reverse current)가 인가된 광량에 비례하여 증가하는 성질을 이용한 센서로서 [그림 3-15]와 같은 간단한 I-V 변환회로를 사용하여 전류신호를 전압신호로 변환할 수 있다. 광다이오드에서 생성된 전류 I_F는 OP Amp의 입력단자로는 흐르지 못하므로 그대로 궤환저항인 R_F로 흐르게 되는데, OP Amp의 비반전 입력단자가 GND 전위에 연결되어있어 반전 입력단자 역시 0 전위를 유지하게 되어 출력 전압은 다음과 같다.

$$V_{\text{out}} = -I_F \cdot R_F$$

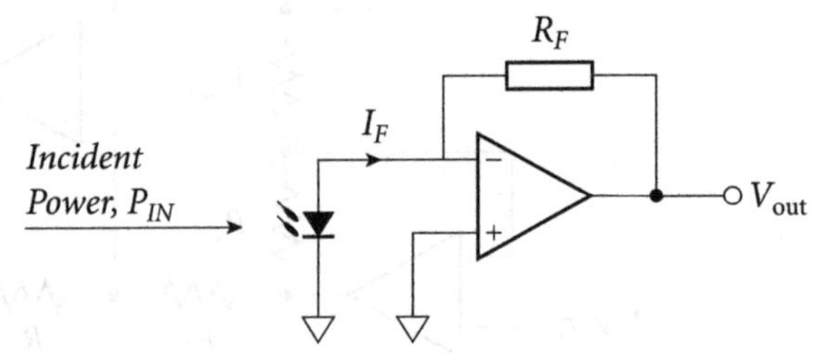

[그림 3-15] 전류-전압변환기를 이용한 광다이오드의 인터페이스회로

3.3.3 저항변화 출력 센서를 위한 인터페이스

저항변화의 형태로 출력을 제공하는 센서로는 스트레인게이지(strain gauge)가 있다. 주어진 재료의 변형(strain)을 측정하는 데 사용되는 센서인데, 가장 보편적인 것은 금속재질의 얇은 박막을 변형이 용이한 절연성의 지지체에 매립한 형태이다. 스트레인게이지에 변형이 일어나면 금속박막의 저항은 다음 식으로부터 전체 길이의 변화에 따라 변하게 된다.

$$R = \rho \frac{\ell}{A}, \text{ 여기서 } \rho \text{는 저항률(resistivity)} [\Omega \cdot \mathrm{m}]$$

$$\frac{\Delta R}{R} = \frac{\Delta \ell}{\ell} - \frac{\Delta A}{A} + \frac{\Delta \rho}{\rho}, \text{ 여기서 } \ell \text{은 길이, } A \text{는 단면적}$$

$$\frac{\Delta d}{d} = -\mu \frac{\Delta \ell}{\ell}, \text{ 여기서 } \mu \text{는 포아송비(Poisson ratio), } d \text{는 지름}$$

$$\frac{\Delta R}{R} = (1 + 2\mu) \frac{\Delta \ell}{\ell}, \quad \because \frac{\Delta A}{A} = 2 \frac{\Delta d}{d}, \; \Delta \rho = 0 \text{으로 가정}$$

$$G = \frac{\frac{\Delta R}{R}}{\frac{\Delta \ell}{\ell}} = 1 + 2\mu, \text{ 여기서 } G \text{는 게이지계수(gauge factor)}$$

따라서 게이지계수가 크면 클수록 스트레인게이지의 감도가 커지게 된다. 일반적으로 금속재질의 경우 $G \cong 1.6(\mu = 0.3)$ 정도이고 반도체물질의 경우 압전저항성(piezoresistive effect)으로 인해 $G \cong 100$ 정도가 된다. 이를 이용하여 최근에는 반도체 소재를 얇게 가공하여 변형을 일으키게 하고 여기에 스트레인게이지를 형성하여 만든 압력센서(pressure sensor)가 일회용 의료 제품으로 많이 사용되고 있다. 반도체 제조 공정을 사용함으로써 대량생산을 통한 가격절감과 질관리가 용이하고 회로 공정까지 덧붙일 수 있어 인터페이스회로 및 증폭기까지 포함된 칩형태의 압력센서가 가능하지만, 반도체 재질의 저항률(ρ)이 온도에 따른 변화가 크기 때문에 온도보상회로가 필수적으로 요구된다. 이러한 스트레인게이지를 사용한 센서로 가장 많이 사용되고 있는 것은 체중계와 같이 무게 또는 힘을 측정할 때 사용하는 로드셀(load cell)이 있고 앞서 설명한 것처럼 혈압과 같이 유체의 압력을 측정하는 압력센서가 있다.

이와 같이 센서의 출력특성이 전기적 저항의 변화로 제공될 때 가장 보편적으로 많이 사용되는 인터페이스회로는 브리지회로(bridge circuit)이다. 브리지회로의 가장 대표적인 형태는 두 개의 저항소자가 직렬로 연결된 팔(arm) 두 개를 병렬로 연결한 휘트스톤브리지(Wheatston bridge)회로이다. 총 4개의 저항소자로 이루어진 이 회로의 특징은 서로 마주보고 있는 저항소자의 곱이 같게 되는 평형조건이다. 이 평형조건에서는 두 개의 팔 각각의 중앙점이 서로 동일한 전위를 갖게 되면서 출력전위가 0이 되어 영점조정(zero calibration)이 가능하다.

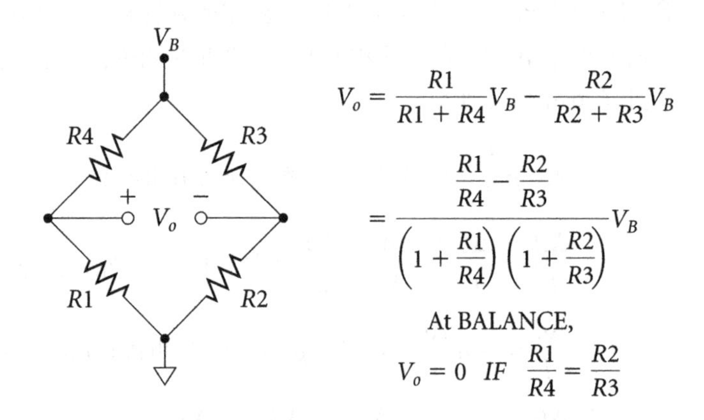

[그림 3-16] 휘트스톤브리지회로(Wheatstone bridge circuit)

저항변화 출력형 센서를 이와 같은 브리지회로의 소자로 사용하면 센서의 저항변화에 비례하는 출력전압을 얻을 수 있게 되는데, [그림 3-17]과 같이 사용하는 가변저항소자의 숫자와 각 팔에서의 위치 등에 따라 선형성(linearity) 등의 출력조건이 달라지게 된다.

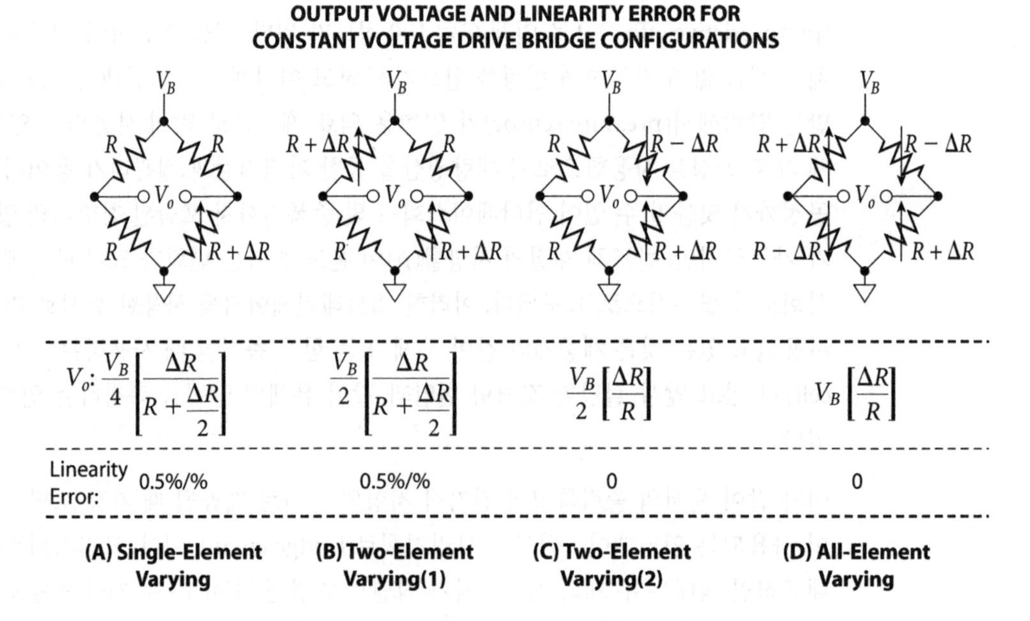

[그림 3-17] 브리지회로에서 저항값 변화와 출력전압 간의 관계

브리지회로의 평행개념은 저항변화형 센서를 위한 인터페이스회로 이외에도 응용이 가능하다. 처리하고자 하는 전기신호가 상대적으로 큰 DC 성분(offset)을 포함하는 미세한 신호일 때 이것을 그대로 증폭기에 연결하면 DC 성분에 의해서 출력은 포화상태(saturation)가 되어 원하는 신호의 증폭을 얻을 수 없게 된다. 이런 경우 브리지회로의 평형개념을 사용하여 저항회로를 사용한 기준 전압을 만들고 주어진 신호와의 차이를 증폭하도록 회로를 구성하면 DC 오프셋 문제를 해결할 수 있다.

3.3.4 정전용량변화 출력 센서를 위한 인터페이스

정전용량(capacitance)은 전하를 저장할 수 있는 능력을 의미한다. 가장 보편적인 형태의 전하저장장치는 예전에 콘덴서(condenser)라고도 부르던 평판커패시터(parallel plate capacitor)이다. 이것은 두 개의 도체판이 마주보고 있고 그 사이에 부도체인 유전물질(dielectric)이 들어있는 수동소자이다. 이러한 평판커패시터의 정전용량 값은 아래의 식을 이용하여 계산할 수 있다.

$$C = \varepsilon_r \varepsilon_0 \frac{A}{d}$$

여기서 C는 정전용량, A는 두 평판이 마주하고 있는 유효면적, d는 평판 간의 거리, ε_r은 상대적 유전상수(진공에서 $\varepsilon_r = 1$), ε_0는 전기상수($\varepsilon_0 \approx 8.854 \times 10^{-12}$ F m^{-1})이다. 따라서 평판커패시터의 두 도체판 사이의 거리(d)를 변화시키면 상대적으로 쉽게 정전용량의 변화를 얻을 수 있다. 의용생체계측용 센서로서 정전용량변화를 출력하는 센서로는 정전용량성 압력센서(capacitive pressure sensor)가 있다. 이러한 정전용량성 압력센서는 흔히 전자혈압계라고 부르는 비침습혈압(Non-Invasive Blood Pressure, NIBP)계에 가장 많이 사용된다.

[그림 3-18]과 같이 두 개의 고정된 도체판 사이에 압력의 변화에 따라 변형되는 얇은 금속박막이 위치한 구조를 갖는 가변정전용량 압력센서(variable capacitive pressure

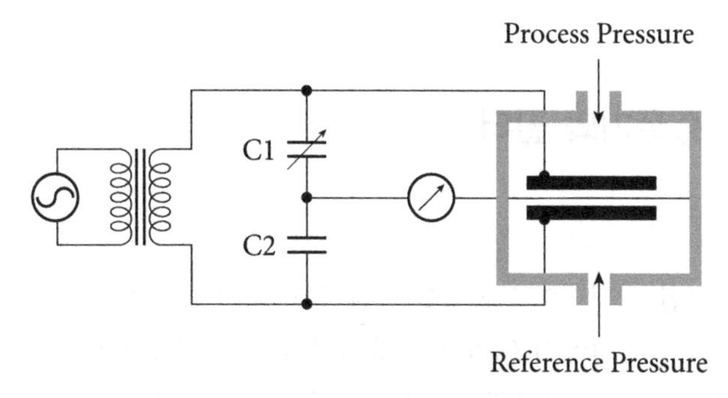

[그림 3-18] 정전용량성 압력센서의 인터페이스회로

sensor)는 압력의 변화에 따라 가운데 금속박막이 변위를 일으키면 상하의 고정 금속판과의 거리가 한쪽은 커지고 다른 쪽은 작아지게 되어 각각의 정전용량이 한쪽은 감소하고 다른 쪽은 증가하게 된다. 따라서 이러한 상호반대방향으로 변하는 두 개의 정전용량을 브리지회로의 양팔로 사용하면 압력변화에 민감하게 비례하는 출력을 얻을 수 있다.

3.3.5 유도용량변화 출력 센서를 위한 인터페이스

유도용량(inductance)변화 출력 센서로 대표적인 것은 직선적인 변위(linear displacement)를 매우 정밀하게 측정하는 데 사용하는 선형가변차동변압기(Linear Variable Differential Transformer, LVDT)가 있다. LVDT의 구조는 [그림 3-19]와 같이 3개의 솔레노이드 코일(하나의 1차코일과 두 개의 2차코일)이 튜브형의 구조체 상에 감겨 있으며 튜브의 안쪽에 원통형의 강자성체 코어(ferromagnetic core)가 외부 변위와 연결되어 움직일 수 있는 구조로 되어있다. 1차코일과 2차코일 간의 상호유도용량(mutual inductance)은 자성체의 위치에 따라 민감하게 변한다. 1차코일에 인가한 AC 구동전압이 상호유도용량에 의해 2차코일에 유기되기 때문에 출력전압의 크기가 자성체코어의 위치에 비례한다.

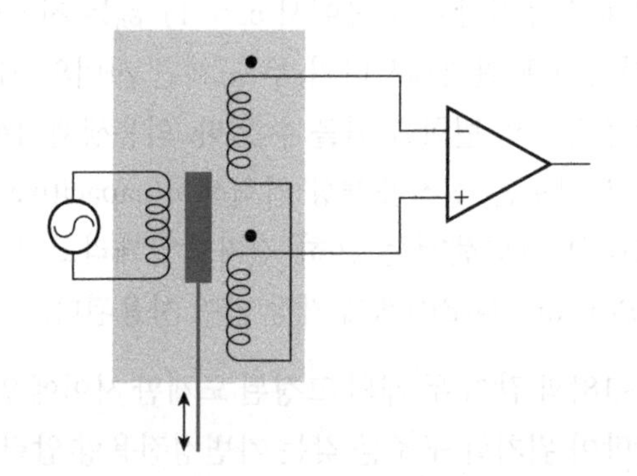

[그림 3-19] 유도용량성 센서로서 LVDT의 인터페이스회로

3.4 주증폭기와 필터

3.4.1 주증폭기(Main Amplifier)

적절한 인터페이스회로를 통해 센서출력이 일정한 크기의 전압신호로 변환되고 나면 주증폭기에서 원하는 진폭크기(amplitude)와 사용하려는 목적에 따라 필요한 파워(power)를 공급할 수 있도록 증폭된다. 진폭의 증폭을 위해서는 앞서 설명한 OP Amp의 기본 증폭기회로를 사용하여 주증폭기를 구현할 수 있다. 이때 하나의 OP

Amp 회로에서 너무 큰 증폭이득을 구현하면 궤환저항의 크기가 커지게 되고 이 때문에 생기는 출력의 포화(saturation)나 발진(oscillation)과 같은 문제점을 일으키게 된다. 따라서 구현하고자 하는 전체 증폭이득을 몇 단계에 걸쳐 나누어 각 단계의 증폭이득이 100(V/V) 이하가 되도록 하는 것이 중요하다. 파워증폭기는 대부분 출력의 최종단에 사용되어 작동기(actuator)의 구동에 사용되는데 아날로그설계에 따라 A, B, AB로, 스위칭 설계에 따라서 D와 E형으로 분류된다.

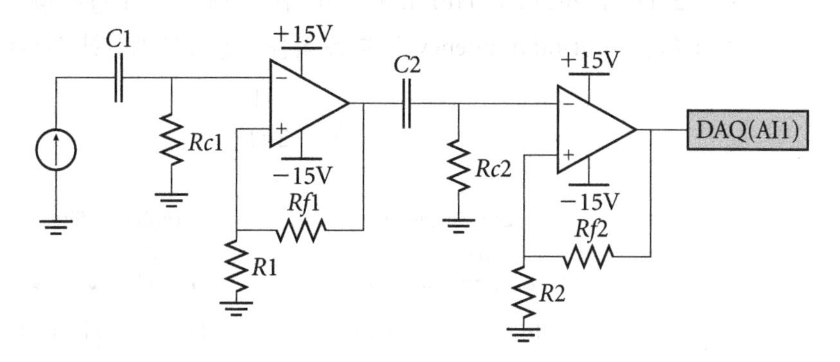

[그림 3-20] 2단계로 구성된 주증폭기 구성의 예. *Rf1*/*R1*과 *Rf2*/*R2*로 정의되는 각 단의 증폭률과 증폭단 사이에서 생길 수 있는 DC 오프셋에 의한 포화현상을 막기위한 고역통과필터가 설계의 고려사항이다.

3.4.2 필터(Filter)

필터는 주어진 신호로부터 원치 않는 성분이나 특징을 제거하는 소자를 의미한다. 따라서 필터링이란 신호처리의 한 기법으로서 신호의 어떤 성분을 완전히 혹은 부분적으로 제거하는 특징을 갖는다. 이러한 특징은 대부분의 경우 관심이 있는 신호로부터 방해신호나 잡음의 영향을 감소시키기 위해 특정한 주파수 성분을 제거하는 것을 의미한다. 필터는 대상이 되는 신호의 형태에 따라 아날로그 필터와 디지털 데이터로 변환 후에 연산에 의해서 구현되는 디지털 필터로 나뉘며, 아날로그 필터는 다시 구현하는 소자의 종류에 따라 수동필터(passive filter)와 능동필터(active filter)로 구분된다.

1 수동필터

수동필터는 저항(R), 코일(L), 콘덴서(C)의 조합으로 구성된 선형필터를 의미한다. 외부로부터 전원 공급을 필요로 하지 않고 트랜지스터와 같은 능동소자를 사용하지 않는다는 점에서 수동필터라 부른다. 소자의 근본적인 특성상 코일은 높은 주파수 성분의 전달을 막고 콘덴서는 반대로 낮은 주파수 성분의 통과를 허락하지 않는다. 따라서 신호의 전달에 있어서 코일을 통과해서 지나가게 하거나 콘덴서를 신호와 접지 사이에 연결시켜 놓으면 신호의 낮은 주파수 성분은 높은 주파수 성분에 비해 상대적으로 감쇄가 적게되어 저역통과필터(Low Pass Filter, LPF)가 되고, 반대로 신호가 콘덴서를 통과해 전달되거나 신호와 접지 사이에 코일을 연결해놓으면 고역통과필터(High Pass Filter, HPF)가 된다. 저항체 자체는 주파수에 대한 선택적 성질이 없으나 코일이나 콘덴서와 함께 연결해 놓으면 회로의 시정수(time constant)가 바뀌게 되어 응답 주파수를 가변시킬 수 있다. 수동필터에서 가장 흔하게 사용되는 RC 필터는 [그림 3-22]와 같이 LPF와 HPF로 구성이 가능한데 각각의 경우 통과대역을 결정짓는 차단주파수(cut-off frequency)는 다음 식을 이용하여 계산할 수 있다.

$$f_c = \frac{1}{2\pi RC}$$

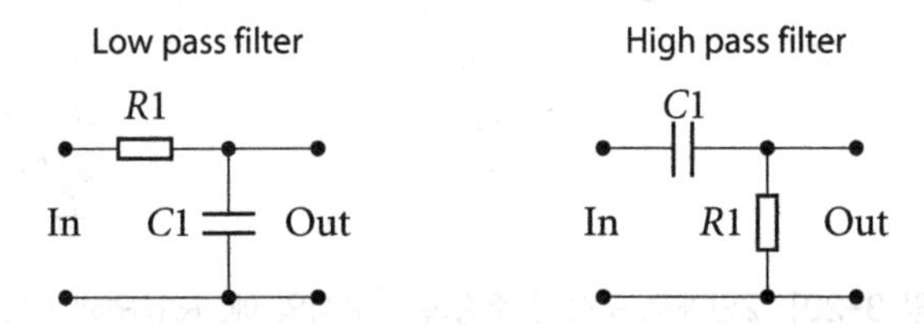

[그림 3-21] RC 소자만으로 구성된 기본적인 저역통과필터와 고역통과필터

LPF와 HPF를 적절하게 순차적으로 연결해 놓으면 일정한 주파수 대역만을 통과시키는 대역통과필터(Band Pass Filter, BPF)가 되고, 적당한 LPF와 HPF를 병렬로 연결하거나 BPF를 통과한 신호를 원래 신호에서 빼면 일정 대역 신호만이 제거되는 대

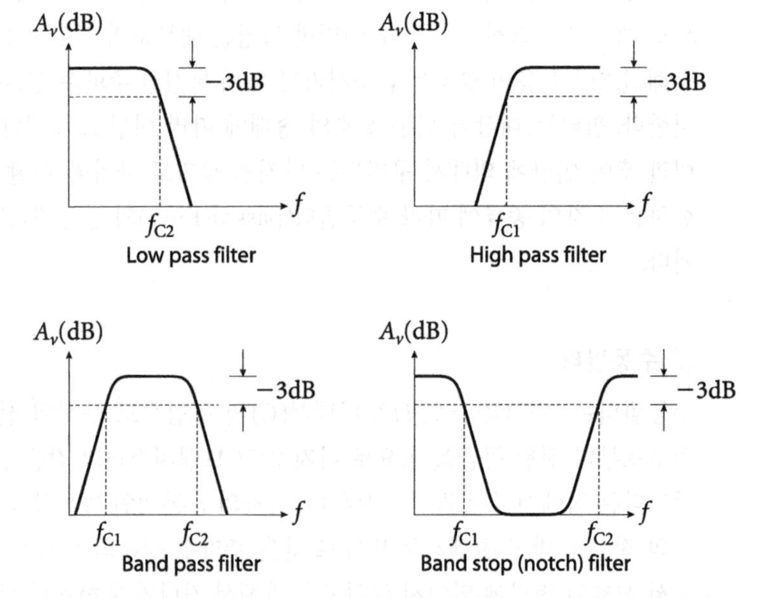

[그림 3-22] RC 소자만으로 구성된 기본적인 저역통과필터와 고역통과필터

역제거필터(Band Stop or Rejection Filter, BSF or BRF)도 구현할 수 있다. BSF 중에서 가장 대표적인 것은 60Hz 전원 잡음을 제거하기 위해 단일주파수만 제거하는 노치필터(Notch Filter)가 있다.

코일과 콘덴서는 주파수 선택성을 갖는 응답성소자(reactive element)이므로 수동필터에서 응답성소자의 숫자에 따라 필터의 차수(order of filter)가 결정되는데 차수가 높을수록 필터의 차단 혹은 통과대역 간의 변화가 급격해진다.

2 능동필터

능동필터는 하나 이상의 능동소자(진공관, 트랜지스터, 또는 OP Amp)를 사용하여 구현한 아날로그 필터를 의미한다. 능동필터는 수동필터와 달리 다음과 같은 장점을 갖는다.

- 코일(L)을 사용하지 않아도 상대적으로 높은 품질계수(Q-factor)를 갖는 필터의 구현이 가능하다
- 필터의 응답특성, Q-factor, 차단주파수 등을 저항(R)값 하나로 조정이 가능하다.
- 능동소자로 구성된 증폭기가 필터와 연결된 주변 회로 간의 부하효과를 막아주는 버퍼로서의 기능을 한다.

가장 대표적으로 많이 사용되는 OP Amp를 사용한 능동필터로 Sallen and Key 형태가 있다. 이 필터는 2차 필터이며, 형태가 단순하다는 점과 수동소자 값의 정확성에 크게 영향을 받지 않는 장점이 있다. 차단주파수와 품질계수는 다음 식으로 계산된다.

$$f_c = \frac{1}{2\pi\sqrt{R_1R_2C_1C_2}}$$

$$Q = \frac{\sqrt{R_1R_2C_1C_2}}{C_2(R_1 + R_2)} \quad \text{for LPF}$$

$$Q = \frac{\sqrt{R_1R_2C_1C_2}}{R_1(C_1 + C_2)} \quad \text{for HPF}$$

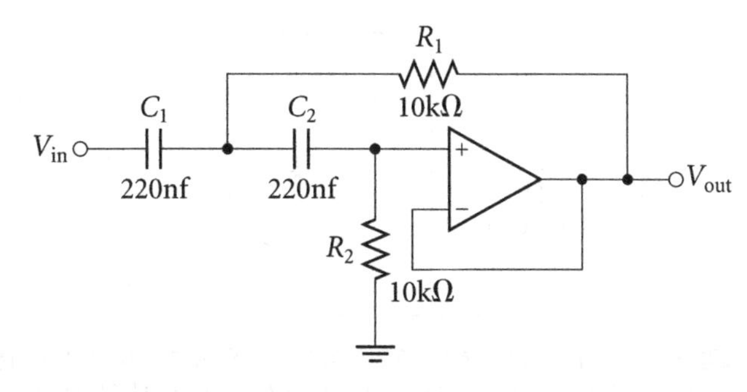

[그림 3-23] Sallen-Key 고역통과필터의 예(f_c = 72Hz, Q = 0.5)

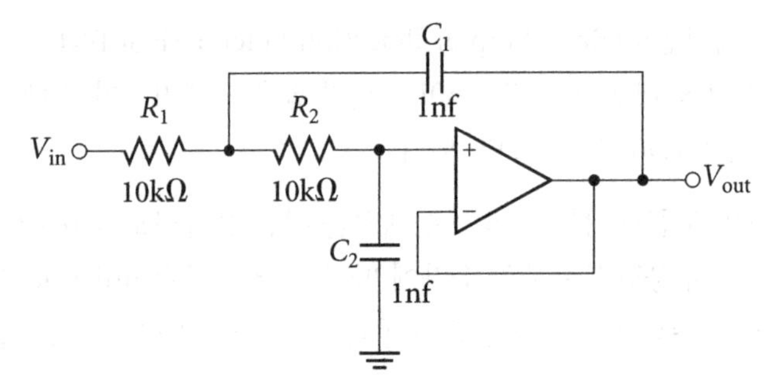

[그림 3-24] Sallen-Key 저역통과필터의 예(f_c = 15.9kHz, Q = 0.5)

3.5 신호변환(Signal Conversion)

3.5.1 연속성(Continuity)에 따른 신호의 종류

신호(signal)란 "의미있는 정보를 포함한 측정 가능한 물리량의 변화"로 정의할 수 있다. 수학적으로는 "시간(1차원 신호)이나 공간(2, 3차원 신호)으로 주어지는 독립변수(independent varialbe) 와 물리량으로 주어지는 종속변수(dependent variable) 간의 함수(function)"로 정의할 수 있다. 신호는 독립변수와 종속변수 각각의 연속성에 따라 아날로그신호(analog signal)와 디지털신호(digital signal)로 나눌 수 있다. 아날로그신호는 독립변수와 종속변수 모두 연속적(continuous)으로 정의되는 신호이고 디지털신호는 독립변수와 종속변수 모두 이산적(discrete)으로 정의되는 신호이다. [그림 3-25]는 대표적인 1차원 생체신호인 심전도 신호가 독립변수(시간, t)와 종속변수(생체전위, V) 각각이 연속/이산적인 경우의 신호의 모습을 비교한 것이다. 그림에서 볼 수 있듯이 디지털신호는 실제적으로는 숫자의 열(array)이다.

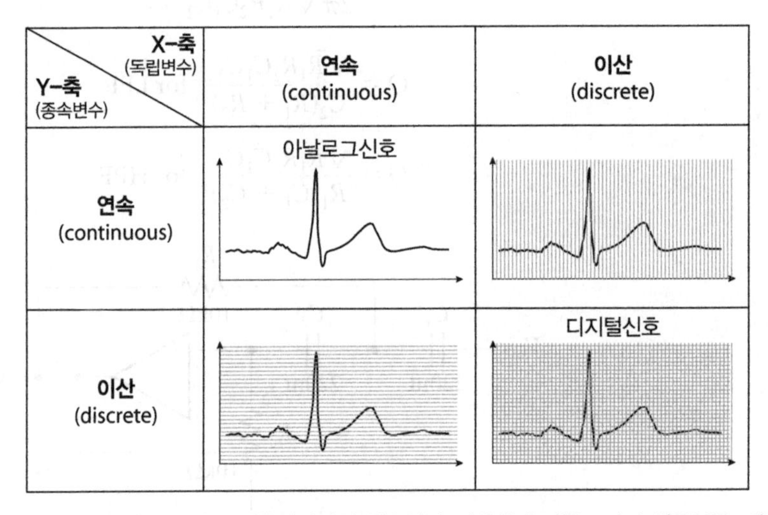

[그림 3-25] 시간축과 신호의 크기축상에서의 연속성과 이산성에 따른 4가지 신호분류. 아날로그신호에 비해 디지털신호는 시간축과 신호의 크기축 모두에서 이산적인 값을 갖게되어 결국 시계열 숫자가 된다.

아날로그신호와 디지털신호 간의 변환 프로세스는 변환의 방향에 따라 아날로그-디지털변환(analog-to-digital conversion or A/D conversion)과 디지털-아날로그변환(digital-to-analog conversion or D/A conversion)으로 나눌 수 있다.

3.5.2 A/D 변환

A/D 변환은 주어진 아날로그신호를 디지털신호로 변환하는 과정으로서 독립변수의 이산화 과정인 표본화(sampling)와 종속변수의 이산화 과정인 양자화(quantization)로 이루어진다.

1 표본화 정리(Sampling Theorem)

A/D 변환을 위한 표본화 과정에서 핵심적인 내용은 얼마나 자주 표본을 취하는지에 대한 문제로서 표본화 주파수(samplig frequency)의 결정이다. 즉 얼마나 빠른 주기로 신호의 표본을 취하는가하는 문제는 기본적으로 원래 아날로그신호가 가지고 있던 정보를 변환된 디지털 데이터가 얼마나 충실하게 포함하고 있는가의 관점에서 결정되어야 한다. 그러나 표본화 주파수에 따라 요구되는 변환소자의 성능이 결정될 뿐 아니라 변환된 디지털 데이터의 크기도 결정되기 때문에 중요한 변수가 된다. 이러한 표본화 주파수를 결정하는 원칙으로 "나이퀴스트-샤논의 표본화 정리(Nyquist-Shannon Sampling Theorem)"가 있다. 원래 통신이나 정보이론 분야 활용을 목적으로 제안된 이 정리는 다음과 같이 말할 수 있다.

"함수 $x(t)$가 B(HZ)보다 빠른 주파수 성분을 가지고 있지 않다면,
이 함수는 $1/(2B)$초 간격으로 취한 표본들로부터 완벽하게 결정될 수 있다."

여기서 말하는 표본화 간격(1/2B sec)의 역수가 표본화 주파수(2B Hz)에 해당하는데 이것을 나이퀴스트 주파수(Nyquist rate)라고 부른다. 나이퀴스트 주파수는 주어진 아날로그신호를 완벽하게 재현할 수 있기 위한 최소한의 표본화 주파수에 해당한다.

이것은 원래 아날로그신호가 포함하고 있는 가장 높은 주파수 성분에 해당하는 $A_B\cos(2\pi Bt + \phi_B)$의 한 주기에 대해 최소 2개의 표본이 취해지는 조건을 의미한다.

나이퀴스트 주파수로 표본을 취할 경우 정보이론의 관점에서는 원래 신호가 포함하고 있던 정보로부터 손실되는 정보가 없으며, 그 이상의 빠르기로 샘플링을 한다고 해서 더 추가적으로 얻어지는 정보가 없음을 의미한다.

2 앨리어싱(Aliasing)과 비앨리어싱필터(Anti-aliasing filter)

앨리어스(alias)라는 단어는 가명, 가짜를 의미하는 단어인데 신호처리 분야에서 앨

리어싱(aliasing)은 서로 다른 신호가 표본화된 후에 서로 구분하지 못하게 되는 현상을 말한다. 또한 표본화된 데이터로부터 아날로그신호를 복원했을 때 원래 아날로그신호와 다르게 되는 결과를 초래하는 왜곡(distortion)이나 인위적 작업(artifact)을 의미하기도 한다. 앞서 정의한 표본화 정리를 이용하면 나이퀴스트 표본화 주파수 보다 낮은 주파수로 표본화를 했을 때 발생되는 현상이라고 이해할 수 있다. [그림 3-26]처럼 서로 다른 주파수의 사인파에 대해 동일한 표본화 주파수로 샘플링을 했는데 동일한 표본 데이터를 얻게되면, 표본화 데이터를 이용하여 아날로그신호를 복원해도 결과적으로 원래의 파형이 얻어지지 않는 앨리어싱 현상을 볼 수 있다.

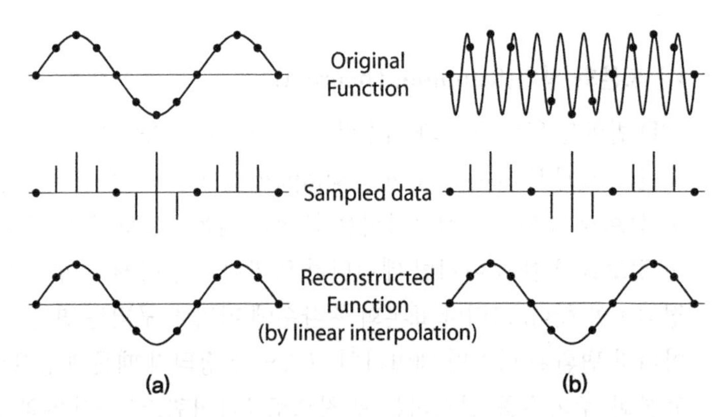

[그림 3-26] 앨리어싱 효과에 의한 왜곡현상. (a) 나이퀴스트 주파수 이상으로 표본화한 데이터로 복원된 경우로 원 신호파형과 동일한 복원 파형을 얻을 수 있다. (b) 나이퀴스트 주파수 이하로 표본화를 하여 앨리어싱 현상이 발생한 경우 원파형과 전혀 다른 복원파형을 얻게 된다.

[그림 3-27]은 이러한 앨리어싱 현상을 주파수 도메인에서 형상화한 것이다. 아날로그신호의 스펙트럼이 표본화되면 표본화 주파수의 모든 정수배만큼 이동된 복제 스펙트럼들의 연속으로 변하게 된다. 이때 표본화 주파수가 원래 아날로그신호의 최대 주파수의 2배보다 작다면 원래 스펙트럼과 이동된 복제 스펙트럼 사이에 중첩이 일어나게 되고 이러한 스펙트럼 상의 중첩 부분이 앨리어싱을 일으키게 된다. 나이퀴스트 표본화 주파수보다 높은 주파수로 표본화를 시행할 경우에는 원래 스펙트럼과 복제 스펙트럼 사이에 공간이 확보되기 때문에 스펙트럼 상의 왜곡을 방지할 수 있다.

비앨리어싱필터(Anti-aliasing filter)는 주어진 아날로그신호를 표본화하기 전에 대역폭을 제한하여 표본화 정리의 조건을 대략적으로 만족시키기 위해 사용하는 저역통과필터(low pass filter)를 말한다. 사용할 수 있는 표본화 장비의 최대 표본 주파수(f_s)가 주어진 아날로그신호의 최대 주파수의 2배보다 낮을 경우나 주어진 아날로그신호의 최대 주파수를 정확하게 알지 못할 경우, 표본화 주파수의 1/2보다 낮은 차단 주파수($f_c < f_s/2$)를 갖는 저역통과필터로 주어진 아날로그신호를 처리하게 되면 앨리어싱에 의한 왜곡을 일부 감소시킬 수 있다.

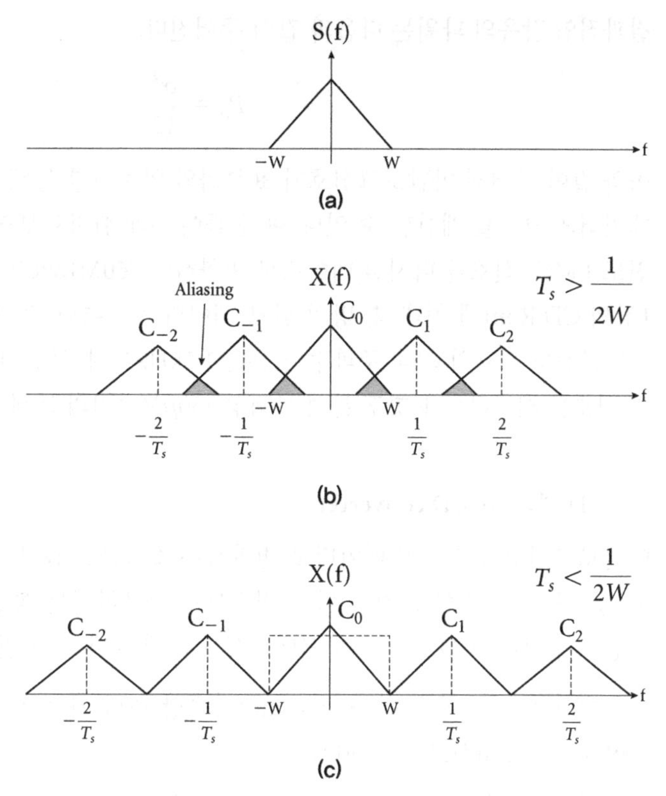

[그림 3-27] 엘리어싱현상의 주파수 영역에서의 해석 (a) 원신호의 주파수 스펙트럼. (b) 나이퀴스트 주파수 이하로 표본화한 경우 스펨트럼상의 중첩이 발생하여 원신호의 스펨트럼이 보존되지 않는다. (c) 나이퀴스트 주파수 이상으로 표본화를 시행하면 원신호의 스펙트럼이 보전되어 저역통과필터로 꺼내어 복원이 가능하다.

3 양자화(Quantization)

아날로그신호를 디지털신호 혹은 디지털 데이터로 변환하기 위한 두 번째 과정인 양자화는 "아날로그신호의 종속변수 축에 대해 연속적인 신호의 크기(amplitude)를 한정된 정수값(integer)이나 이산적인 기호(discrete symbol) 집합의 원소들로 근사화하는 과정"을 의미한다. 이진수를 사용하는 디지털 시스템에서 양자화에 총 n bit를 사용할 경우 2^n가지의 서로 다른 숫자나 기호의 표현이 가능하기 때문에 많은 bit 수를 사용하여 양자화를 할수록 더 자세한 근사화가 가능하다. 이와 같이 양자화를 통해 구별할 수 있는 최소한의 아날로그신호 크기의 간격을 분해능(resolution)이라고 한다. 근사화의 방법으로는 반올림(round-off), 올림, 버림(truncation)의 3가지가 사용된다. 어떤 방법을 사용하더라도 근사화 오차가 발생하게 되는데, 이러한 양자화 오차는 엄밀히 말하면 일정한 입력에 대해 일정한 오차가 발생하기 때문에 왜곡(distortion)이라고 볼 수 있으나 매우 작은 분해능을 갖는 양자화에 대해서는 일반적으로 잡음으로 간주한다. 근사화가 균일하게 α의 간격으로 이루어질 경우

결과적인 잡음의 파워는 다음과 같이 주어진다.

$$P_n = \frac{\alpha^2}{12}$$

이와 같이 주어진 아날로그신호가 표본화와 양자화를 통해 디지털 데이터로 변환된 데이터의 크기를 계산할 수 있다. 예를 들어 외래 환자로부터 측정한 10초 동안의 근전도(EMG) 신호를 디지털 데이터로 변환하여 760MByte의 CD Rom으로 저장할 때 1장의 CD Rom에 최대 몇 명의 환자 데이터를 수록할 수 있을지를 계산할 수 있다 (단, 근전도 신호의 최대 주파수 성분은 1.5kHz이며, 근전계의 출력은 최대 1V의 크기 신호를 제공하는데 향후 분석 목적상 250μV까지의 분해능을 요구한다).

4 A/D 변환기(A/D converter)

아날로그신호를 디지털 데이터로 변환하는 소자를 A/D 변환기라고 한다. 매우 다양한 종류의 A/D 변환 소자가 나와 있으므로 사용하려는 환경에 맞는 특성의 소자를 사용해야 한다. A/D 변환기의 선택에서 고려해야 할 특성 변수들은 다음과 같다.

- 최대 표본화 주파수(sampling rate): 1초당 변환 가능한 최대 표본수를 SPS(samples per second)로 나타낸다.
- 양자화 분해능(quantization resolution): bit 수로 나타낸다.
- 입력 아날로그신호의 전압범위: A/D 변환이 가능한 입력 아날로그신호의 전압 범위로서 참조전압(reference voltage)으로 결정되는데 보통 단일전위($0 \sim +V_{ref}$)와 양전위($-V_{ref} \sim +V_{ref}$) 형태로 나누어진다. A/D 변환기에 따라 외부에서 참조전압을 공급해줘야 하는 경우에는 참조전압의 품질이 최종적으로 변환된 디지털 데이터의 품질을 결정하기 때문에 주의해야 한다.
- 입력신호 채널수(Number of input channels): 동시에 변환할 수 있는 입력 아날로그신호 채널의 개수이다. 대부분의 A/D 변환기에서는 입력 다중화장치(multiplexer)를 사용하여 순차적으로 입력신호를 변환기에 연결해 주는 방식을 사용하고 있으므로 최대 표본화 주파수는 사용하려는 입력신호의 채널의 수만큼으로 나누어져 각 채널에 할당되게 된다.

그 밖의 특성은 다음과 같다.

- 디지털 인터페이스 방식: 디지털 데이터로 변환된 이후에 디지털회로와 연결해 주는 인터페이스 방식으로 UART, SPI, I^2C, parallel interface 등을 명시한다.
- 표본-유지회로(sample & hold circuit): 디지털 데이터로 변환 시 일정한 시간이 소요되므로 이 시간 동안 입력 아날로그신호의 크기를 일정하게 유지하는 기능의

회로가 입력단에 포함되어 있다.

3.5.3 D/A 변환 및 D/A 변환기

D/A 변환(Digital-to-Analog Conversion)은 A/D 변환의 역변환으로서 "제한된 분해능을 갖는 시간열데이터(time series data)를 연속적으로 변하는 물리적인 신호로 변환하는 과정"을 의미한다. 대표적인 D/A 변환 방식은 주어진 디지털 데이터를 일정한 크기의 임펄스(impulse) 신호로 변환하고, 내삽(interpolation) 기능을 수행하는 재구성필터(reconstruction filter)에 의해 이들 임펄스 사이의 빈 공간을 채우게 된다.

D/A 변환기의 특성을 나타내는 변수들은 다음과 같다.

- 변환주파수(update rate): 1초당 변환 가능한 최대 데이터를 SPS(samples per second)로 나타낸다.
- 안정화시간(settling time): 변환된 아날로그신호의 최종값에 이르는 시간으로 μs 등과 같은 시간단위로 표현한다.
- 분해능(quantization resolution): bit 수로 나타낸다.
- 출력신호 채널수(number of output channel): 출력 아날로그신호 채널의 개수를 의미한다.
- 출력신호의 형태(output type): 전압출력/전류출력 또는 단일전위출력(single supply voltage)/양전위출력(double supply voltage) 등을 구별하여 나타낸다.
- 디지털 인터페이스 방식: 입력되는 디지털 데이터를 공급받기 위한 인터페이스 방식으로 UART, SPI, I^2C, parallel interface 등을 명시한다.

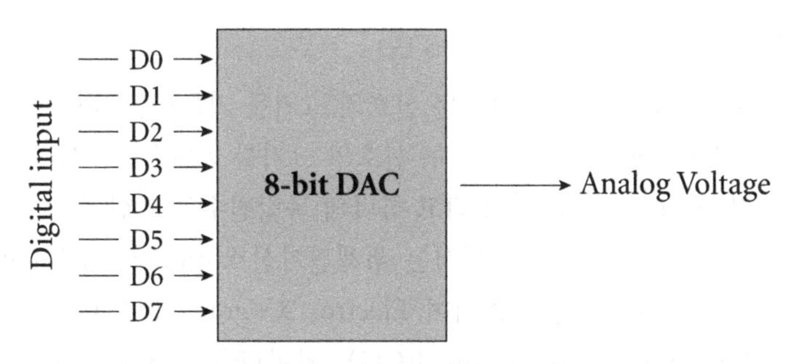

[그림 3-28] D/A 변환기의 입 · 출력변수

3.6 디지털신호처리(Digital Signal Processing)

디지털신호처리는 아날로그신호에 포함된 유익한 정보를 추출하기 위해 주어진 아날로그신호를 디지털 데이터로 변환하고 이를 이용한 일련의 수학적 연산을 의미한다. 이러한 디지털신호처리는 원리상 아날로그신호처리에 비해서 좀 더 복잡하고 이산적인 숫자를 대상으로 이루어지긴 하지만 디지털컴퓨터의 연산능력이 증가함에 따라 아날로그신호처리에 비해서 여러 가지 장점을 제공할 수 있게 되었다.

디지털신호처리는 다음과 같은 몇 가지 서로 다른 영역(domain)에서 행해진다. 시간영역(time domain), 공간영역(space domain), 주파수영역(frequency domain), 웨이블릿영역(wavelet domain), 자기상관영역(autocorrelation domain) 등이 있으며, 신호의 특성을 가장 잘 나타내주는 영역을 선택하여 신호처리를 시행하게 된다. 의용생체계측 시스템을 구성하는 센서로부터 얻어지는 아날로그신호는 A/D 변환을 거치면 시간영역(1차원 신호)이나 공간영역(2, 3차원 신호)에서의 데이터 열로 주어진다. 이 데이터를 이산 푸리에 변환(discrete Fourier transform)을 통해 주파수 스펙트럼으로 나타내면 주파수 영역의 데이터가 된다. 주파수영역에서는 시간, 공간영역에서 표현된 신호를 주파수와 위상이 다른 여러 개 사인파(sine wave)들의 합으로 나타내게 되는데, 이러한 사인파들은 시간이나 공간축상에서 무한대까지 존재하는 특성이 있기 때문에 신호가 포함하고 있는 일시적인 변동(transient change)을 표현하는 데 어려움이 있다. 웨이블릿영역에서의 신호의 표현은 주파수도 다르지만 시간이나 공간적으로 존재구간이 다양한 여러 개의 웨이블릿(wavelet)들로 신호를 표현함으로써 일반적인 주파수 영역의 표현에 비해 시공간적인 분해능이 우수하다. 자기상관영역은 주어진 신호를 시간이나 공간에서의 일정한 거리가 떨어진 자기자신과의 상호상관(cross correlation) 값으로 표현되는 영역이다.

3.6.1 시간, 공간 영역(Time and Space Domain)

시간(time)에 따라 변하는 신호의 크기를 기록하는 것이 시간영역에서의 신호의 표현이다. 대부분 시간을 x축, 신호의 크기를 y축에 대응시켜 그래프의 형태로 나타낸다. 독립변수가 시간이 되고 하나의 독립변수로 표현된다는 면에서 1차원 신호로 분류된다. 의용생체계측에서는 생체전기신호(biopotential signal)가 대표적인 시간영역에서 표현되는 신호이며, Electro- 'X' -gram (E 'X' G)의 형태로 명명되는데 심전도(Electrocardiogram, ECG), 뇌파(Electroencephalogram, EEG), 근전도(Electromyogram, EMG) 등이 대표적이다. 한편 같은 E 'X' G로 약술되지만 어미가 다음과 같은 3가지로 구분되어 쓰이는데 -gram, -graph, -graphy는 각각 기록된 결과(圖), 기록계(械), 기록술(術)을 의미한다.

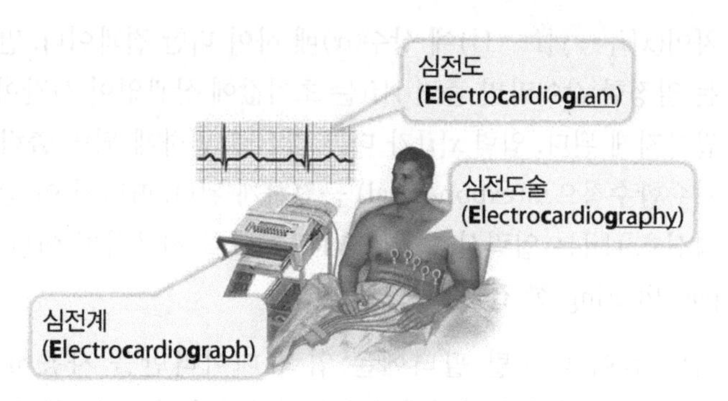

[그림 3-29] ECG로 나타내는 3가지 서로다른 표현인 심전도, 심전계, 심전도술

공간영역에서의 신호의 표현은 영상(image)의 형태로 제공된다. 일반적인 정지영상의 경우 독립변수가 x, y 축 두 개의 공간좌표이므로 2차원 신호가 되고, 동영상의 경우나 3차원 영상의 경우 3차원 신호, 3차원 동영상의 경우 4차원 신호라고 할 수 있다. 의료영상(medical imaging)은 방사성 에너지(radiating energy)를 인체에 조사하여 세포나 조직, 장기와 상호작용의(interaction) 결과로 변조된(modulation) 신호를 검출하여 표현하는 방식이다. 의료영상은 사용되는 에너지의 종류에 따라 엑스레이영상, MRI(Magnetic Resonance Imaging)영상, 초음파영상, 핵의학영상, 광학영상 등으로 나뉘어지고 영상의 표현양식에 따라 평면영상(planar image)과 단층면영상(tomogram)으로 구분된다.

1 필터링(Filtering)

시공간영역에서의 신호처리로 가장 대표적인 것으로서 신호에 포함된 특정성분을 제거함으로써 주어진 신호의 특성을 사용목적에 맞게 향상(enhancement)시키는 과정을 의미한다. 디지털 필터링은 입력으로 주어진 디지털 데이터에서 현재의 시점을 중심으로 앞, 뒤 여러 개의 데이터 샘플들과 필터링의 결과로 나온 이전의 출력데이터들을 사용한 수학적 연산으로 구현된다. 따라서 디지털 필터는 다음의 예와 같은 입력과 출력 데이터 간의 차분방정식(difference equation)의 형태로 주어진다.

$$y[n] = -\frac{1}{4}y[n-1] + \frac{3}{8}y[n-2] + x[n] + 2x[n-1] + x[n-2]$$

이러한 수학적 연산이 아날로그 필터링의 효과를 낼 수 있음을 이해할 수 있는 다음과 같은 예제를 생각해 보자.

$$\text{for } i \text{ from } 1 \text{ to } n$$
$$y[i] = y[i-1] + \alpha(x[i] - y[i-1])$$

즉, 주어진 시간에서의 출력 $y[i]$는 이전시간의 출력 $y[i-1]$에 입력과 이전출력의 차이($x[i] - y[i-1]$)에 상수(α)배 하여 더한 결과이다. 만약 입력 x[i]가 변하지 않는 일정한 값이라면 출력 $y[i]$는 초기값에 상관없이 시간이 지남에 따라 입력 $x[i]$와 같아지게 된다. 입력 $x[i]$가 다른 값으로 변하게 되면 출력 $y[i]$는 새로운 입력 값에 지수함수적으로(exponential) 근접하게 된다. 따라서 이 연산의 결과로 얻어지는 출력신호 $y[i]$는 입력신호 $x[i]$를 RC 회로를 사용하여 아날로그 저역통과필터링(low pass filtering)한 결과와 동등하다.

이와 같이 디지털 필터에는 입력 데이터만을 사용하는 FIR(Finite Impulse Response) 필터와 입력데이터와 이전의 출력데이터를 함께 사용하는 IIR(Infinite Response Filter) 필터가 있으며, 입력과 출력 사이에 선형성(linearity)이 유지되는 선형 필터(Linear filter)와 비선형 필터(Nonlinear filter)가 있다. 가장 대표적인 비선형 필터에는 메디안(중앙값) 필터(Median Filter)가 있는데, 잡음의 영향을 감소하는 데 매우 효과적이면도 간단한 알고리즘의 필터로 널리 활용되고 있다. 주어진 신호처리 윈도우 크기 안에 입력데이터들의 중앙값을 필터 출력으로 제공하게 되는데, 1차원 신호에 대해 필터의 윈도우 크기가 3인 경우에 해당하는 예제를 살펴보자.

> 주어진 입력 신호 데이터는 $x = [2\ 80\ 6\ 3]$
> 필터의 윈도우 크기가 3일 때 필터의 출력은,
> $y[1] = \text{Median}[2\ 2\ 80] = 2$
> $y[2] = \text{Median}[2\ 80\ 6] = \text{Median}[2\ 6\ 80] = 6$
> $y[3] = \text{Median}[80\ 6\ 3] = \text{Median}[3\ 6\ 80] = 6$
> $y[4] = \text{Median}[6\ 3\ 3] = \text{Median}[3\ 3\ 6] = 3$
> 따라서 전체적인 필터 출력은 $y = [2\ 6\ 6\ 3]$이다.

따라서 입력신호 데이터에 포함되어 있던 잡음에 해당하는 80이 자연스럽게 제거됨을 알 수 있다.

이 밖에도 시간에 따라 필터의 특성이 바뀌지 않는 시불변 필터(Time-invariant filter)가 있고 필터의 작동 환경변화에 따라 능동적으로 그 특성이 가변하는 적응형 필터(Adaptive Filter)가 있다.

필터의 특성을 표현하는 방법으로는 위에서 소개한 차분방정식에 의한 정의가 있고, z-transform에 의해 얻어지는 전달함수나 여기서 정해지는 pole과 zero들로도 정의되며, 입력데이터와 충격응답(impulse response) 간의 컨볼류션(convolution)으로 나타낼 수도 있다.

2 파라미터 계산

시간, 공간영역에서 신호의 특성이 결정적(deterministic)인 경우와 무작위적(stochastic or random)인 경우에 따라 신호로부터 계산하는 파라미터가 서로 다르다. 일반적으로 결정적인 신호의 경우 최대값(peak)이나 최소값(valley), 사건 간의 시간 간격 등의 확정적인 변수에 대한 계산이 가능하지만, 무작위신호의 경우에는 평균값(average), 분산(variance), 표준편차(standard deviation), 기대값(expected value) 등의 통계적 변수의 계산을 통해서 신호의 특성을 나타내게 된다.

3.6.2 주파수영역(Frequency Domain)

시간과 공간영역에서 표현된 신호는 푸리에 변환(Fourier Transform)을 통해서 주파수 영역으로 전환시킬 수 있다. 이러한 변환을 통해 신호가 가지고 있던 시간에 따른 크기변화 정보는 특정 주파수 성분의 크기(magnitude)와 위상(phase) 정보로 바뀌게 된다.

즉, 시간영역과 주파수영역에서의 신호의 표현은 [그림 3-30]처럼 궁극적으로 같은 대상을 시간과 주파수라는 다른 관점에서 관측한 결과로 생각할 수 있다.

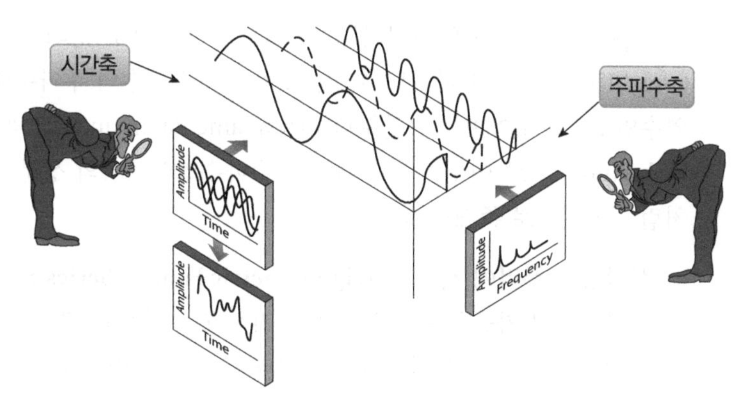

[그림 3-30] 시간영역과 주파수영역에서의 신호에 대한 표현. 동일한 현상을 서로 다른 관점에서 측정하고 표현하는 것이다.

신호에 대한 주파수영역에서의 표현은 프랑스의 수학자이자 물리학자였던 조세프 푸리에(Joseph Fourier, 1768-1830)의 연구에서 출발한다. 금속체에서의 열전달과 진동에 대해 연구하던 푸리에는 "모든 주기적인 함수는 사인과 코사인으로 이루어지는 삼각함수의 가중합으로 나타낼 수 있다"라는 푸리에 시리즈(Fourier Series)의 기본 아이디어를 제안하였는데, 이것이 발전하여 임의파형의 신호를 주파수영역으로 변환하는 푸리에 변환(Fourier Transform)이 확립되었다. 푸리에 시리즈와 푸리에 변환을 이용하면 시간이나 공간영역에서 주어진 신호를 주파수영역에서 표현할 수 있는데, 신호의 주기성과 연속성에 따라 [표 3-1]과 같이 4가지의 경우로 나누어 생각할 수 있다.

[표 3-1] 신호의 시간축과 주파수축상에서 주기성과 연속성의 관계. 한쪽 영역에서 주기적인 신호는 다른 쪽 영역에서 이산화되는 성질이 있으므로, 한쪽 영역에서 주기적이면서 이산적인 신호는 다른 쪽 영역에서도 역시 주기적이고 이산적인 형태를 가지게 된다.

	주기신호(Periodic Signal)	비주기신호(Nonperiodic Signal)
연속신호 (Continuous Signal)	t ↔ ω (a)	t ↔ ω (b)
이산신호 (Discrete Signal)	t ↔ ω (c)	t ↔ ω (d)

1 푸리에 시리즈(Fourier Series)

주기(period)가 T인 임의의 신호 $x(t)$는 다음 식으로 정의되는 삼각함수의 가중합(weighted sum)으로 나타낼 수 있다. 이때 삼각함수의 주파수(frequency)는 주기의 역수인 $1/T$로 주어지는 기본주파수(fundamental frequency)와 이의 정수 배인 고조파(harmonics)로 이루어지기 때문에 주파수영역에서의 성분은 [표 3-1]의 (a)에서처럼 이산적으로 존재하게 된다.

❶ **삼각함수 푸리에 시리즈(Trigonometric Fourier Series):** 사인과 코사인 두 가지 삼각함수의 가중합으로 임의의 주기신호는 다음과 같이 표현된다. 따라서 하나의 주파수 성분은 사인파와 코사인파 각각의 크기에 대한 정보로 표현된다.

$$x(t) = a_0 + \sum_{m=1}^{\infty}(a_m \cos m\omega_0 t + b_m \sin m\omega_0 t)$$

$$\omega_0 = \frac{2\pi}{T} : \text{fundamental frequency}$$

$$\omega_m = m\omega_0 : \text{harmonics}$$

$$a_0 = \frac{1}{T}\int_T x(t)dt$$

$$a_m = \frac{2}{T}\int_T x(t)\cos(m\omega_0 t)dt$$

$$b_m = \frac{2}{T}\int_T x(t)\sin(m\omega_0 t)dt$$

❷ **간편 푸리에 시리즈(Compact Fourier Series):** 간편 푸리에 시리즈를 이용하면 삼각함수 공식에 의해 하나의 사인이나 하나의 코사인으로 정리될 수 있다. 따라서 주어진 신호를 주파수영역에서 표현할 때 주파수당 하나의 삼각함수에 대해 크기(magnitude)와 위상(phase)의 정보로 나타낼 수 있다.

$$a_m \cos m\omega_0 t + b_m \sin m\omega_0 t = A_m \cos(m\omega_0 t + \phi_m)$$

$$x(t) = \frac{A_0}{2} + \sum_{m=1}^{\infty} A_m \cos(m\omega_0 t + \phi_m)$$

$$A_m = \sqrt{a_m^2 + b_m^2}$$

$$\phi_m = \tan^{-1}\left(\frac{-b_m}{a_m}\right)$$

❸ **지수함수 푸리에 시리즈(Exponential Fourier Series):** 복소지수함수에 대한 오일러의 정리(Euler's identity)를 이용하면 다음과 같이 음수의 주파수(Negative Frequency) 개념이 도입되어 하나의 주파수 성분의 크기가 양수주파수와 음수주파수로 반씩 나뉘게 된다.

$$\cos(\theta) = \frac{e^{j\theta} + e^{-j\theta}}{2} \text{ and } \sin(\theta) = \frac{e^{j\theta} - e^{-j\theta}}{2j} \text{ where } j = \sqrt{-1}$$

$$x(t) = \sum_{m=-\infty}^{\infty} c_m e^{jm\omega_0 t}$$

$$c_m = \frac{a_m - jb_m}{2} = \frac{A_m}{2} e^{j\phi_m}$$

$$c_m = \frac{1}{T} \int_T x(t) e^{-jm\omega_0 t} dt$$

2 푸리에 변환(Fourier Transform)

비주기적인 파형의 신호에 대한 주파수영역에서의 표현은 푸리에 변환으로 계산할 수 있다. 비주기적인 신호이면서 시공간에 무한히 펼쳐있는 신호는 주기가 무한대인 주기신호로 볼 수 있고, 비주기적이면서 한정된 시공간에만 존재하는 신호는 그 외의 공간은 신호의 크기가 0인 것으로 생각하고 주기를 무한대로 생각하면 되기 때문에 푸리에 변환은 푸리에 시리즈에서 주기가 무한대로 커진 극한의 경우에 대한 표현이라고 볼 수 있다. 따라서 삼각함수의 가중합은 극한으로 가면 적분식으로 다음과 같이 주어진다.

$$X(\omega) = \int_{-\infty}^{\infty} x(t)e^{-j\omega t}dt$$

$$x(t) = \frac{1}{2\pi}\int_{-\infty}^{\infty} x(\omega)e^{j\omega t}d\omega$$

이와 같이 정의된 적분식의 특성에 따라 주어진 신호의 시공간에서의 표현과 주파수공간에서의 표현 간에 여러 가지 특성이 나타난다. 그 중에 가장 중요한 성질은 한쪽 영역에서 신호의 존재구간이 한정되면 다른 쪽 영역에서는 그 존재구간이 무한대로 넓어진다는 것이다. 일반적으로 우리가 다루는 신호는 측정구간이 한정되기 때문에 시간이나 공간영역에서 그 존재구간이 제한적일 수 밖에 없지만 이러한 신호의 주파수영역의 성분은 무한대까지 넓게 퍼져 존재하게 된다. 반대로 주파수 영역에서 그 성분이 한정된 구간에서만 존재하는 신호—이러한 신호를 대역제한신호(band-limited signal) 라고 한다—는 시간이나 공간영역에서는 무한대까지 존재하게 된다.

3 이산시간 푸리에 변환(Discrete Time Fourier Transform)

디지털신호에 대한 주파수영역에서의 표현을 구하기 위해서는 비주기적인 시공간영역에서의 신호가 표본화(sampling)되어 일정순간에만 존재하는 이산적인 신호에 대한 푸리에 변환을 생각해야 한다. 이런 조건에서 푸리에 변환식은 적분식에서 다시 합산의 식으로 바뀌게 되는데, 적분구간 중에 샘플이 이루어진 순간의 신호값 $x[n]$ 만이 적분에 기여하게 되기 때문이다. 이렇게 정의된 변환식을 자세히 보면 $X(\omega)$는 ω에 대하여 2π를 주기로 하는 주기함수가 되는 것을 알 수 있다($\because\ e^{-i2\pi n} = 1$).

$$X(\omega) = \sum_{n=-\infty}^{\infty} x[n]e^{-i\omega n}$$

$$x[n] = \frac{1}{2\pi}\int_{-\pi}^{\pi} X(\omega)\cdot e^{j\omega n}d\omega$$

따라서 이산시간 푸리에 변환의 결과는 주파수영역에서 주기적인 함수가 된다. [표 3-1]에서 볼 수 있듯이 (a)와 (d)의 경우는 서로 대칭적이어서 시간영역에서 주기적인 신호는 주파수영역에서는 이산적이 되고 반대로 시간영역에서 이산적인 신호는 주파수영역에서 주기적이 되는 대칭성을 갖게 된다.

4 이산 푸리에 변환(Discrete Fourier Transform)

이산시간 푸리에 변환은 디지털신호에 대한 주파수영역 표현의 계산식이기는 하지만 컴퓨터를 이용한 계산에서 양쪽 영역에 대한 완벽한 변환을 제공하는 데 어려움이 있다. 그것은 기본적인 푸리에 변환의 성질상, 어느 한쪽 영역에서의 신호가 일정 구간에 한정되어 존재하면 반대쪽 영역에서는 무한대까지 그 성분이 나타나기 때문에 한정된 구간에서의 표현만으로는 정확하게 1:1로 대응되는 변환 관계를 유지할 수 없다. 이러한 양쪽 영역에서의 정확한 1:1 대응관계를 해결하기 위해서는 다음과 같은 가정을 하게 된다. 즉 시간이나 공간영역에서의 신호는 관심이 있는 구간 또는 측정이 이루어진 한정된 구간 내에서만 존재하게 되지만 그 구간 밖에서도 동일한 형태로 계속 반복되는 주기신호라고 가정한다면 앞서 푸리에 시리즈의 경우에 해당하게 되므로 주파수영역에서의 성분이 이산적으로 바뀌게 된다. 따라서 시간이나 공간영역에서 이산적이고 주기적인 신호에 대한 주파수영역에서의 표현도 역시 주기적이고 이산적이 되고, ([표 3-1]의 (c) 참조) 이들에 대한 계산식은 다음과 같이 양쪽 영역에서 모두 합산의 식으로 나타내 진다.

$$X(m) = \sum_{k=0}^{N-1} x(k)e^{-j\frac{2\pi mk}{N}};\ m = 0, 1, ..., N-1$$

$$x(k) = \frac{1}{N}\sum_{m=0}^{N-1} X(m)e^{j\frac{2\pi mk}{N}};\ k = 0, 1, ..., N-1$$

따라서 양쪽 영역에서 모두 주기적이며 이산적인 신호의 표현에 대해 각각 한 주기만의 데이터를 서로 간의 변환의 쌍으로 간주하면 양쪽 영역간의 정확한 1:1 대응이 성립되면서 컴퓨터를 이용한 실제 계산에서도 간편하게 사용될 수 있다. 이러한 대응관계를 '이산 푸리에 변환(DFT)'이라고 부른다.

5 고속 푸리에 변환(Fast Fourier Transform)

이산 푸리에 변환(DFT)은 컴퓨터 프로그램으로 구현하면 손쉽게 계산이 가능하지만 데이터의 양이 많아지면 계산량이 기하급수적($O(N^2)$)으로 늘어나서 계산시간이 길어진다. 이에 대한 해결책으로 제시된 계산 알고리즘이 고속 푸리에 변환(FFT)이다. 여러 연구자에 의해 다양한 변형이 제안되었는데 기본적으로 계산량이 $O(N \log N)$가 되어 데이터 수(N)에 따른 증가가 감소되어 고속연산이 가능하다.

6 주파수영역에서 필터링

FFT와 같이 고속연산이 가능한 연산 알고리즘의 개발과 컴퓨터나 전용 하드웨어의 계산능력이 급속하게 증가함에 따라 종전에 시간이나 공간영역에서 행해지던 필터링이 주파수영역에서도 가능해졌다. 즉 시간이나 공간영역에서 주어진 신호를 빠르게 주파수영역으로 변환한 뒤 주파수영역에서 원하는 필터링 작업을 수행하고 그 결과를 다시 시간이나 공간영역으로 역변환(reverse transform)함으로써 좀 더 직관적이고 확실한 필터링이 가능하다. 또한 각 주파수 성분의 크기 뿐 아니라 위상정보를 활용한 새로운 필터링 기법들도 가능하다는 장점이 있다.

이와 같이 주파수영역에서의 다양한 신호처리 기법들을 스펙트럼분석(spectral Analysis)라고 부르기도 한다.

3.6.3 웨이블릿영역(Wavelet Domain)

웨이블릿영역은 웨이블릿 변환(Wavelet Transform)을 통해 표현된다. 주파수영역을 표현하는 푸리에 변환과 웨이블릿 변환을 비교해 보면, 푸리에 변환에서는 기저함수(basis function)가 사인파(sinusoids)이고 주파수영역으로의 변환에서 시간이나 공간의 정보는 전혀 포함되어 있지 않기 때문에 시간이나 공간에 따라 주파수 성분들이 변하는 신호의 경우에는 이러한 정보를 효과적으로 나타내기 어려운 단점이 있다. 이러한 경우 푸리에 변환을 위한 데이터의 크기를 제한하여 짧은 시공간구간에서 변환을 실시하고 이러한 짧은 구간의 데이터 창(data window)를 이동시키면서 푸리에 변환을 실시하는 단시간 푸리에 변환(Short-time Fourier Transform)이 사용된다. 시공간영역의 창의 넓이가 정해지면 주파수영역에서의 분해능 역시 일정하게 주어지며, 이 두 변수 간에는 역비례 관계가 성립한다. 즉 시공간 창의 넓이가 작아지면 변환의 결과로 얻어지는 주파수영역에서의 분해능이 커지기 때문에 자세한 주파수 분석이 불가능해지고, 반대로 시공간 창의 크기를 넓히면 주파수 분해능은 좋아지지만 주파수 성분의 시공간에 따른 변화는 주어진 창 이내에서는 관찰이 어렵게 된다. 이러한 단점을 극복할 수 있는 변환이 웨이블릿 변환이다.

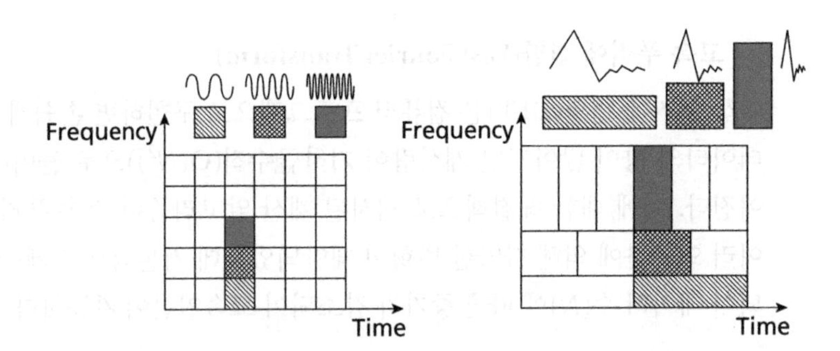

[그림 3-31] (a) 단시간 푸리에 변환과 (b) 웨이블릿 변환의 차이. 단시간 푸리에 변환에서는 일정한 시간 구간 내에 존재하는 주파수 성분을 표시하는 데 비해 웨이블릿 변환에서는 낮은 주파수 성분은 상대적으로 긴 시간 구간 내에서 그리고 높은 주파수 성분은 상대적으로 짧은 시간 구간 내에서 표현함으로써 효율적으로 시간-주파수 구간을 활용한다.

즉 [그림 3-31]에서 볼 수 있듯이 푸리에 변환에서 시간-주파수 영역의 분해능은 일정하게 정해지지만 웨이블릿 변환에서는 사용되는 웨이블릿의 특성에 따라 시간분해능과 주파수분해능이 다양하게 존재한다.

웨이블릿 변환에서 사용되는 웨이블릿이라고 불리는 기저함수들은 하나의 모함수(mother function)와 이러한 모함수를 확대/축소(scaling)하고 이동(translation)하여 얻어지는 일련의 함수들이 된다. 이러한 기저함수들은 변환의 기본조건인 직교정규(orthonormal)의 조건은 만족하면서 주파수와 시공간영역에서 모두 국지화(localized)되지 않는 다분해능(multiresolution)이 가능한 특성을 갖는다. 연속 웨이블릿 변환은 다음 식과 같이 주어진 신호 $f(t)$를 기저함수인 웨이블릿 ψ를 사용하여 적분변환하게 된다. 이때 모웨이블릿함수 ψ는 확대축소변수(scale parameter)인 a 와 이동변수(translation parameter)인 b에 따라 다양한 기저함수들을 구성하게 된다.

$$CWT(a, b) = a^{-1/2} \int_{-\infty}^{\infty} f(x)\psi\left(\frac{x-b}{a}\right)dx$$

$$\psi_{a,b}(x) = a^{-1/2}\psi\left(\frac{x-b}{a}\right)$$

대표적인 웨이블릿 기저함수의 모양은 [그림 3-32]와 같다.

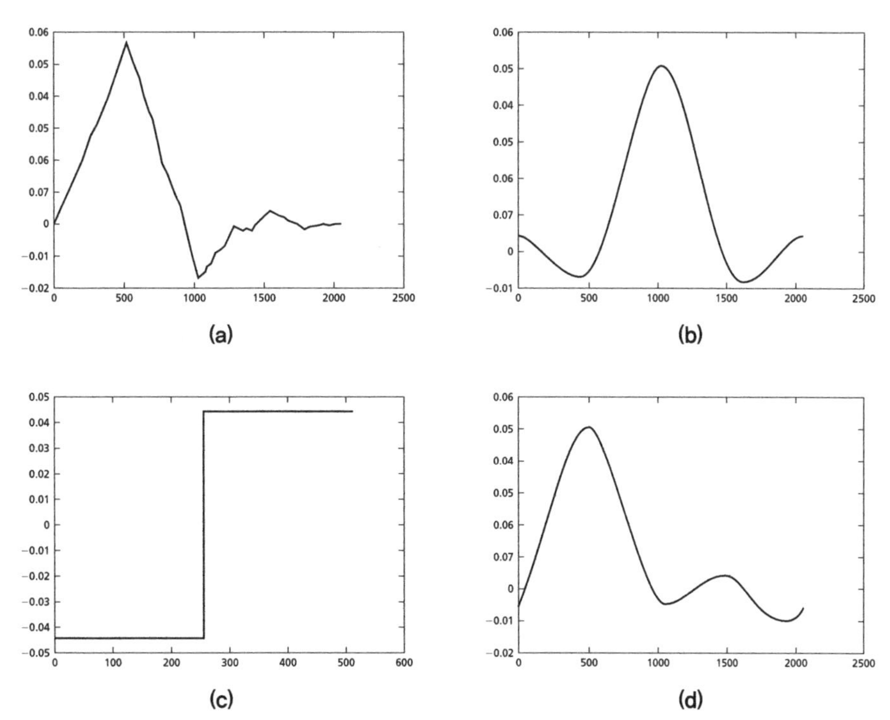

[그림 3-32] 웨이블릿 변환에 사용되는 대표적인 모함수의 예. (a) Daubechies_6, (b) Coiflet_3, (c) Haar_4, (d) Symmlet_6 각각 아래의 함수를 사용하여 그렸음.
plot(MakeWavelet(2, −4, 'Daubechies', 6, 'Mother', 2048));
plot(MakeWavelet(2, −4, 'Coiflet', 3, 'Mother', 2048));
plot(MakeWavelet(0, 0, 'Haar', 4, 'Mother', 512));
plot(MakeWavelet(2, −4, 'Symmlet', 6, 'Mother', 2048));

PART 2

의용생체계측을 위한 LabVIEW 프로그래밍

CHAPTER 04

LabVIEW 버추얼 인스트루먼트 시작하기

LabVIEW는 주로 계측기(오실로스코프 등)에서만 하던 신호 측정 및 수집을 PC에서도 가능하게 해준 소프트웨어로 미국의 내쇼날인스트루먼트(NATIONAL INSTRUMENTS)사에서 개발되었다. 프로그램 개발을 위해 기존에 많이 사용해오던 C, C++, JAVA는 텍스트 기반의 프로그래밍 언어임에 반해 LabVIEW는 함수, 연산 등을 아이콘 형태로 표현하고 이를 서로 연결하여 프로그램을 만드는 그래픽 기반의 언어(G-언어)이다. 현재 LabVIEW는 프로그래밍 언어로 사용될 뿐만 아니라 생체 계측 등의 다양한 목적으로 널리 사용되고 있다.

LabVIEW 프로그램이 버추얼 인스트루먼트(Virtual Instrument) 또는 VI로 불리는 이유는 오실로스코프 및 멀티미터와 같은 물리적 인스트루먼트의 외형과 기능을 프로그램내에서 구현할 수 있기 때문이다. LabVIEW는 데이터 수집, 분석, 디스플레이, 저장에 필요한 도구뿐만 아니라, 사용자 작성 코드, 문제 해결을 위한 도구 등을 제공한다.

LabVIEW에서 컨트롤은 노브, 누름 버튼, 다이얼 및 기타 입력 수단을 나타내고, 인디케이터는 그래프, LED 등의 출력 수단을 지칭한다. 컨트롤과 인디케이터를 이용하여 사용자 인터페이스, 즉 프런트패널을 만든 후 VI와 구조를 사용하여 코드를 추가하고 프런트패널의 객체를 제어한다. 그리고 블록다이어그램에는 이를 위한 상세한 코드를 포함하게 된다.

본서에서는 LabVIEW 2010 Professional Development Systems 한글 버전을 기준으로 사용 방법 및 예제를 설명하도록 한다.

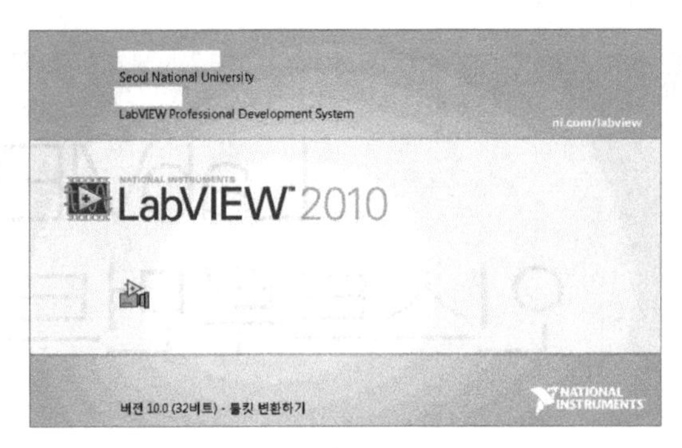

[그림 4-1] LabVIEW 시작화면

4.1 버추얼 인스트루먼트(VI) 만들기

4.1.1 LabVIEW 시작하기

LabVIEW를 설치한 후 실행하면 [그림 4-2]와 같이 시작하기 윈도우가 나타난다. 이 윈도우를 사용하여 새 VI를 생성하거나 가장 최근에 열었던 LabVIEW 파일들을 선택해 실행할 수 있으며, 그 밖에 예제를 찾아보거나 LabVIEW 도움말을 실행할 수 있다. 또한 내쇼날인스트루먼트사의 웹 사이트(http://www.ni.com)에서 특정 매뉴얼, 도움말 항목, 리소스 등 LabVIEW를 이용한 프로그램 개발 시 도움이 되는 정보와 리소스에 접근할 수 있다.

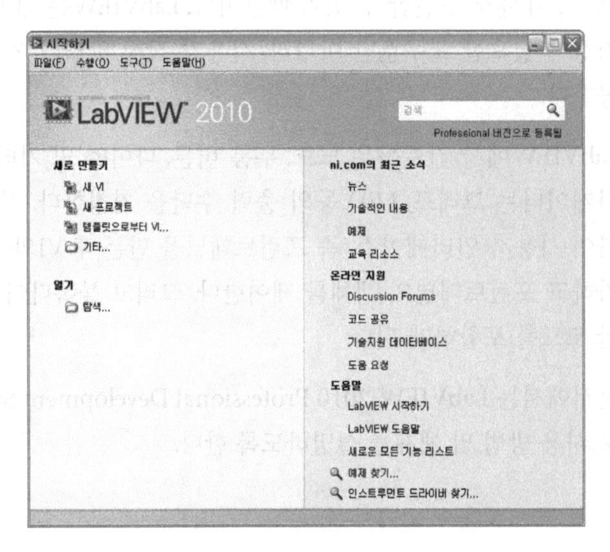

[그림 4-2] 시작하기 윈도우

시작하기 윈도우는 기존 파일을 열거나 새 파일을 생성하면 사라지고, 열려있는 모든 프런트패널과 블록다이어그램을 닫을 때 다시 나타난다. 또한 프런트패널 또는 블록다이어그램에서 **보기 → 시작하기** 윈도우를 선택하여 이 윈도우를 디스플레이할 수도 있다. 프런트패널과 블록다이어그램은 뒤에서 자세히 설명하도록 하겠다.

4.1.2 템플릿으로부터 새 VI 만들기

많은 개발자들이 측정을 위한 응용 어플리케이션 프로그램 개발 시 일반적으로 정형화된 패턴으로 코딩을 하게 된다. LabVIEW에서는 이러한 패턴들을 [그림 4-3]처럼 몇 가지로 유형화시킨 템플릿을 제공하고 사용자로 하여금 응용에 맞게 선택할 수 있도록 하였다. 템플릿 VI의 미리보기와 간략한 설명은 **설명** 섹션에 나타난다.

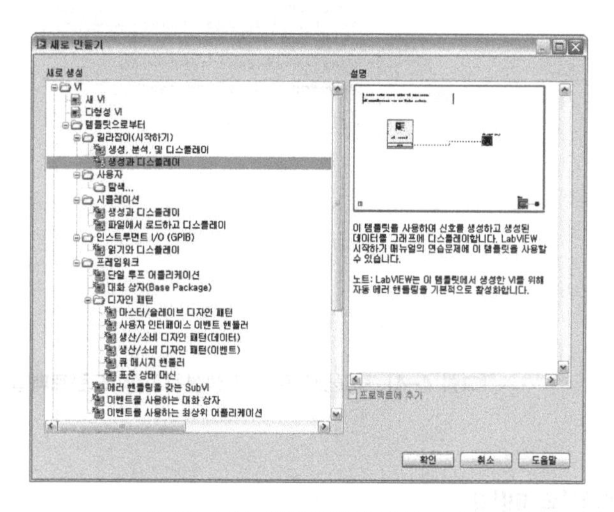

[그림 4-3] **새로 만들기** 대화 상자

템플릿을 이용하여 신호를 생성하고 이 신호를 디스플레이하는 VI를 다음과 같이 생성해 보자.

❶ LabVIEW를 시작한다.

❷ **시작하기** 윈도우에서 **새로 만들기** 또는 **템플릿으로부터 VI 링크**를 클릭하여 **새로 만들기** 대화 상자를 띄워 준다.

❸ **새로 만들기** 리스트에서 **VI → 템플릿으로부터 → 길라잡이(시작하기) → 생성과 디스플레이**를 선택하고 확인 버튼을 클릭하여 템플릿으로부터 VI를 생성한다.

[그림 4-4]처럼 두 개의 윈도우 즉, 프런트패널과 블록다이어그램을 화면에 보여준다.

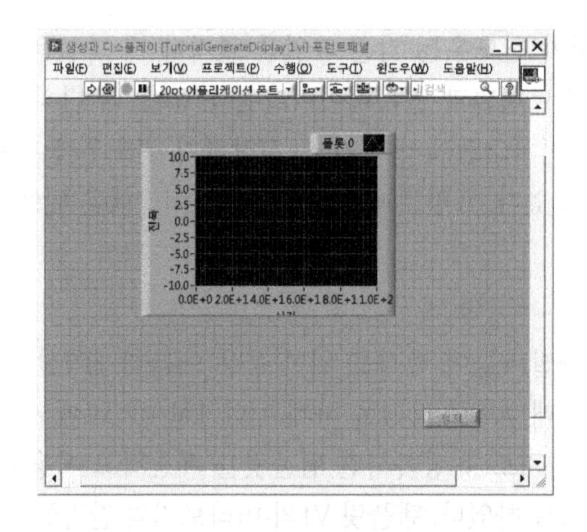

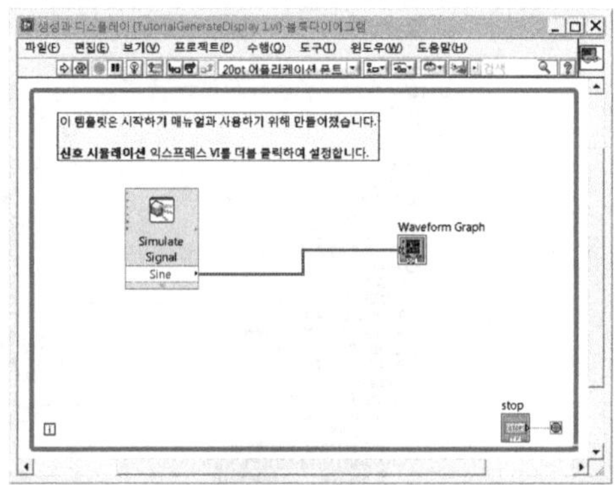

[그림 4-4] 템플릿으로부터 생성된 VI의 **프런트패널**과 **블록다이어그램**

4.2 프런트패널

VI의 사용자 인터페이스로서의 **프런트패널**은 회색 배경으로 나타나며 컨트롤과 인디케이터를 포함하고 있다. 프런트패널의 제목 표시줄은 해당하는 VI 파일의 프런트패널임을 나타낸다.

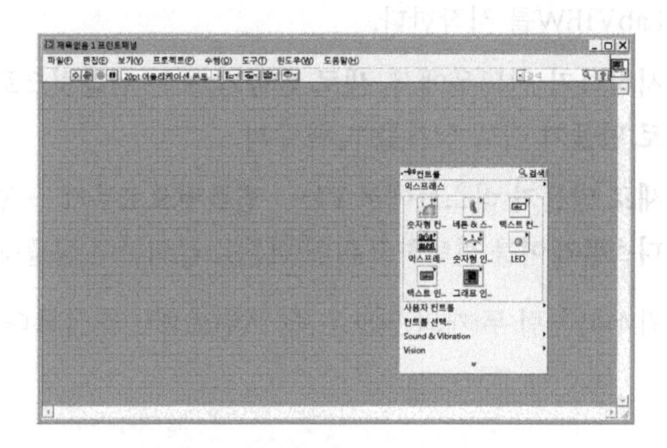

[그림 4-5] **프런트패널**과 **컨트롤 팔레트**

컨트롤과 인디케이터는 **컨트롤 팔레트**에 위치하고 있는데, 각 VI의 대화식 입력과 출력인 컨트롤과 인디케이터를 사용하여 프런트패널을 꾸미게 된다. 컨트롤은 노브, 버튼, 다이얼 등을 통해 인스트루먼트에 데이터를 제공하여 입력 메커니즘을 모의실험할 수 있다. 인디케이터는 그래프, LED 등을 통해 인스트루먼트에서 제공되는 데이터를 수집하거나 디스플레이함으로써 출력 메커니즘을 모의실험할 수 있다.

프런트패널 윈도우의 객체 위로 커서를 움직이면 위치 도구가 나타난다. 커서는 화살표로 바뀌며 이를 사용하여 객체를 선택, 이동, 크기조정을 할 수 있다. 프런트패널이 보이지 않을 경우, **윈도우 → 프런트패널 보이기**를 선택하여 프런트패널 윈도우를 화면 위로 띄울 수 있다.

다음 단계에서 **생성**과 **디스플레이** VI의 사인파 진폭을 컨트롤하기 위한 노브 컨트롤을 프런트패널에 다음처럼 위치시켜 보자.

❶ **숫자형 컨트롤** 아이콘을 클릭하여 숫자형 컨트롤 팔레트를 디스플레이한다.

❷ 숫자형 컨트롤 팔레트에서 **노브 컨트롤**을 클릭하여 컨트롤을 커서에 붙힌 후 노브를 프런트패널 웨이브폼 그래프의 왼쪽에 놓는다.

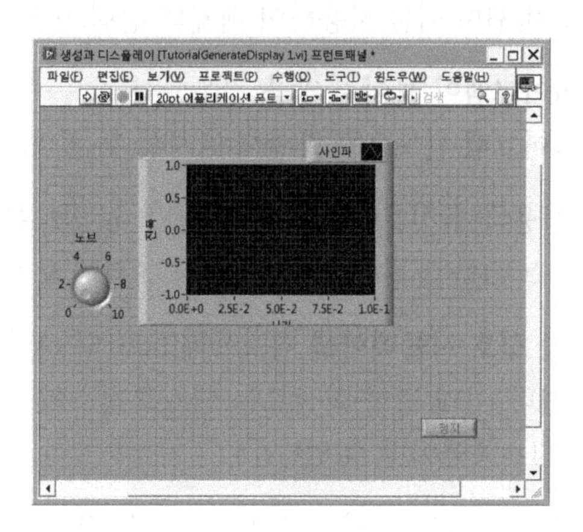

4.3 블록다이어그램

블록다이어그램은 VI가 실행되는 방법을 나타낸 것으로 G 코드 또는 블록다이어그램 코드로 알려진 그래픽 소스 코드를 지칭한다. 블록다이어그램 코드는 함수의 그래픽 형태를 사용하여 프런트패널 객체를 컨트롤한다. 프런트패널 객체는 블록다이어그램에서 아이콘 터미널로 나타낸다. 와이어를 통해 컨트롤과 인디케이터를 익스프레스 VI, 함수 등에 연결한다. 데이터는 와이어를 따라 컨트롤에서 시작해 함수와 VI, 인디케이터 등으로 이동하게 된다. 블록다이어그램에서 노드를 통한 데이터의 이동은 VI와 함수의 실행 순서를 결정한다.

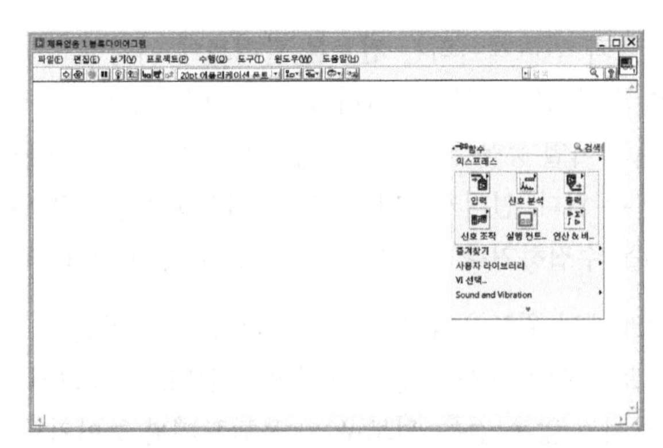

[그림 4-6] 블록다이어그램과 함수 팔레트

블록다이어그램은 흰색 배경으로 나타나며 프런트패널 객체를 컨트롤하는 VI와 구조가 포함되어 있다. 블록다이어그램 객체의 터미널 위로 커서를 움직이면 와이어링 도구가 나타난다. 커서는 실타래로 바뀌며 이를 사용하여 데이터가 흐르도록 하는 블록다이어그램 객체를 연결할 수 있다.

블록다이어그램 윈도우의 객체 위로 커서를 움직이면 위치 도구가 나타난다. 커서는 화살표로 바뀌며 이를 사용하여 객체의 선택, 이동, 크기조정을 할 수 있다.

블록다이어그램이 보이지 않을 경우, 윈도우 → 블록다이어그램 보이기를 선택하여 **블록다이어그램** 윈도우를 화면에 표시할 수 있다.

노브를 사용하여 신호의 진폭을 변경할 수 있도록 **노브 컨트롤**과 **신호 시뮬레이션** 익스프레스 VI를 블록다이어그램에서 연결해 보자.

❶ 커서를 **신호 시뮬레이션** 익스프레스 VI의 하단에 위치한 아래 방향 화살표로 이동시킨다. 아래 방향 화살표는 익스프레스의 경계를 확장하여 숨겨진 입력과 출력을 디스플레이할 수 있다.

❷ 양방향 화살표가 나타나면 익스프레스 VI의 경계를 클릭하고 끌어서 두 행을 추가한다. 경계를 놓으면 진폭 입력이 나타난다.

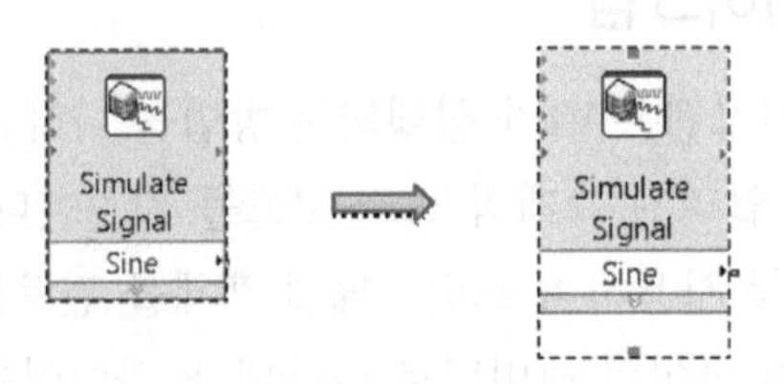

❸ 노브 터미널의 화살표를 클릭한 후 **신호 시뮬레이션** 익스프레스 VI의 진폭 입력 화살표를 클릭하여 두 객체를 연결한다. 데이터는 이 와이어를 따라 노브 터미널에서 익스프레스 VI를 거쳐 그래프 인디케이터로 흐른다 .

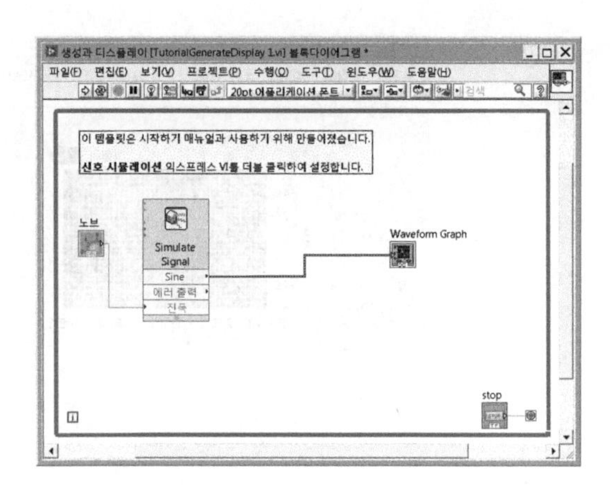

4.4 VI 실행 및 정지

실행 버튼은 프런트패널 상단의 도구 모음에 위치하고 있는데, 클릭하거나 <Ctrl> + <R>을 누르면 VI가 실행된다.

실행 버튼이 검은색 화살표로 바뀌면 VI가 실행되고 있음을 나타낸다.

정지 프런트 패널의 정지 버튼을 클릭하여 VI를 정지시킨다. 정지 버튼은 루프가 현재 반복 실행을 끝낸 후 VI를 정지하게 한다.

While 루프는 사용자가 실행 버튼을 누르면 루프 내부의 모든 VI와 함수를 정지 버튼이 눌리기 전까지 실행하게 한다.

프런트패널 상단의 도구 모음에 위치한 강제 종료 버튼은 VI가 현재 반복을 끝내기 전에 VI를 즉시 정지시킨다.

외부 하드웨어와 같은 외부 리소스를 사용하는 VI를 강제 종료 버튼을 통해 종료하면, 해당 리소스를 적절히 리셋하지 못하거나 해제하지 못해 리소스가 알지 못하는 상태로 남아 있을 수 있다. 이러한 문제를 피하려면 생성하는 VI에서 지정한 정지 버튼을 이용해 VI를 정지시키도록 한다.

앞서 진폭 조정이 가능하게 수정된 **생성과 디스플레이** VI를 실행시키고 노브 컨트롤을 이용하여 진폭이 변함을 확인해 보자.

❶ 노브 컨트롤 위로 커서를 이동한다.

❷ 커서가 아래와 같이 손가락 모양의 수행 도구로 바뀌면 수행 도구를 사용하여 노브의 값을 변경해 본다.

진폭이 변하면서 그래프의 y축도 오토스케일되어 진폭의 변화를 반영함을 확인할 수 있다.

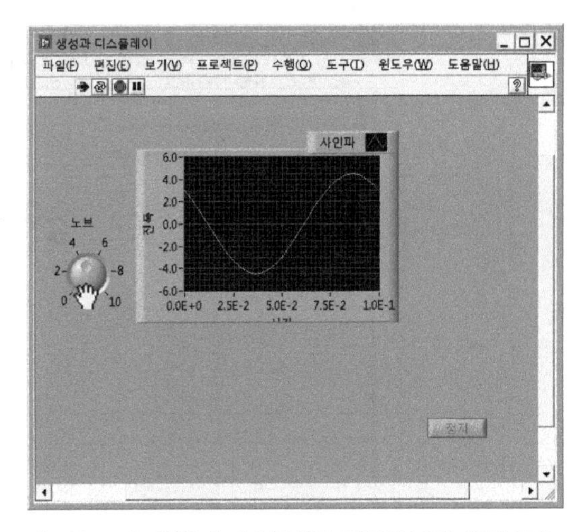

[그림 4-7] 생성과 디스플레이 템플릿 VI의 실행 모습

4.5 실행 속도 제어

웨이브폼 그래프의 포인트를 더 천천히 플롯하기 위한 목적 등의 이유로 VI의 실행 속도를 늦추고자 한다면 블록다이어그램의 루프 내부에 **시간 지연** 익스프레스 VI를 추가한다.

❶ 시간 지연 익스프레스 VI를 루프 내에 위치 시키고 시간 지연(초) 텍스트 박스에 0.25를 입력한다.

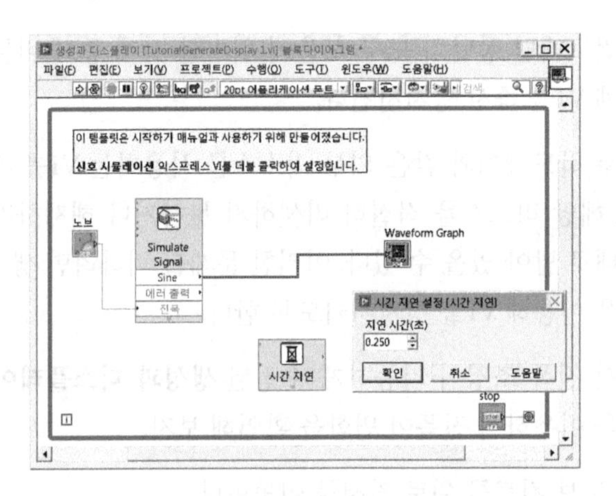

루프가 초당 네 번 수행되어 시간 지연이 있기 전보다 더 느리게 VI가 수행되고 그래프가 천천히 그려짐을 확인할 수 있다.

4.6 두 개 이상의 신호 디스플레이

원래의 신호와 그 신호에 조작을 가해 변경된 신호를 동시에 하나의 그래프에서 비교하고자 한다면 **신호병합** 함수를 사용하면 된다.

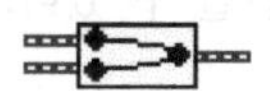

다음 단계에 따라 하나의 그래프에 두 신호를 디스플레이해 보자.

❶ **연산 & 비교** 팔레트에서 수식 익스프레스 VI를 선택하고 블록다이어그램의 루프 내부에 **신호 시뮬레이션** 익스프레스 VI와 웨이브폼 그래프 옆에 놓는다.

❷ **수식 설정** 대화 상자가 자동으로 나타나면 다음 그림처럼 입력변수에 10을 곱해 주는 수식을 작성하고 확인 버튼을 클릭한다.

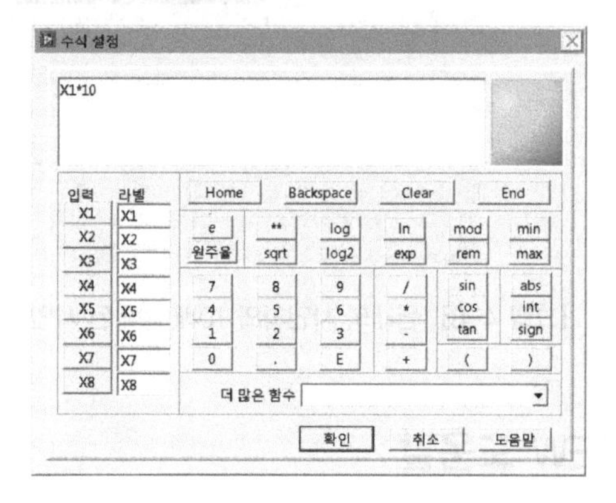

❸ 와이어링 도구를 사용하여 사인파의 출력을 **수식** 익스프레스 VI와 연결해 준다.

❹ 와이어링 도구를 이용하여 사인파의 출력과 수식 익스프레스 VI의 출력을 신호병합 함수를 이용하여 병합하고 그 출력을 웨이브폼 그래프 터미널에 연결한다. 완성된 모습은 다음 그림과 같다.

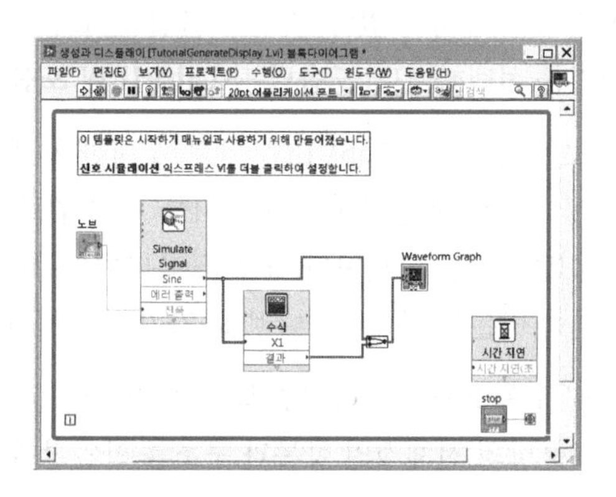

❺ 프런트패널로 돌아와서 VI를 실행하고 노브 컨트롤을 조정한다.

그래프를 통하여 원래의 사인파와 수식 익스프레스 VI에서 지정해준 10배 증폭된 사인파가 동시에 그려짐을 확인할 수 있고, 노브를 돌리면 y축의 최대값이 자동으로 스케일이 조정됨을 확인할 수 있다.

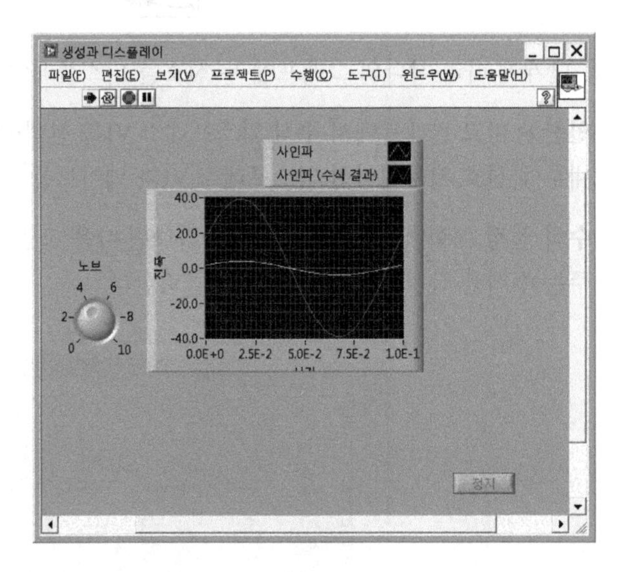

[그림 4-8] 원래의 사인파와 10배 증폭된 사인파 두 신호의 동시 디스플레이

4.7 LabVIEW 도움말

LabVIEW 도움말은 LabVIEW 프로그래밍 개념, LabVIEW 사용에 대한 단계별 설명, LabVIEW VI, 함수, 팔레트, 메뉴, 도구, 프로퍼티, 메소드, 이벤트, 대화 상자에 대한 참조 정보를 포함한다.

기본 도움말 윈도우는 각 객체 위로 커서를 이동할 때 LabVIEW 객체의 기본 정보를 디스플레이한다. VI, 함수, 구조, 팔레트, 대화 상자 구성 요소와 같은 객체는 기본 도움말 정보를 가지고 있다. 기본 도움말 윈도우에 접근하려면 **도움말 → 기본 도움말** 보이기를 선택하거나, **도움말 →LabVIEW 도움말**을 선택하여 접근할 수 있다.

LabVIEW 도움말에는 LabVIEW 객체에 대한 자세한 정보가 포함되어 있다. 객체의 LabVIEW 도움말에 접근하려면 커서를 객체 위로 이동한 후 기본 도움말 윈도우의 상세 도움말 링크를 클릭한다. 또한 블록다이어그램의 객체나 고정된 팔레트에서 마우스 오른쪽 버튼을 클릭하거나 바로 가기 메뉴에서 도움말을 선택한다.

LabVIEW 도움말을 탐색하려면 목차, 색인, 그리고 검색 탭을 사용한다. 목차 탭을 사용하면 도움말의 전체적인 항목과 구조를 확인할 수 있고, 색인을 사용하면 키워드로 항목을 찾을 수 있으며, 검색 탭을 사용하면 특정한 단어나 구절로 도움말을 검색할 수도 있다.

LabVIEW 도움말에서 사용하려는 객체를 찾은 경우, 블록다이어그램에 **추가** 버튼을 클릭하여 객체를 블록다이어그램에 위치시킨다.

LabVIEW 도움말의 검색 탭에서 검색 결과 리스트 위의 위치 행 헤더를 클릭하여 결과를 목차 타입으로 정렬한다. 참조 항목에는 VI, 함수, 팔레트, 메뉴, 도구와 같은 LabVIEW 객체에 대한 참조 정보가 포함되어 있고, 사용법 항목은 LabVIEW를 사용하는 방법에 대한 단계적인 설명을 담고 있으며, 개념 항목은 LabVIEW 프로그래밍 개념에 대한 정보를 담고 있다.

4.8 LabVIEW 예제 검색

NI 예제 탐색기를 사용하여 컴퓨터에 설치된 예제나 NI Developer Zone(http://www.ni.com/zone)의 예제를 검색할 수 있다. 이러한 예제는 LabVIEW를 사용하여 다양한 테스트, 측정, 컨트롤, 디자인 태스크를 수행하는 방법을 설명한다. **도움말 → 예제 찾기**를 선택하거나 시작하기 윈도우의 예제 섹션에서 예제 찾기 링크를 클릭하여 NI 예제 탐색기를 시작한다.

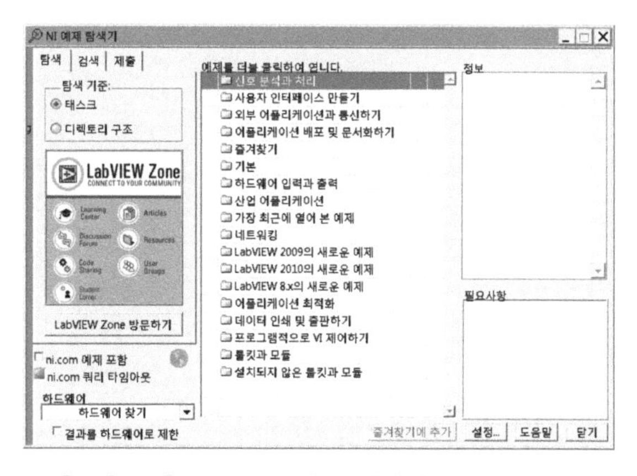

[그림 4-9] LabVIEW의 **NI 예제 탐색기**의 탐색 탭

예제들은 특정한 VI 또는 함수를 사용하는 방법을 보여준다. 블록다이어그램 또는 고정된 팔레트의 VI나 함수에서 마우스 오른쪽 버튼을 클릭한 후 바로 가기 메뉴에서 예제를 선택하여 도움말 토픽과 해당 VI나 함수 예제의 링크를 디스플레이할 수 있다. 예제를 어플리케이션에 맞도록 수정하거나 기존 VI에 하나 또는 여러 개의 예제를 복사해서 붙일 수도 있다.

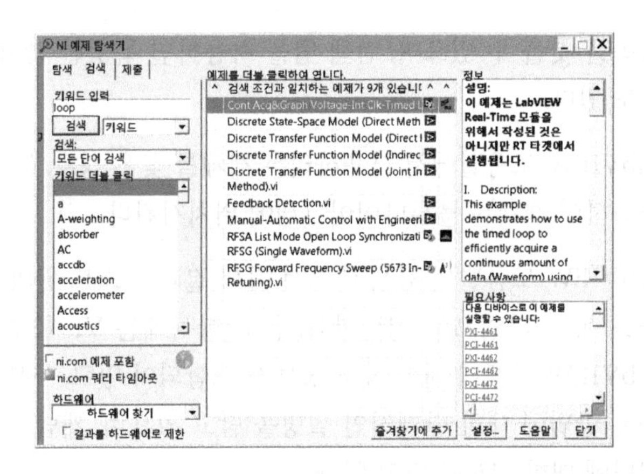

[그림 4-10] LabVIEW의 **NI 예제 탐색기**의 검색 탭

실수로 NI 예제 탐색기의 예제 프로그램을 덮어쓰지 않도록 수정된 예제를 저장할 때에는 항상 **파일 → 다른 이름으로 저장**을 선택한다.

CHAPTER

05 LabVIEW에서 신호 분석 및 데이터 저장하기

이번 장에서는 임의의 신호를 생성하고 신호를 시간영역과 주파수영역에서 간단하게 분석하며, 신호를 필터링하는 방법을 배우는 것을 학습의 목표로 한다. 부가적으로 신호가 특정한 한계를 초과했는지 사용자에게 알려주며, 신호를 데이터 파일 형태로 저장하는 방법을 습득하게 된다.

5.1 템플릿에서 만든 VI 불러오기

시작하기 윈도우에서 **새로 만들기**를 클릭하여 **새로 만들기** 대화 상자를 디스플레이한다. **새로 만들기 리스트**에서 **VI → 템플릿으로부터 → 길라잡이(시작하기) → 생성, 분석 및 디스플레이**를 선택한다. 이 템플릿 VI는 신호를 시뮬레이션하고 분석하여 신호의 RMS(Root Mean Square) 값을 계산해준다.

❶ [신호 시뮬레이션] 익스프레스 VI를 더블 클릭하여 **신호 시뮬레이션** 설정 대화 상자를 디스플레이한다. 진폭 1V의 주파수 10.3Hz의 사인파가 신호원으로 사용되고 있음을 확인할 수 있다.

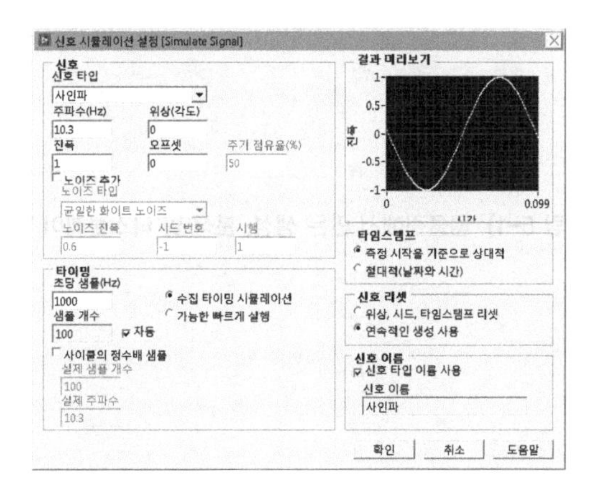

❷ 프런트패널 윈도우로 돌아와 웨이브폼 그래프 인디케이터에서 마우스 오른쪽 버튼을 클릭하고 바로 가기 메뉴에서 **프로퍼티**를 선택한다.

❸ 그래프 **프로퍼티** 대화 상자가 나타나면 **모양** 페이지에서 **라벨** 섹션의 **보이기**에 확인 표시를 하고 텍스트 박스에 **필터되지 않은 신호**라고 입력한 후 확인 버튼을 클릭한다.

VI를 실행시키면 다음과 같은 모습의 프런트패널과 블록다이어그램이 화면에 보여진다.

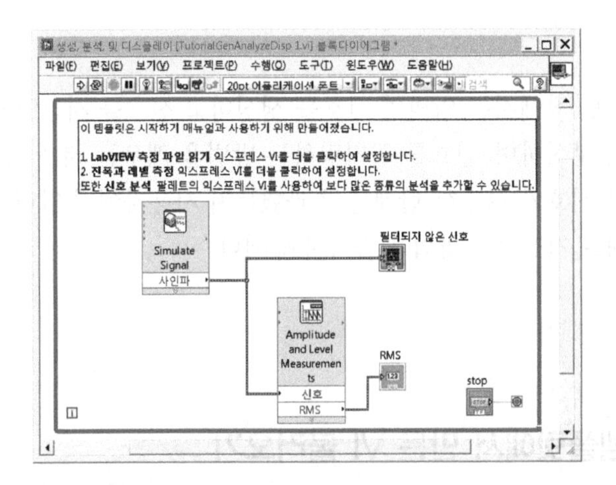

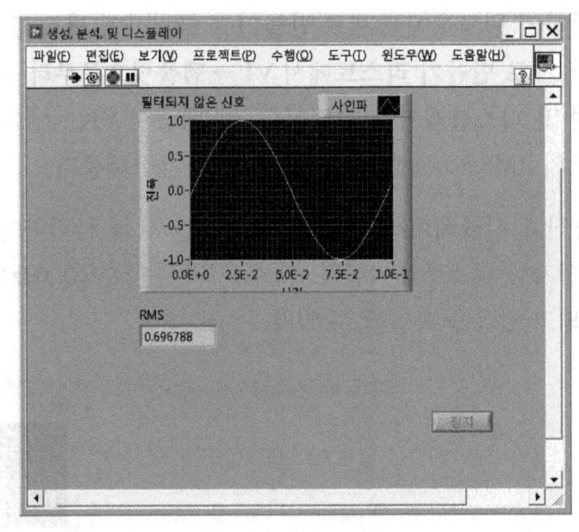

[그림 5-1] 템플릿에서 만든 **생성, 분석 및 디스플레이** VI의 블록다이어그램과 프런트패널

5.2 새로운 신호 생성

5.2.1 노이즈신호 생성하기

[신호 시뮬레이션] 익스프레스 VI는 기본으로 사인파를 시뮬레이션한다. **신호 시뮬레이션 설정** 대화 상자의 옵션을 변경하여 시뮬레이션된 신호를 사용자 정의할 수 있다. 다음 단계를 따라 균일한 화이트 노이즈를 사인파에 추가하는 추가적인 시뮬레이션 신호를 생성해 보자.

❶ 블록다이어그램에서 위치 도구를 사용하여 [신호 시뮬레이션] 익스프레스 VI를 선택한다. <Ctrl> 키를 누른 채로 클릭하고 드래그해 블록다이어그램에 추가적인 [신호 시뮬레이션] 익스프레스 VI를 생성한다.

❷ 마우스 버튼을 놓아 [신호 시뮬레이션] 익스프레스 VI를 원래의 [신호 시뮬레이션] 익스프레스 VI의 아래에 놓는다 . LabVIEW는 복사된 [신호 시뮬레이션] 익스프레스 VI의 이름을 자동적으로 [신호 시뮬레이션 2]로 업데이트한다 .

❸ [신호 시뮬레이션 2] 익스프레스 VI를 더블 클릭하여 **신호 시뮬레이션 설정** 대화 상자를 디스플레이한다.

❹ **신호 타입** 풀다운 메뉴에서 사인파를, **주파수(Hz)** 텍스트 박스에 60을, **진폭** 텍스트 박스에 0.1을 입력한다. **노이즈 추가** 확인란에 확인 표시를 하여 사인파 신호에 노이즈를 추가한다.

❺ **노이즈 타입** 풀다운 메뉴에서 **균일한 화이트 노이즈**를 선택하고 **노이즈 진폭** 텍스트 박스에 0.1을, **시드 번호** 텍스트 박스에 −1을 입력한다.

❻ **타이밍** 섹션에서 **가능한 빠르게** 실행 옵션을 선택하고, **신호 이름** 섹션의 **신호 타입 이름 사용** 확인란에서 확인 표시를 제거한 후 **신호 이름** 텍스트 박스에 **60 Hz 및 노이즈**라고 입력하고 **확인** 버튼을 누른다.

다음 그림에서와 같이 **결과 미리보기** 섹션을 통해 설정한 신호를 확인할 수 있다. 신호 시뮬레이션 설정 대화 상자가 다음 그림과 비슷하게 나타나야 한다.

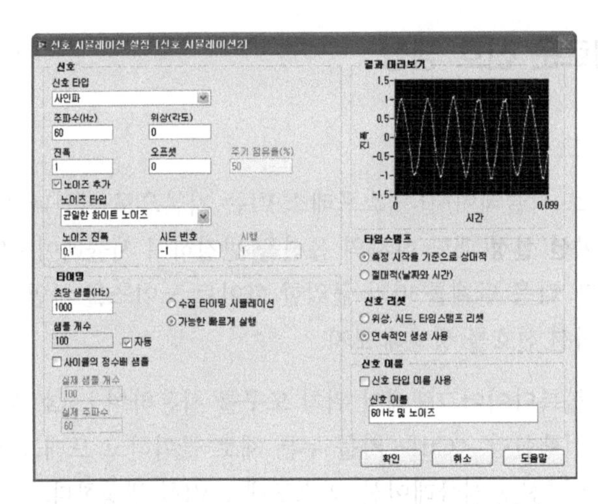

[그림 5-2] 화이트 노이즈가 섞인 사인파 생성하기

5.2.2 원신호에 노이즈신호 더하기

[수식] 익스프레스 VI를 사용하여 원래의 사인파에 노이즈파를 더해 하나의 신호를 생성하도록 한다.

❶ 블록다이어그램 윈도우에서 [신호 시뮬레이션] 익스프레스 VI의 **사인파** 출력을 [진폭과 레벨 측정] 익스프레스 VI의 신호 입력 및 **필터되지 않은 신호** 인디케이터에 연결하는 와이어를 트리플 클릭하고 와이어를 제거한다.

❷ **함수** 팔레트에서 **검색** 버튼을 클릭하여 [수식] 익스프레스 VI를 찾은 후 이를 블록다이어그램의 [신호 시뮬레이션] 익스프레스 VI와 [진폭과 레벨 측정] 익스프레스 VI 사이에 추가한다.

❸ 수식 설정 대화 상자가 나타나면 **라벨** 열에서 X1의 라벨을 **사인파**로, X2의 라벨을 **60Hz 및 노이즈**로 변경한다. [수식] 익스프레스 VI가 수식 텍스트 박스에서 자동으로 첫 번째 입력, **사인파**를 입력한다. +와 **X2** 버튼을 클릭하여 사인파와 **60Hz 및 노이즈**를 수식 텍스트 박스에 추가하고 확인 버튼을 누른다.

❹ 와이어링 도구를 사용하여 [신호 시뮬레이션] 익스프레스 VI의 **사인파** 출력을 [수식] 익스프레스 VI의 **사인파** 입력에 연결하고, [신호 시뮬레이션 2] 익스프레스 VI의 **60Hz 및 노이즈** 출력을 [수식] 익스프레스 VI의 **60Hz 및 노이즈** 입력에 연결한다.

❺ [수식] 익스프레스 VI의 결과 출력을 필터되지 않은 신호 인디케이터와 [진폭과 레벨 측정] 익스프레스 VI의 신호 입력에 연결하고 VI를 실행시킨다.

다음 그림처럼 노이즈가 추가된 신호가 그래프에 나타남을 확인할 수 있다.

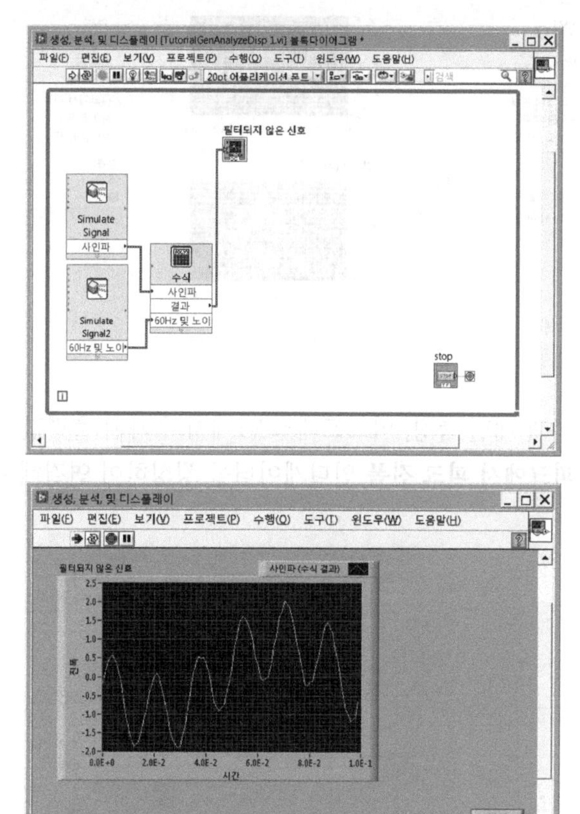

[그림 5-3] 노이즈가 추가된 신호를 발생시키기 위한 블록다이어그램과 VI의 실행 모습

5.3 신호의 시간영역 분석

[진폭과 레벨 측정] 익스프레스 VI를 사용하여 시간영역(Time Domain)에서 신호의 진폭 특성을 간단하게 분석할 수 있다. 다음 단계를 따라 익스프레스 VI를 다시 설정하여 신호의 피크에서 피크 진폭값을 측정해 보자.

❶ 블록다이어그램에서 [진폭과 레벨 측정] 익스프레스 VI를 더블 클릭하여 **진폭과 레벨 측정 설정** 대화 상자를 디스플레이한다.

❷ **피크에서 피크** 확인란에 확인 표시를 하면 피크에서 피크가 대응하는 측정값이 RMS 값과 더불어 **결과 미리보기** 섹션에 나타난다. **확인** 버튼을 클릭하여 **진폭과 레벨 측정** 대화 상자를 닫는다.

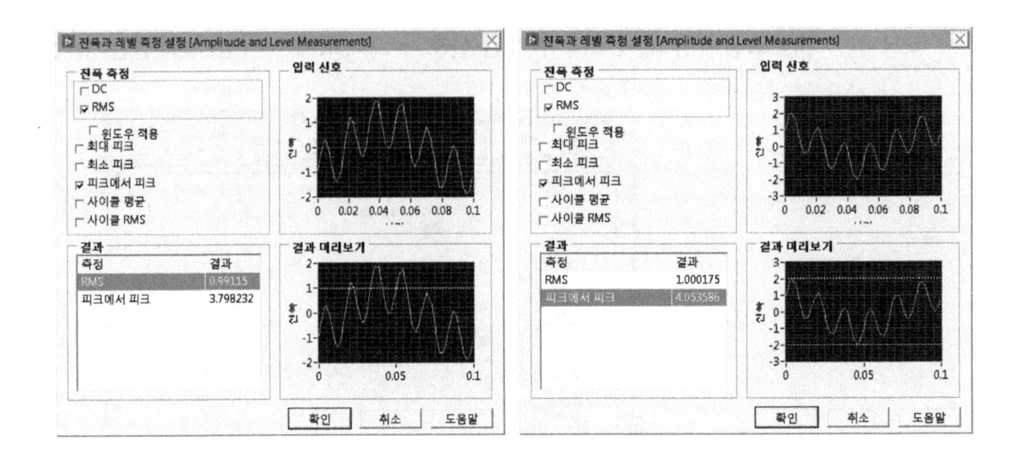

[진폭과 레벨 측정] 익스프레스 VI에서 추가된 출력값인 **피크에서 피크** 진폭값에 새로 **피크에서 피크 진폭** 인디케이터를 생성하여 연결해 준다.

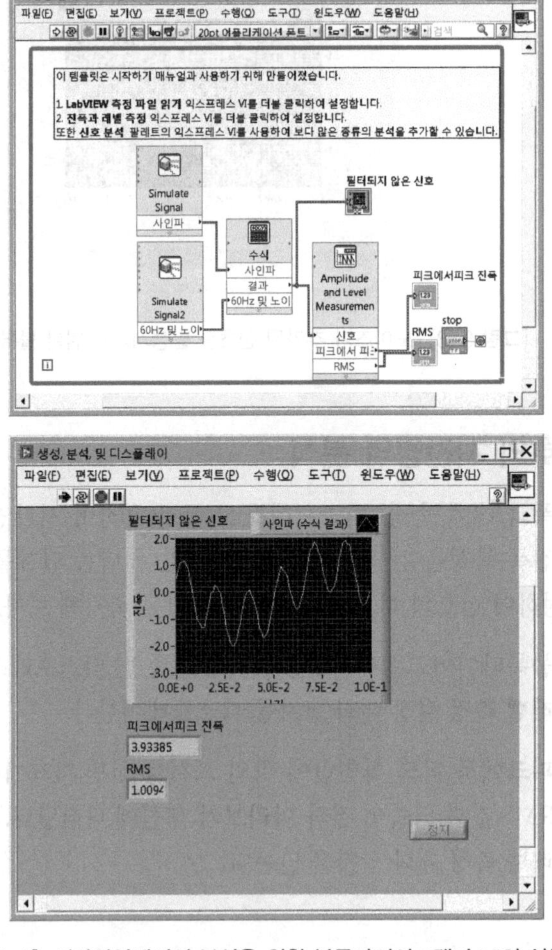

[그림 5-4] 시간영역에서의 분석을 위한 블록다이어그램과 VI의 실행 모습

5.4 신호의 주파수영역 분석

[스펙트럼 측정] 익스프레스 VI를 사용하여 주파수영역(Frequency Domain)에서 신호의 주파수 특성을 간단하게 분석할 수 있다. 다음 단계를 따라 익스프레스 VI를 설정하여 노이즈가 섞인 신호에서 주파수 스펙트럼을 그래프로 디스플레이해 보고 신호 성분과 노이즈 성분을 관찰해 보자.

❶ **함수** 팔레트에서 **검색** 버튼을 클릭하여 [스펙트럼 측정] 익스프레스 VI를 찾은 후 이를 블록다이어그램의 [진폭과 레벨 측정] 익스프레스 VI 위에 위치시킨다.

❶ **스펙트럼 측정 설정** 대화 상자에서 **선택된 측정 섹션**에서 **파워 스펙트럼**을 선택한다.

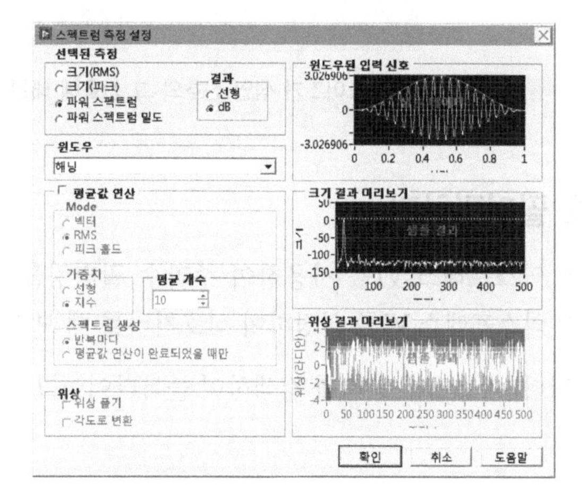

❷ [스펙트럼 측정] 익스프레스 VI의 **파워 스펙트럼** 출력을 **웨이브폼 그래프** 인디케이터와 연결시킨다.

주파수 영역에서 파워 스펙트럼 분석을 위한 블록다이어그램은 [그림 5-5]와 같다.

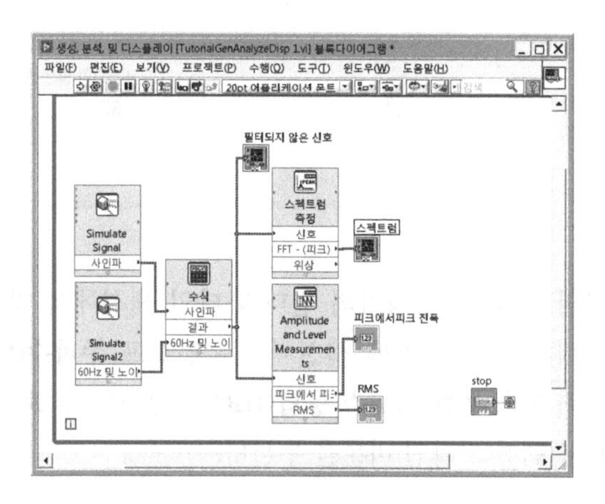

[그림 5-5] 신호의 파워 스펙트럼 분석을 위한 블록다이어그램

VI를 실행시켜보면 스펙트럼 그래프 상에서도 원신호의 주파수 성분(10.3Hz)과 노이즈 성분(60Hz)이 큰 값을 가지고 있음을 확인할 수 있다.

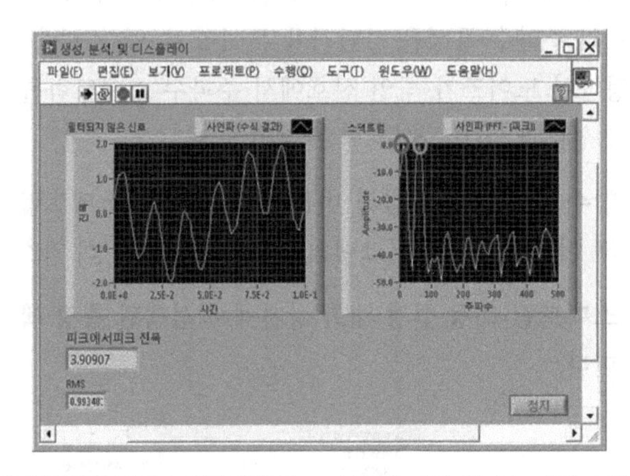

[그림 5-6] 노이즈가 섞인 신호와 그 신호에 대한 주파수 파워 스펙트럼

5.5 신호 필터링하기

[필터] 익스프레스 VI를 사용하여 주파수 필터링을 할 수 있다. 다음 단계를 따라 [필터] 익스프레스 VI를 설정하여 신호처리를 해 보자.

❶ [필터] 익스프레스 VI를 검색하여 블록다이어그램의 다음 그림처럼 위치시킨다.

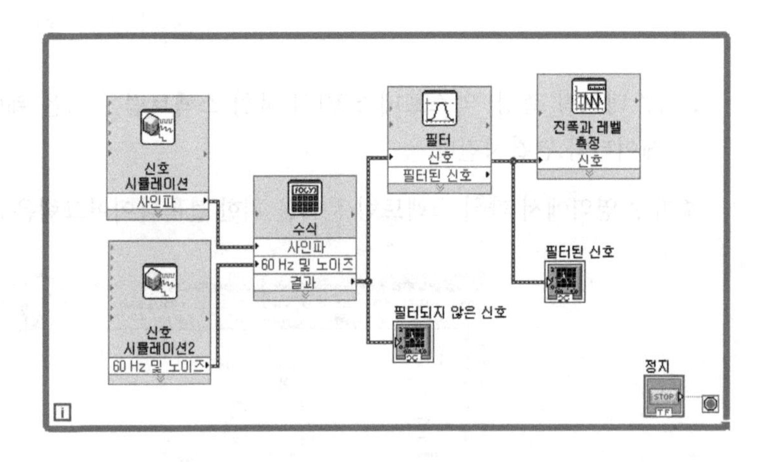

❷ **필터 설정** 대화 상자의 **필터링 타입** 섹션에서 **저역통과(Low-Pass Filtering)**를 선택하고, **필터 스펙** 섹션에서는 **컷오프 주파수(Cut-off Frequency)**를 25Hz로 입력한다. **무한 임펄스 응답(IIR)**를 선택한 후 **토폴로지**는 **버터워스**, **차수**는 **3차**로 선택하고 확인 버튼을 누른다.

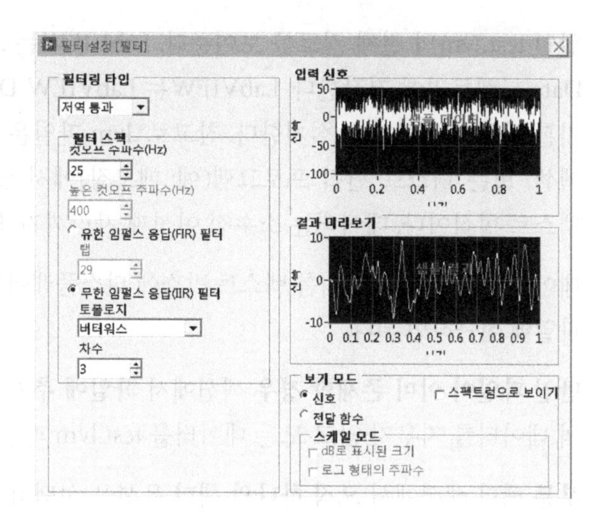

VI를 실행시켜 보면 [그림 5-7]과 같이 상대적으로 고주파성분들이 제거되고 25Hz 이하의 신호 성분들만 남아있어 저역통과 주파수 필터링이 적용되었음을 대략적으로 확인할 수 있다.

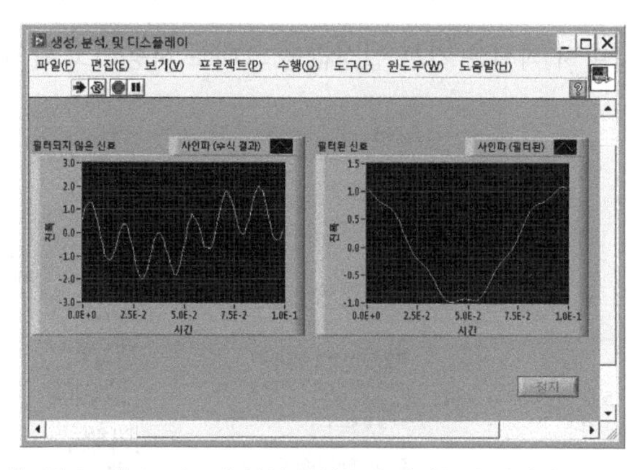

[그림 5-7] 노이즈가 섞인 원신호와 저역통과 필터링된 신호

5.6 데이터를 파일로 저장

VI가 생성한 데이터에 대한 정보를 파일로 저장하려면 [측정 파일에 쓰기] 익스프레스 VI를 사용하면 된다. 다음 단계를 따라 피크에서 피크값과 기타 정보를 사용자가 지정한 버튼을 눌렀을 때에 LabVIEW 데이터 파일로 저장되도록 한다.

❶ [측정 파일에 쓰기] 익스프레스 VI를 검색하여 블록다이어그램의 [진폭과 레벨 측정] 익스프레스 VI의 오른쪽 위에 위치시킨다.

❷ **측정 파일에 쓰기 설정** 대화 상자가 나타나면 **파일 이름** 텍스트 박스는 출력 파

일인 test.lvm의 전체 경로를 보여준다. LabVIEW는 .lvm 파일을 기본 LabVIEW Data 디렉토리에 저장한다. LabVIEW는 LabVIEW Data 디렉토리를 운영체제의 기본 파일 디렉토리에 설치한다. 참고로 .lvm 파일은 스프레드시트 프로그램(예: 엑셀) 또는 텍스트 편집 프로그램(예: 메모장)에서 열 수 있도록 탭으로 구분된 텍스트 형식이다. 데이터는 소수점 여섯째 자리까지 .lvm 파일에 저장된다.

❸ 데이터를 보려면 파일 이름 텍스트 박스에 디스플레이된 파일 경로를 찾아 test.lvm 파일에 접근하면 된다.

❹ **만일 파일이 이미 존재할 경우** 섹션에서 **파일에 추가** 옵션을 선택하여 기존 파일의 데이터를 지우지 않고 모든 데이터를 test.lvm 파일에 쓰게 한다.

❺ **부분 헤더** 섹션에서 **오직 하나의 헤더** 옵션을 선택하면 LabVIEW가 데이터를 쓰는 파일에 하나의 헤더만을 생성한다. 헤더에는 기본적으로 데이터를 생성한 날짜 및 시간 정보와 같은 데이터에 대한 정보들이 담기게 된다.

❻ **파일 설명** 텍스트 박스에 **피크에서 피크값의 샘플**이라고 기입한다. 이곳에 입력한 내용이 저장하게 될 파일의 헤더에 추가된다.

❼ 나머지 섹션은 기본 설정값을 그대로 사용하고 **확인** 버튼을 클릭한다.

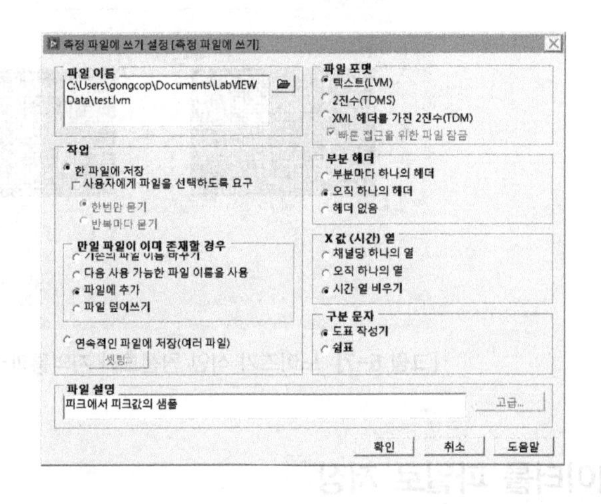

❽ 블록다이어그램에서 [진폭과 레벨 측정] 익스프레스 VI의 **피크에서 피크** 출력을 [측정 파일에 쓰기] 익스프레스 VI의 신호 입력에 연결한다. 이 상태로 VI를 실행하면 매 루프의 실행 때마다 피크에서 피크 출력값이 test.lvm 파일에 저장된다.

❾ 프런트패널의 **컨트롤** 팔레트에서 **스위치** 버튼을 검색하여 **누름 버튼** 선택하고 웨이브폼 그래프의 아래에 위치시킨다. 스위치 버튼에서 마우스 오른쪽 버튼을 클릭한 후 바로 가기 메뉴에서 **프로퍼티**를 선택하여 **불리언 프로퍼티** 대화 상자를

띄우고 버튼의 라벨을 **파일에 쓰기**로 바꾼다. **불리언 프로퍼티** 대화 상자 **동작** 페이지의 버튼 동작 리스트에서 누를 때 래치를 선택한다. 참고로 동작 페이지를 사용하면 사용자가 버튼을 클릭할 때 그 버튼이 어떻게 작동하는지 설정할 수 있다. 버튼이 클릭에 어떻게 반응하는지 확인하려면 **선택한 동작 미리보기** 섹션의 버튼을 클릭한다. **확인** 버튼을 클릭하여 **불리언 프로퍼티** 대화 상자를 닫는다.

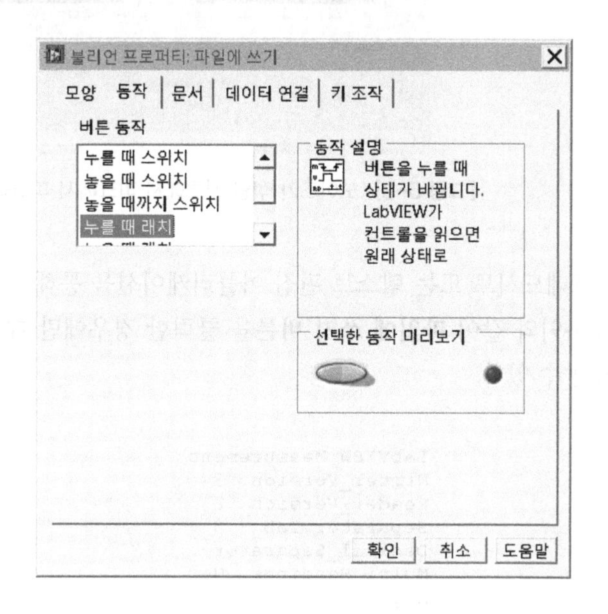

⑩ 프런트패널을 디스플레이하고 VI를 실행한다. **파일에 쓰기** 버튼을 여러 번 클릭한 후 **정지** 버튼을 클릭한다.

완성된 VI의 블록다이어그램과 프런트패널은 다음 그림과 같을 것이다.

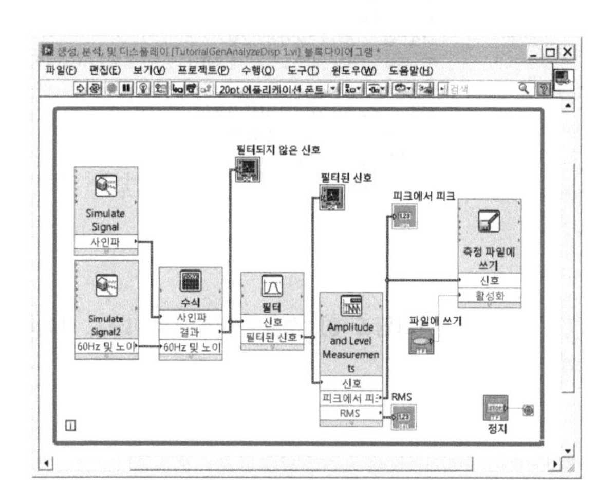

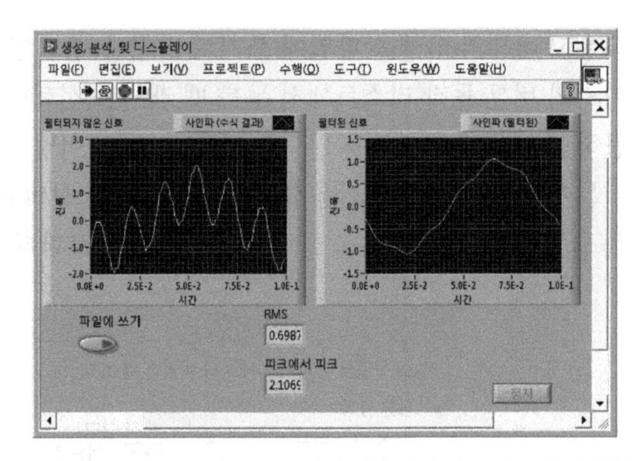

[그림 5-8] 노이즈가 섞인 신호에서 피크에서 피크값 검출을 위한 VI

스프레드시트 또는 텍스트 편집 어플리케이션을 통해 test.lvm 파일을 열어본다. [그림 5-9]와 같이 **파일에 쓰기 버튼**을 클릭한 경우에만 데이터가 기록되어 있음을 확인할 수 있다.

```
LabVIEW Measurement
Writer_Version  2
Reader_Version  2
Separator Tab
Decimal_Separator .
Multi_Headings  No
X_Columns No
Time_Pref Relative
Operator  gongcop
Description 피크에서 피크 값의 샘플
Date  2011/08/20
Time  12:05:09.49082231521606445 32
***End_of_Header***

Channels  1
Samples 1
Date  2011/08/20
Time  12:05:12.190822315216064 6307
X_Dimension Time
X0  2.8000000000000003E+0
Delta_X 0.001000
***End_of_Header***
X_Value 사인파 (피크에서 피크)  Comment
  2.028090
  2.046670
```

[그림 5-9] 검출된 피크에서 피크값 데이터 파일의 내용

06 NI의 DAQ 시스템를 이용한 아날로그 신호 수집하기

LabVIEW는 다양한 하드웨어 장치와 연동하여 상호작용할 수 있는 기능을 가지고 있다. 이 장에서는 내쇼날인스트루먼트(NI)사의 데이터 수집 장치(예: DAQ 카드, ELVIS, myDAQ 등)와 LabVIEW를 이용하여 생체신호를 획득하는 방법을 배우게 된다.

6.1 DAQ 시스템의 구성

DAQ는 Data Acquisition의 약자로 하드웨어를 이용한 아날로그 입력이나 아날로그 출력, 디지털 입출력과 카운터/타이머 측정을 총칭하여 말한다. LabVIEW를 이용한 데이터 수집 시스템은 일반적으로 다음과 같은 구성으로 되어 있다.

[그림 6-1] LabVIEW를 이용한 DAQ 시스템의 일반적인 구성

6.1.1 센서

센서(Sensor)는 온도나 압력과 같이 물리적인 신호를 측정 가능한 전기 신호, 즉 전압이나 전류로 바꿔주는 하드웨어를 말한다. 참고로 버니어사에서는 NI의 DAQ 장치의 아날로그 입력에 연결하여 각종 생체신호를 쉽게 수집할 수 있도록 [그림 6-2]와 같이 바이오메디컬 센서키트(Vernier Biomedical Sensors Kit)를 제공하고 있다.

[그림 6-2] 바이오메디컬 센서키트

6.1.2 시그널 컨디셔닝 모듈

일반적으로 DAQ 하드웨어는 ±10V 내외의 전압값을 아날로그 입력으로 받는다. 그러나 센서의 출력은 미세한 전류값이거나 노이즈가 많은 전압값인 경우가 많다. 심지어 수십 V의 전압 출력인 경우도 있다. 이처럼 센서의 출력을 DAQ 하드웨어가 측정할 수 있는 범위로 변환해 주거나 센서에 전원을 공급하고 브리지회로를 구성해야 하는 경우, 추가적으로 전용 시그널 컨디셔닝(Signal Conditioning) 모듈을 사용한다. 시그널 컨디셔닝 모듈에는 내부적으로 증폭, 감쇄, 필터링, 절연, 전원 공급, 브릿지회로 등이 구현되어 있다. SCXI, SCC, cDAQ, sc DAQ 보드 등이 전용 시그날 컨디셔닝 모듈이다.

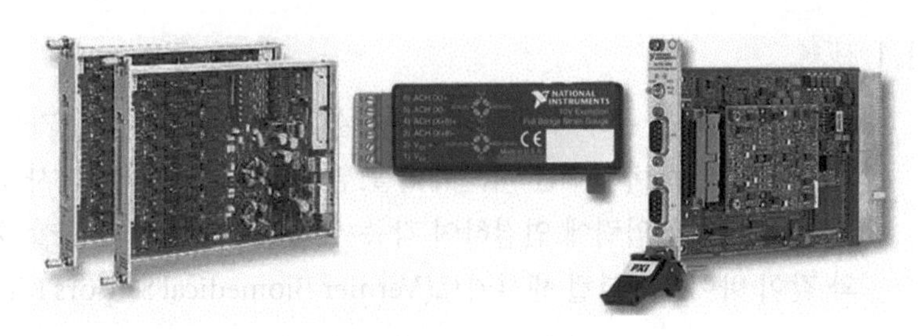

[그림 6-3] 시그널 컨디셔닝 모듈

6.1.3 DAQ 하드웨어

DAQ 보드는 센서나 시그날 컨디셔닝 모듈을 통하여 출력되는 전압 값을 컴퓨터로 인식할 수 있는 디지털신호로 변환해주는 하드웨어이다. 지원되는 포트는 아날로그 입력, 아날로그 출력, 디지털 입력, 디지털 출력, 카운터 및 타이머 하드웨어 등이 있다. 통상 아날로그 입력 포트를 이용한 디지털 변환 과정을 ADC(Analog-to-Digital Conversion)라고 부르고, 이때의 DAQ 하드웨어는 AD 변환기(AD Converter) 역할을 한다.

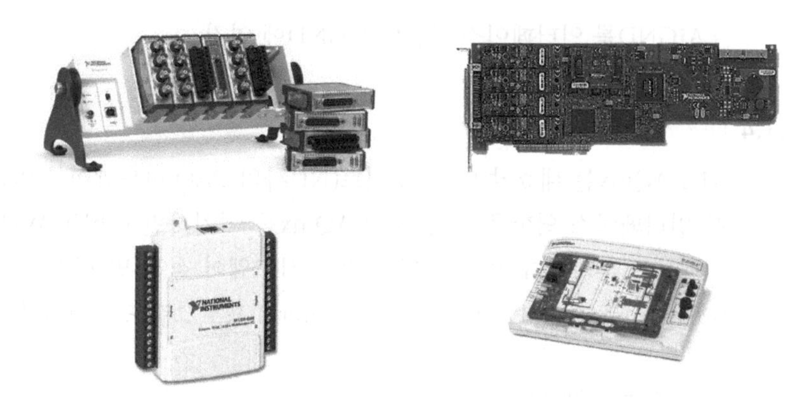

[그림 6-4] NI사의 DAQ 하드웨어들의 모습

바이오메디컬 센서키트의 센서를 사용하는 경우, NI ELVIS 인터페이스 아답터 (Analog Proto Board Connector)를 통해 NI ELVIS에 바로 부착하여 사용한다.

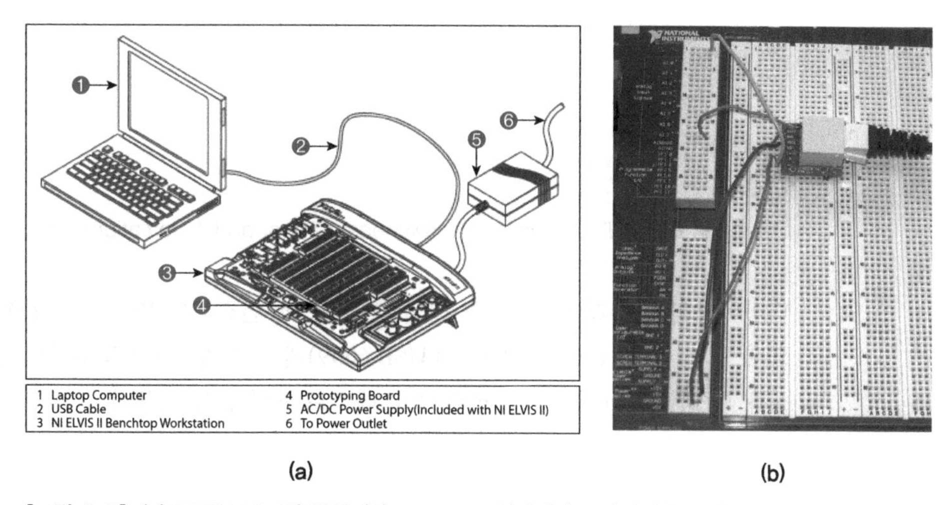

[그림 6-5] (a) NI ELVIS II의 구성, (b) NI ELVIS 인터페이스 아답터를 통해 ELVIS에 연결한 모습

ELVIS를 사용하지 않고 일반 NI DAQ 카드(예: NI USB 6008)에 바이오메티컬 센서 키트의 센서를 이용하려면 NI ELVIS 인터페이스 아답터(Analog Proto Board Connector)의 핀배치 정보에 따라 다음과 같은 방법으로 DAQ 카드에 적절하게 와이어링하여 사용하면 된다.

- DAQ 카드의 아날로그 입력단자(예: **AI0+**)와 인터페이스 아답터의 SIG1에 연결
- +5V DC 파워 서플라이단자를 인터페이스 아답터의 5V에 연결
- GROUND 서플라이단자를 인터페이스 아답터의 GND에 연결
- AIGND를 인터페이스 아답터의 GND에 연결

6.1.4 NI-DAQmx

NI-DAQmx는 내쇼날인스트루먼트(NI)사의 DAQ 하드웨어를 PC에서 사용하기 위한 인터페이스 역할을 한다. NI-DAQmx를 설치하면 LabVIEW에 DAQmx 함수와 예제들이 추가된다. 또한 아래와 같이 하드웨어 설정 및 태스크 생성을 위한 MAX (Measurement and Automation Explorere) 프로그램도 설치된다.

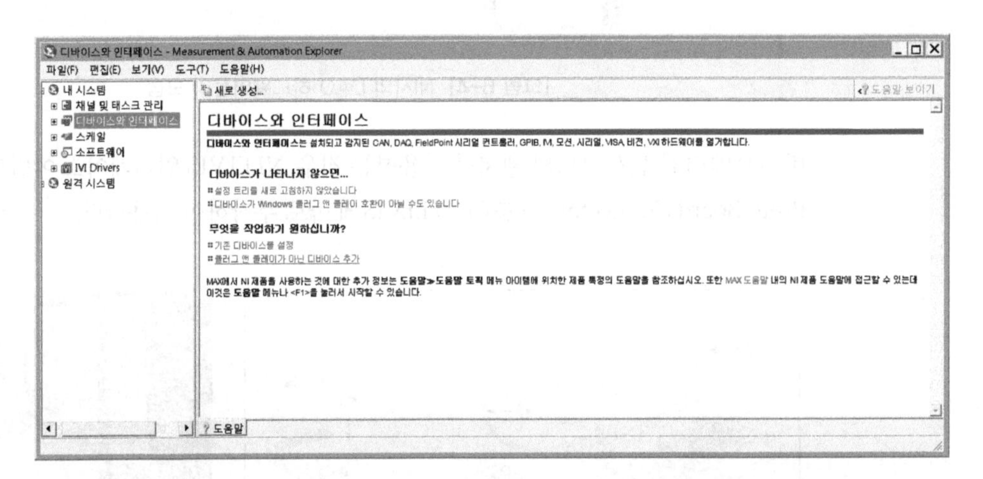

[그림 6-6] NI-DAQmx 내의 MAX(Measurement and Automation) 프로그램의 모습

디바이스와 인터페이스를 클릭하면 현재 PC에 연결되어 있는 모든 DAQ 하드웨어의 모델명([그림 6-7]의 경우, **NI USB 6009**)과 장치번호([그림 6-7]의 경우, **Dev1**), 상태 확인, 설정, 리셋 등을 할 수 있고 테스트 패널 등을 이용할 수 있다.

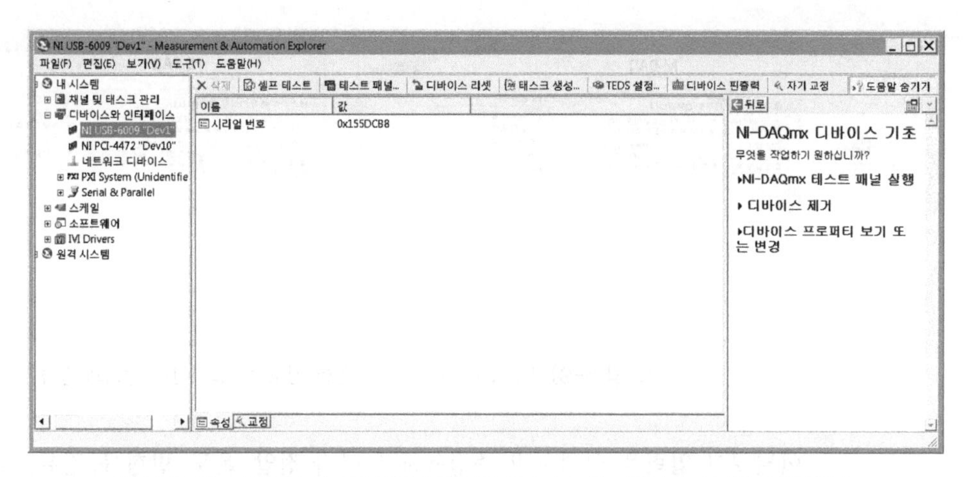

[그림 6-7] 디바이스와 인터페이스에 인식된 DAQ 하드웨어의 모델명과 장치번호

6.1.5 LabVIEW

NI-DAQmx가 설치되면 LabVIEW의 함수 팔레트에 DAQmx 관련 함수들이 추가된다. [DAQ 어시스턴트] 익스프레스 VI를 이용하면 간단한 설정만으로 DAQ 하드웨어를 이용한 데이터 수집 프로그램을 작성할 수 있다.

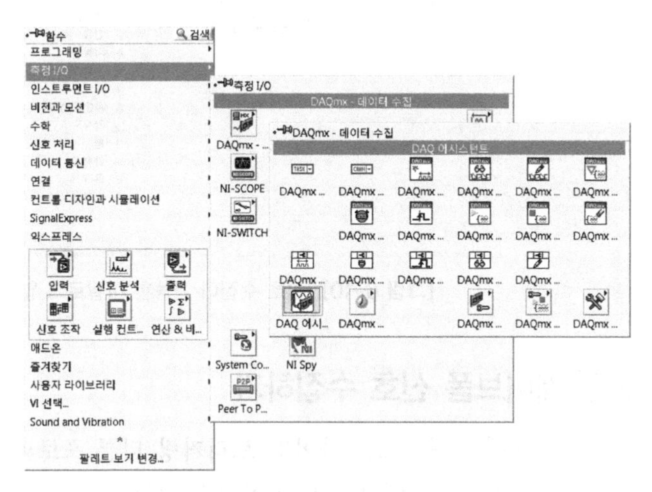

[그림 6-8] 추가된 DAQmx 관련 함수들

[DAQ 어시스턴트] 익스프레스 VI를 블록다이어그램에 놓으면 [그림 6-9]와 같은 **익스프레스 태스크 새로 생성**이라는 대화 창이 나타나고 **아날로그 입력/출력, 카운터 입력/출력, 디지털 I/O, TEDS**를 선택할 수 있다. 참고로 TEDS(Transducer Electronic Data Sheet)는 센서의 스케일링 정보 등을 메모리칩에 내장한 센서를 사용할 때 선택한다.

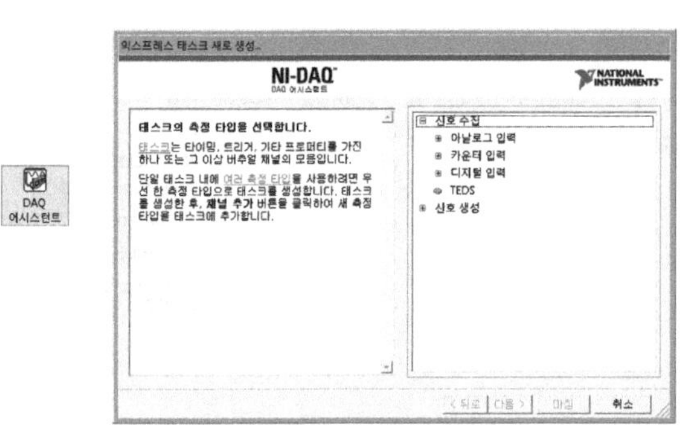

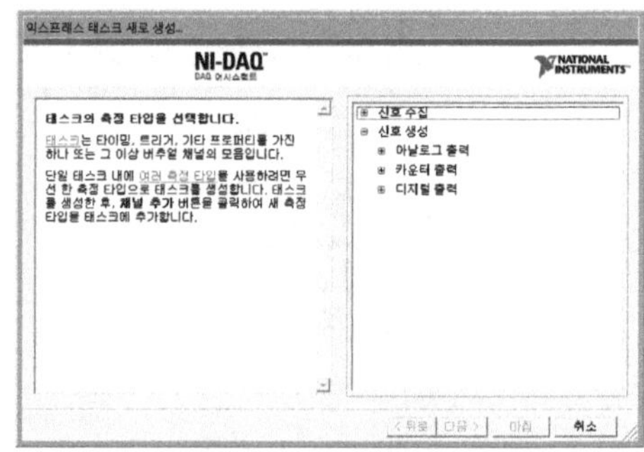

[그림 6-9] DAQ 어시스턴트를 통한 신호 수집과 신호 생성의 종류

아날로그 입력을 선택하면 측정용도에 따라 **전압**, **온도**, **변형률**, **전류**, **가속도** 등을 선택할 수 있다. 모든 아날로그 입력은 전압 입력이 기본이기 때문에 온도, 가속도, 전류 등은 앞서 나왔던 전용 시그널 컨디셔닝 모듈을 사용하면 적용 가능하다.

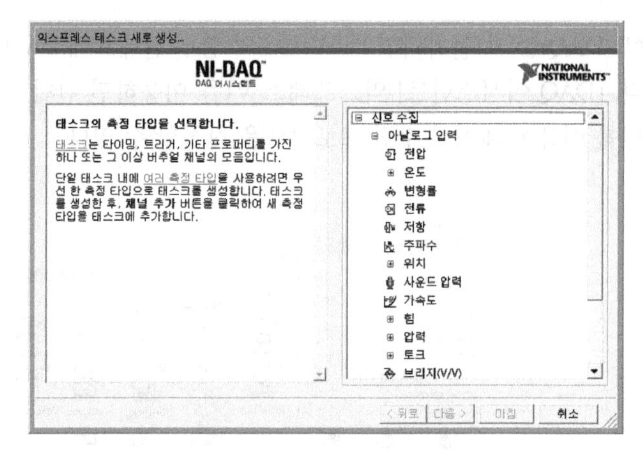

[그림 6-10] 신호 수집이 가능한 아날로그 입력의 종류

6.2 전압 웨이브폼 신호 수집하기

NI-DAQmx에서 **태스크**는 **타이밍**, **트리거링**, 다른 프로퍼티가 있는 하나 또는 그 이상의 가상 채널 모음이다. [DAQ 어시스턴트] 익스프레스 VI를 블록다이어그램에 추가하여 NI-DAQmx로 데이터를 수집하기 위한 채널과 태스크를 생성하고, 실제로 함수발생기의 사인파 신호를 수집해 보자.

❶ 새 VI 파일을 열고 **익스프레스로 태스크 새로 생성** 대화 창에서 **신호수집 → 아날로그 입력 → 전압**을 선택한다. **지원되는 물리적 채널**에서 실제 연결한 DAQ 하드웨어(예: **USB-6009**)의 아날로그 입력 채널(예: **AI0**)을 선택하고 **마침** 버튼을 클릭한다.

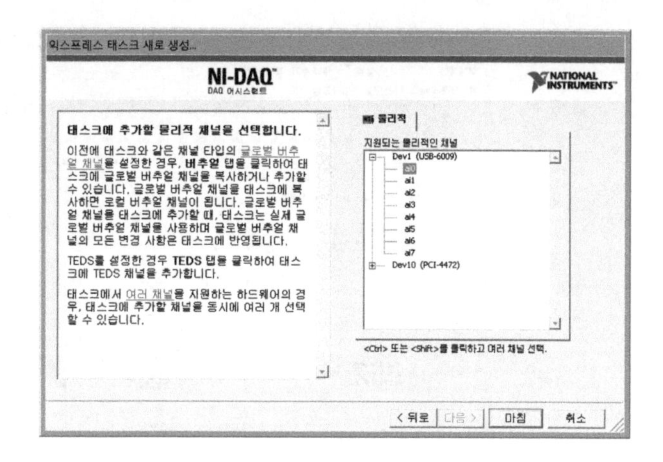

새로 생성된 **DAQ 어시스턴트** 대화 창은 **익스프레스 태스크**와 **연결 다이어그램** 두 개의 탭으로 구성되어 있다. **연결 다이어그램**을 클릭하면 각 채널에 실제 신호를 연결하는 방법을 그림을 통해 직관적으로 보여준다.

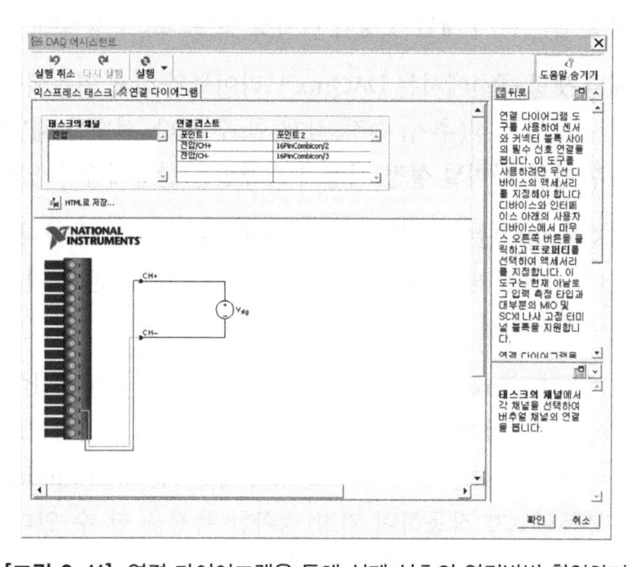

[그림 6-11] 연결 다이어그램을 통해 실제 신호의 연결방법 확인하기

익스프레스 태스크를 클릭하면 측정값을 디스플레이하는 **그래프**와 채널에 대한 **설정**, **트리거링**, **고급 타이밍**, **로깅** 탭이 있다.

- 설정: 채널 셋팅과 타이밍 셋팅 섹션으로 구성한다.
- 트리거링: 트리거링 방식을 설정한다.
- 고급타이밍: 사용할 클럭을 지정한다. 여기서 내부 클럭은 DAQ 하드웨어에 내장된 클럭을, 외부 클럭은 외부의 클럭 소스에서 기준 클럭을 받아올 경우에 선택한다.

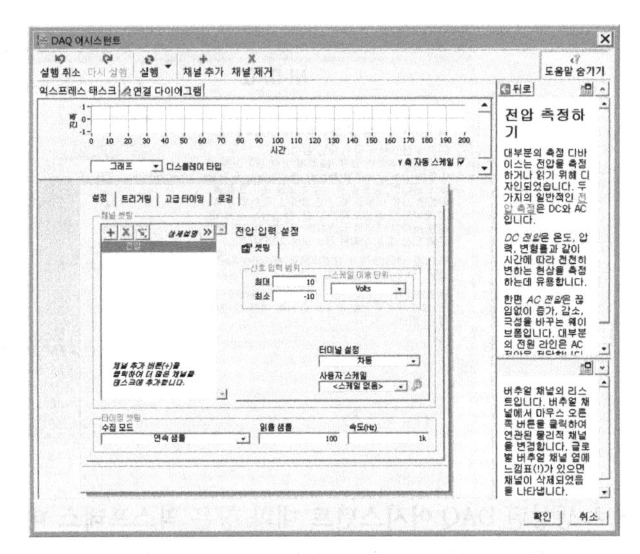

[그림 6-12] DAQ 어시턴트를 통한 채널 셋팅과 타이밍 셋팅하기

설정 탭은 다시 **채널 셋팅**과 **타이밍 셋팅**으로 구성되어 있다.

채널 셋팅 섹션에서는 DAQmx 드라이브와 실제 연동되어 있는 DAQ 하드웨어의 채널 속성을 설정(추가, 수정, 삭제)할 수 있다. 선택한 채널의 **신호 입력 범위**, **스케일 이후 단위**, **터미널 설정**, **사용자 스케일**을 설정해줄 수 있다.

신호를 입력단에 연결할 때 DAQ 하드웨어단 뿐만 아니라 신호원 부분도 고려해야 한다. 신호원의 타입 즉, 신호원 접지(Ground) 존재 여부에 따라 DAQ 하드웨어의 연결과 터미널 설정을 적절하게 해주어야 한다.

- **차동(Differential):** DAQ 하드웨어 입력단에 내장되어 있는 차동 증폭회로를 이용하여 신호의 +단자와 −단자의 전압차만 증폭하고, 노이즈와 같이 공통으로 들어있는 신호는 없애준다. 접지가 있는 신호(Grounded Signal)를 측정하면 차동 증폭회로가 작동하여 가장 정확한 측정을 할 수 있다. 이 경우 신호원의 접지와 DAQ의 접지(**AGND**)가 접지루프(ground loop)를 형성하지 않도록 연결하지 않는다. 접지가 없는 신호(Floating Signal)를 연결하는 경우는 접지를 만들어 주기 위해 50kohm 정도의 저항을 이용하여 −단자와 DAQ 하드웨어의 접지 단자(**AGND**)를 연결해 준다. 차동모드에서는 아날로그 입력단자가 (+)입력과 (−)입력으로 사용되기 때문에 증폭기 채널수가 절반으로 줄어든다.

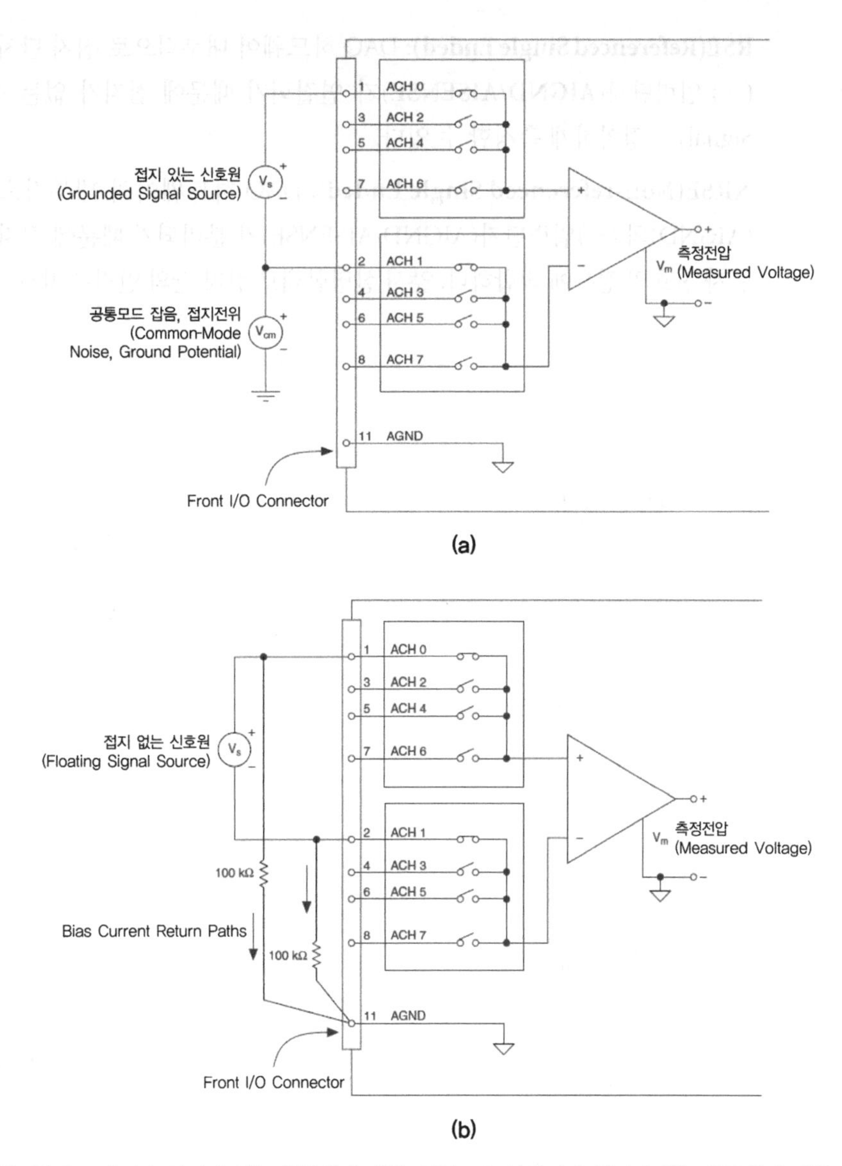

[그림 6-13] (a) 접지가 있는 신호원에 대한 차동모드 연결, (b) 접지가 없는 신호원에 대한 차동모드 연결

차동모드와 대비되는 단일단자(single ended) 모드에서는 모든 아날로그 입력 단자는 증폭기의 (+) 압력단자로 연결되고 공통된 하나의 (−) 단자(**AIGND/AISENSE**)가 사용된다.

- **RSE(Referenced Single Ended):** DAQ 하드웨어 내부적으로 접지 단자(**AIGND**)와 (−) 입력단자(**AIGND/AISENSE**)가 연결되기 때문에 접지가 없는 신호(Floating Signal)를 정확하게 측정할 수 있다.
- **NRSE(Non-referenced Single Ended):** DAQ 하드웨어의 내부적으로 접지단자(AIGND)와 (−)입력단자(AIGND/AISENSE)가 분리되기 때문에 접지가 있는 단일 단자 신호의 경우에 적합하다. 앞서 설명한대로 접지 간의 연결은 따로 하지 않는다.

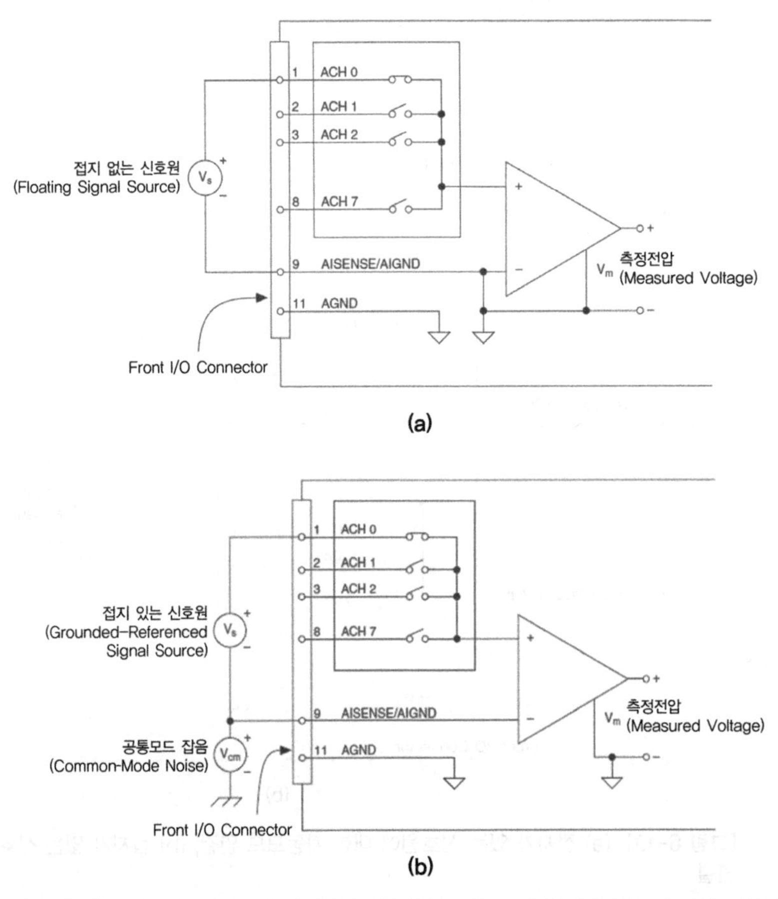

[그림 6-14] (a) 접지가 없는 신호에 대한 RSE 입력 연결, (b) 접지가 있는 신호에 대한 NRSE 입력 연결

- **유사차동(Pseudodifferential):** 소음/진동 전용 보드처럼 24bits 급 DAQ 보드에서 주로 사용되며, 일반 DAQ 보드에서 사용되지 않는다.

측정의 정확도와 안전성을 고려하면 차동모드를, 다음으로 NRSE 모드를 사용할 것을 권장한다. 이러한 **터미널 설정**은 DAQ 하드웨어에 직접 신호를 연결하는 경우에 적용되며, 시그널 컨디셔닝 모듈을 사용하는 경우에는 적용되지 않는다.

타이밍 셋팅 섹션은 **수집 모드**, **읽을 샘플**, **속도(Hz)**로 구성되어 있다.

- **수집 모드:** 데이터를 측정하능 방법을 지정해 주며, 측정 대상 신호에 따라 적합한 모드를 선택해야 한다. 온도나 변형률 같이 10Hz 이하의 신호를 측정하는 경우에는 **1 샘플(요청할 때)**로 설정하고, 10Hz 이상의 신호를 측정할 때에는 **N 샘플**이나 **연속 샘플**로 설정한다. 특히 연속 샘플은 데이터의 유실없이 연속적으로 신호의 파형을 관찰하고자 할 때 적절한다. 그 외 **1 샘플(HW 타이밍)**은 실시간 제어에서 많이 사용한다.
- **읽을 샘플: DAQ 어시스턴트**가 한 번 수행될 때마다 DAQ 하드웨어에서 읽어올 데이터의 샘플 개수를 입력한다. 통상적으로 **속도(Hz)**의 1/10인 값을 입력한다.
- **속도(Hz):** 표본화율(Sampling Rate or Sampling Frequency)를 설정한다. 현실적인 이유로, 신호의 최고 주파수의 2배(Nyquist Rate)가 아니라 50배 정도의 값을 입력한다.

❷ **DAQ 어시스턴트** 대화 창에서 다음과 같이 항목별로 설정해 주고 확인 버튼을 클릭한다. While 루프를 자동으로 생성하겠느냐는 창이 뜨고 '예'를 선택하면, While 루프와 정지 버튼, [DAQ 어시스턴트] 익스프레스 VI와 함께 자동으로 블록다이그램에 생성된다.

- 터미널 설정: 차동
- 수집 모드: 연속샘플
- 읽을 샘플: 100
- 속도(Hz): 1k

❸ [DAQ 어시스턴트] 익스프레스 VI의 **데이터** 출력단에서 **생성 → 그래프 인디케이터**를 선택하여 웨이브폼 그래프를 생성한다.

완성된 VI의 **블록다이어그램**은 [그림 6-15]와 같을 것이다.

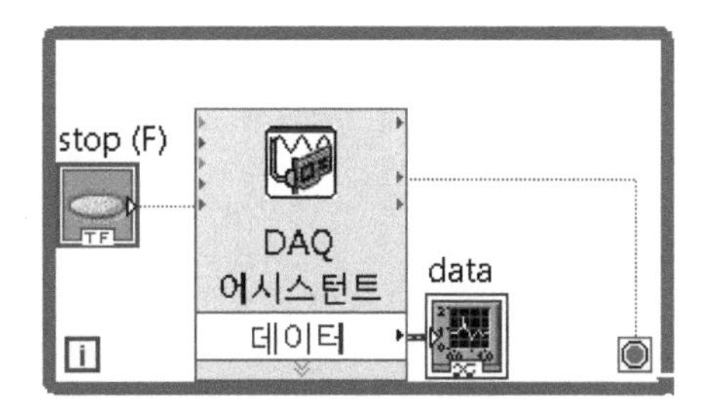

[그림 6-15] 아날로그 신호 수집을 위한 VI의 블록다이어그램

[그림 6-16]은 DAQ 하드웨어 입력단에 아무것도 연결하지 않았을 때와 사인파를 입력했을 때의 **프런트패널**의 모습이다.

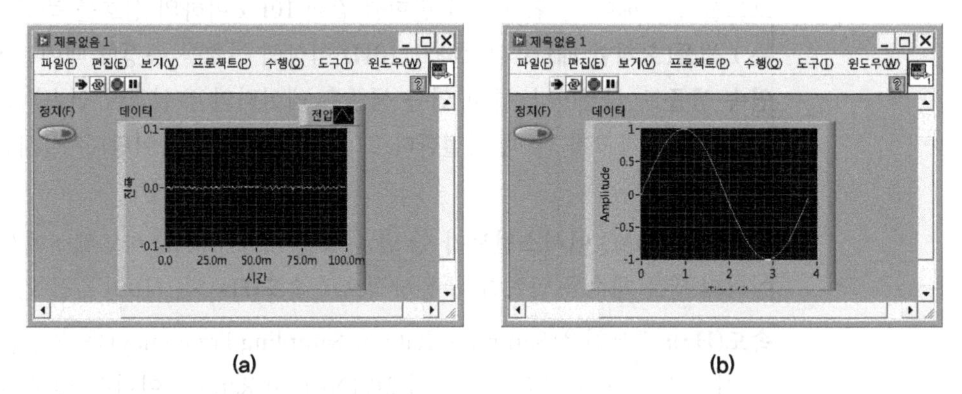

[그림 6-16] (a) 아날로그 입력단에 아무것도 연결하지 않은 경우, (b) 사인파를 입력한 경우 수집되는 신호의 모습

CHAPTER 07

MATLAB과 LabVIEW의 연동

LabVIEW에서는 수학 중심 텍스트 기반 프로그래밍 언어인 MathWorks사의 MATLAB 구문을 활용할 수 있는 **MATLAB 스크립트 노드**를 제공한다. MATLAB 스크립트 노드는 입력값과 출력값을 사용하고 노드 전후에 LabVIEW 코드를 프로그래밍하여 보다 복잡한 어플리케이션을 개발한다. 이 기능을 사용하여 MATLAB에서 이미 작성한 코드를 재사용할 수 있으므로 LabVIEW 프로그래밍 시간을 절약하고 좀 더 편리하게 어플리케이션을 개발할 수 있다.

MATLAB 스크립트를 실행하기 위해서 LabVIEW는 MATLAB 소프트웨어를 호출한다. 스크립트 노드는 MATLAB 소프트웨어 스크립트 서버를 호출하여 MATLAB 언어 구문으로 작성된 스크립트를 실행하기 때문에 **MATLAB 스크립트 노드**를 사용하기 위해서는 반드시 컴퓨터에 정품 인증된 MATLAB 소프트웨어(버전 6.5 이상)가 설치되어야 한다. LabVIEW는 **MATLAB 스크립트 노드**를 실행하기 위하여 ActiveX 기술을 사용하므로 MATLAB 스크립트 노드는 Windows에서만 사용 가능하다.

7.1 MATLAB 스크립트 노드를 이용하기

❶ 새 VI를 열고 블록다이어그램에 **수학 → 스크립트 & 수식 → 스크립트 노드 → MATLAB 스크립트 노드**를 선택한 후 적당한 크기로 위치시킨다.

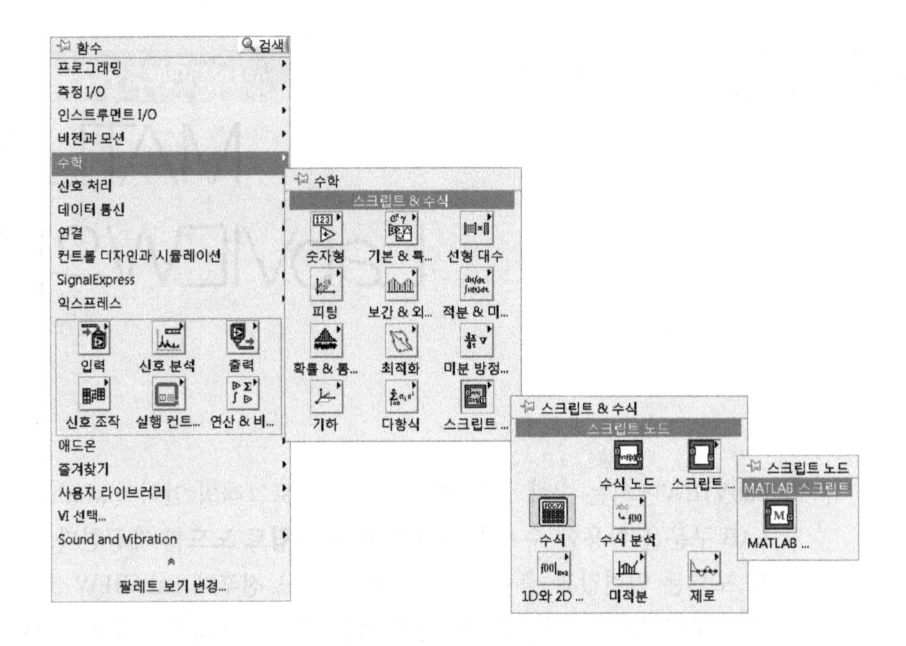

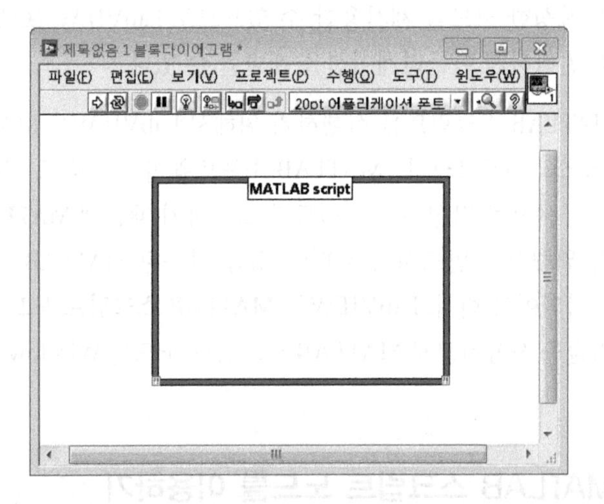

❷ MATLAB 스크립트 노드 안에 다음과 같이 MATLAB 문법에 맞는 코드를 작성한다.

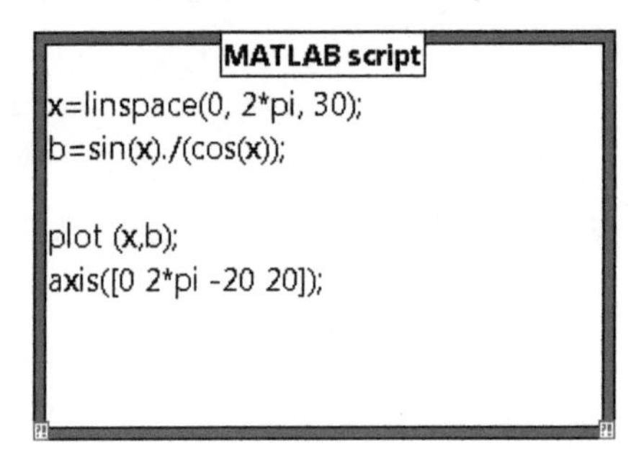

참고로 노드에 코드를 직접 입력하는 대신, 노드의 경계에서 마우스 오른쪽 버튼을 클릭한 후 노드로 사전에 작성한 MATLAB 텍스트 코드를 반입할 수도 있다.

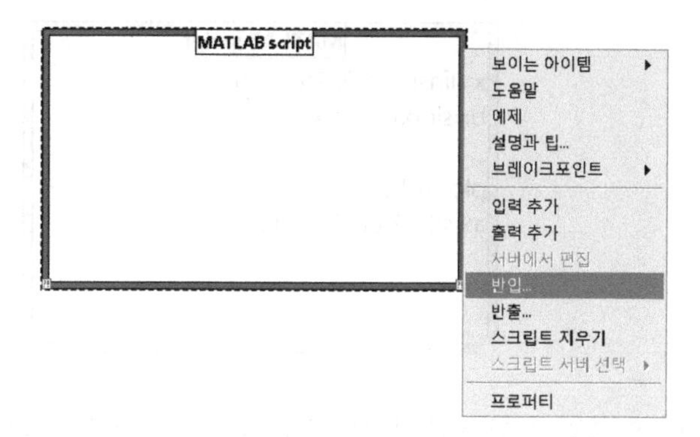

❸ 노드의 오른쪽 테두리에서 마우스 오른쪽 버튼을 클릭하여 **출력 추가**를 선택한다.

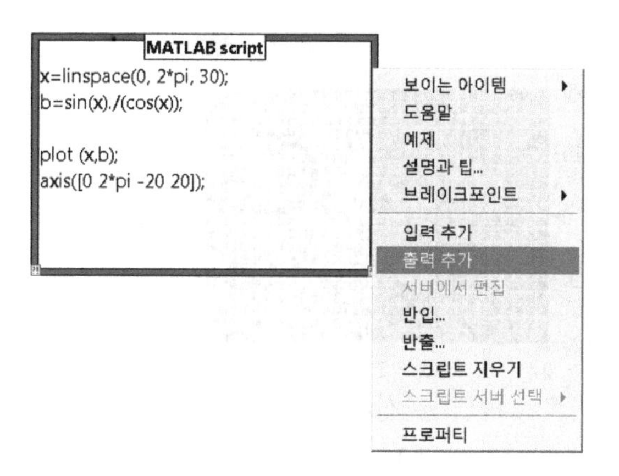

❹ 출력 노드에 b라고 입력한 후 다시 노드를 마우스 오른쪽 클릭하여 **데이터 타입 선택 → 1-D Array of Real**을 선택한다. 이 때 반드시 MATLAB에서 지원되는 데이터 타입을 사용해야 한다.

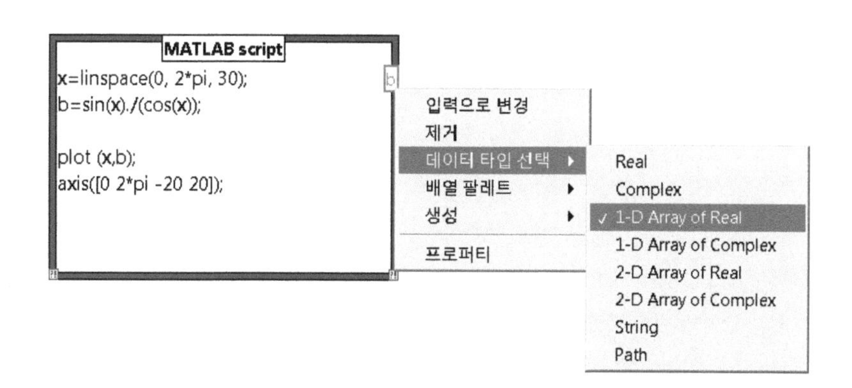

⑤ **프런트패널**에 **웨이브폼 그래프**를 추가한 후 **블록다이어그램**에서 **MATLAB 스크립트 노드**의 b 값과 **웨이브폼 그래프**의 터미널을 연결하고 VI를 실행한다.

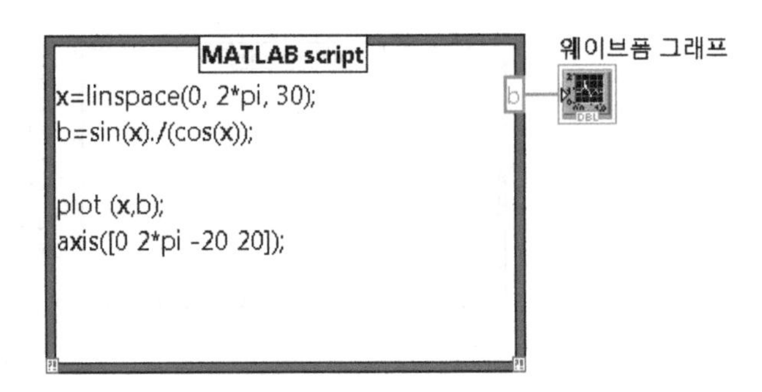

실행 후 프런트패널에는 [그림 7-1]과 같은 파형이 그려지며, 이는 실제 MATLAB을 통해 그려진 파형과 일치하는 것을 확인할 수 있다.

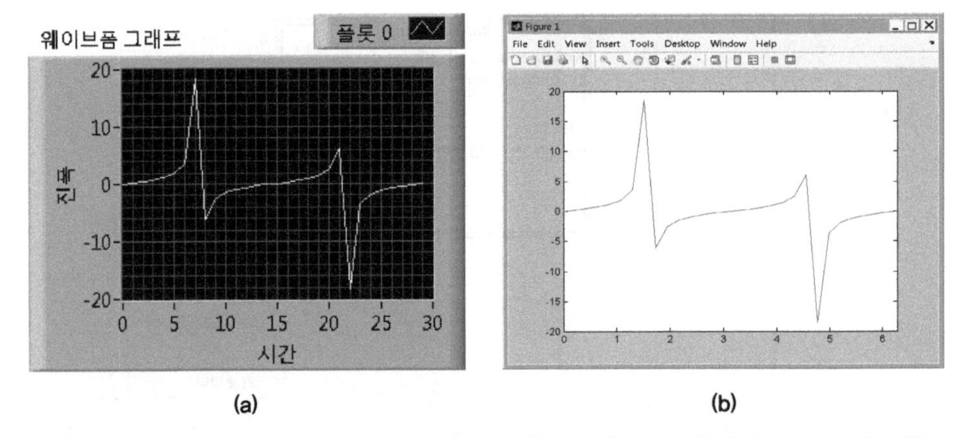

[그림 7-1] (a) LabVIEW의 MATLAB 스크립트 노드를 이용해 그린 파형, (b) MATLAB을 이용해 그린 파형

PART 3

의용생체계측 응용

08 심전도

8.1 심장 및 순환계 생리학

8.1.1 심장

심장은 전신에 혈액을 공급함으로써 생명 유지를 담당하는 중추 장기 중 하나이다. 크기는 자신의 주먹 정도이며 가슴의 가운데로부터 약간 왼쪽으로 치우쳐 있다. 사람이 100년을 산다고 가정하고 1초에 한 번 심박동 한다고 할 때, 기계적인 면에서 본다면 1회 × 60초 × 60분 × 24시간 × 365일 × 100년 = 31억 회 이상 뛰게 된다. 사람이 만든 어떤 단순한 펌프도 고장 없이 쉬지 않고 이렇게 오랜 기간 동작하지 못하기 때문에 100년 동안 이상 없이 동작하는 인공심장을 만드는 것은 아직도 인류가 가지고 있는 오래된 꿈 중의 하나이다.

8.1.2 순환계 생리학

심장은 자동능(Automaticity)이 있어 스스로 수축 이완을 반복하는데, 호르몬과 자율신경계에 의하여 어느 정도 조절이 되는 등 복잡하다. 심장은 크게 2심방 2심실로 이루어져 있는데, 온몸을 순환한 피는 우심방으로 들어오고 우심실을 거쳐 폐로 들어가 이산화탄소를 배출하고, 산소를 얻어 좌심방으로 들어온 후 좌심실을 거쳐 온몸으로 나가게 된다.

8.2 심전도 측정 원리

8.2.1 심전도의 원리 및 측정 기초

정상적인 심장박동은 동방결절(Sinus)의 자동능에서 비롯되고 여기서 발생한 심장박동의 시작 신호가 심방근, 자극전도계, 심실근을 순서대로 자극함에 따라 심장박동이 진행된다. 실제 심장의 박동은 심장을 구성하는 심장세포의 수축과 이완에 의해 이루어지는데, 이때 각 심장세포는 정상상태에서 탈분극과 재분극으로 이루어지는 활동전위를 발생한다. 수축과 이완에 관여하는 수많은 심장세포가 일시에 만들어내는 활동전위는 도전체인 체액과 체세포를 통해 체표면에 일정한 전위차(electric potential difference)를 생성하게 되는데, 리드(lead)라고 불리는 두 곳의 측정 지점을 선택하여 측정된 생체전위(Biopotential)의 시간에 따른 변화를 심전도(Eelectrocardiogram, ECG)라고 한다.

심전도는 일반적으로 다음과 같은 모양을 갖는데, 1회의 심박동안 가상의 기저선을 중심으로 P파, Q파, R파, S파(합쳐서 QRS 군), T파 순서로 이루어져 있고, P파는 심방의 탈분극에 의해 형성되며, QRS군은 심실의 탈분극과 심방의 재분극, T파는 심실의 재분극에 의해 생성된다.

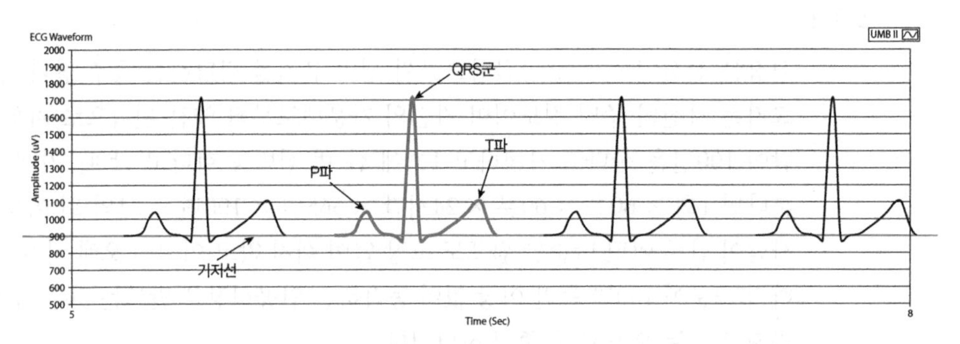

[그림 8-1] Limb II 리드 심전도 신호의 예. Peak to Peak가 약 800uV, 심박은 약 80BPM이다.

심전도의 파형은 동일인이라도 측정 위치 및 자세에 따라 다르게 측정된다. 하지만 동일인이 아니더라도 측정 위치 및 자세가 일정할 경우, 심장의 상태에 따라 통계적으로 매우 특정한 패턴이 나타난다. 따라서 표준화된 12개의 리드(I, II, III, aVR, aVL, aVF, V1, V2, V3, V4, V5, V6)를 이용해 안정된 상태에서 측정한 심전도 파형은 심장의 상태를 비침습적인 방법으로 측정하는 심전도술(Electrocardiography, ECG)로 임상에 널리 활용되고 있다. 상용화된 심전도계(Electrocardiograph, ECG)에서는 [그림 8-2]와 같이 10개의 전극을 사용하여 12가지의 리드에 대한 심전도 파형을 측정하고 이를 바탕으로 다양한 심장질환을 자동으로 판정하는 진단 프로그램이 내재 되어 있어 전문가의 진단에 참고로 활용되고 있다.

측정되는 심전도 신호의 크기는 1mV 정도이며, 호흡에 의한 노이즈, 전원선의 60Hz 노이즈, 근육 노이즈 등에 의한 영향을 받는다. 최근 심전계 하드웨어의 추세는 단순한 전치증폭기(Preamplifier)만 아날로그 회로로 구현하고 고분해능의 A/D 변환기를 사용하여 디지털신호로 변환한 뒤 다양한 신호처리 알고리즘을 사용하여 잡음이나 외부 교란을 제거하고 자동진단까지 수행하는 디지털 방식이 많이 활용되고 있다.

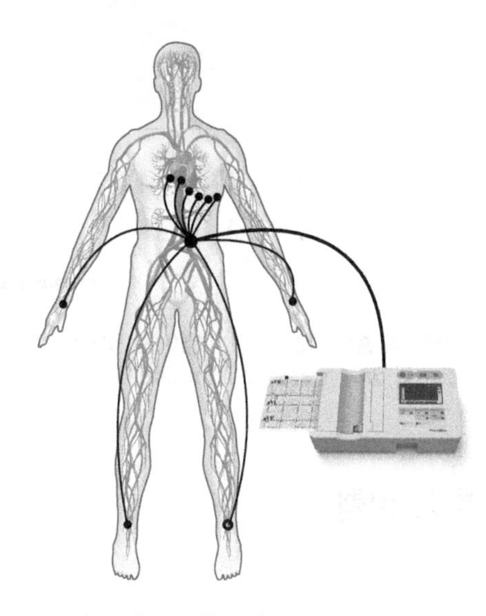

[그림 8-2] 표준 12 리드 전극 부착 위치 – 사지(Limb) 4곳과 흉부(Chest) 6곳

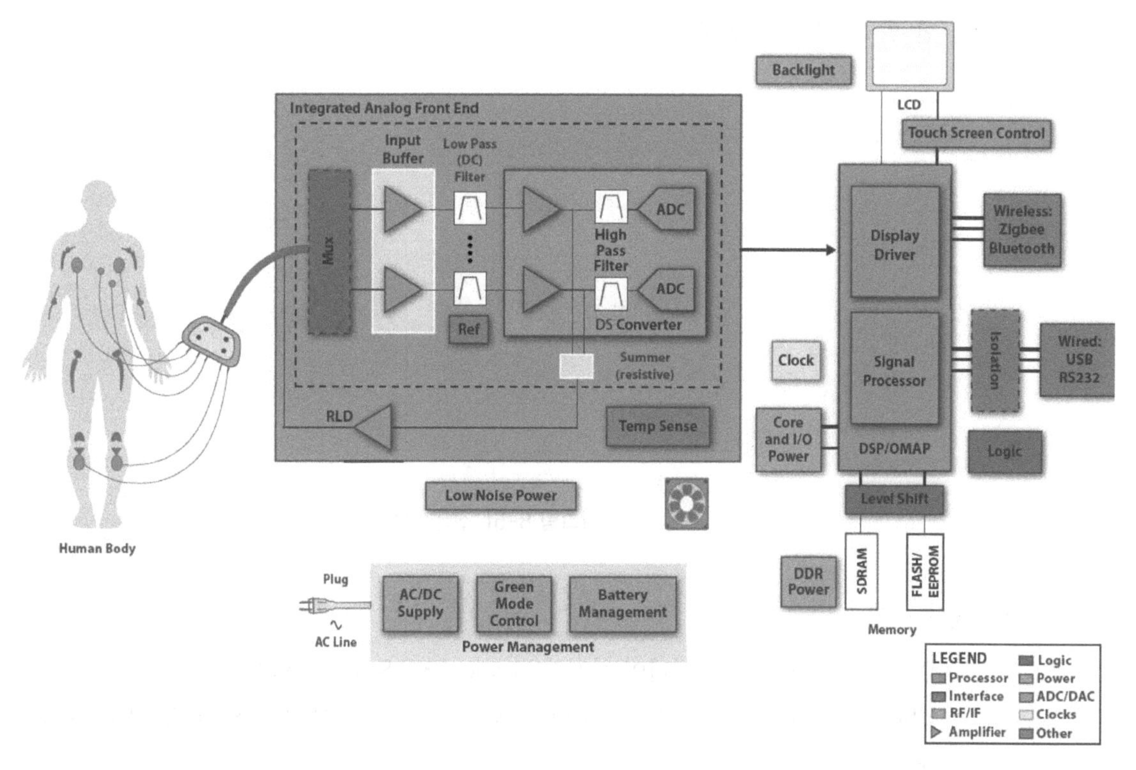

[그림 8-3] Texas Instrument가 제안하는 ECG 계측용 하드웨어 블록다이어그램
(출처 : www.ti.com의 Diagnostic, Patient Monitoring and Therapy Applications Guide)

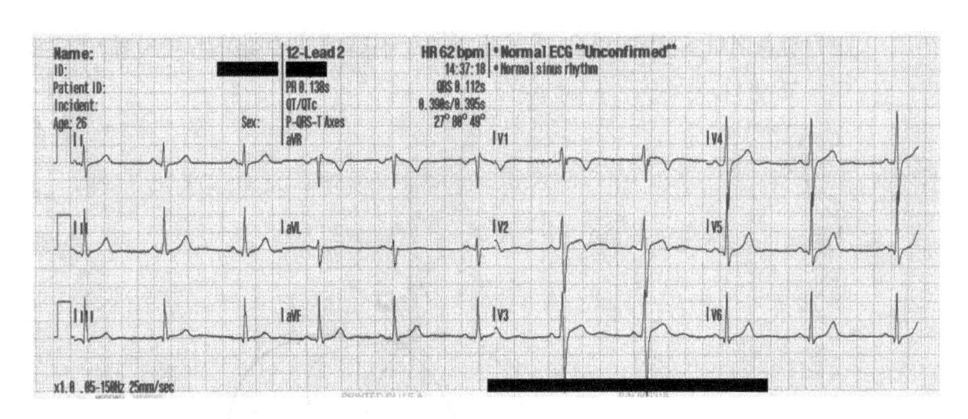

[그림 8-4] 심전계의 출력. 12리드의 파형이 순서대로 나타나는 예이며, 상단에 환자 정보 및 자동 진단결과가 프린트되어 있다. (출처 : Wikipedia)

8.3 심전도 측정 실험

8.3.1 목표

실제 본인의 심전도를 버니어 심전계로 측정하고, DAQ 카드로 데이터를 PC에 저장한 후 심박을 분석한다.

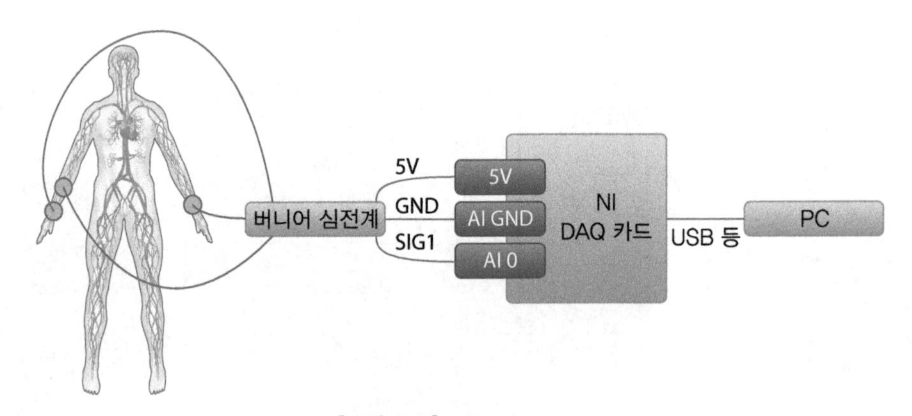

[그림 8-5] 실험 개요도

8.3.2 준비물

일회용 Ag/AgCl 전극, 버니어 심전계(Vernier EKG Sensor), NI DAQ 카드(여기에서는 USB6259을 사용하지만 용도에 따라 스펙을 확인하고 선택하면 됨), PC, LabVIEW 프로그램

8.3.3 방법

1 실험 절차 1: 심전도 신호를 획득한다.

위의 실험 개요도와 같이 실험을 세팅한다.

❶ USB6259 DAQ 카드는 5V 전원을 공급해줄 수 있으므로 버니어 심전계의 5V 전원 Pin을 USB6259의 5V 전원에 연결해 주고, GND는 AI GND(Analog In GND), SIG1은 AI0(Analog In 0)에 연결하면 AI0를 통하여 1000배 증폭된 심전도 신호가 입력된다.

❷ PC상의 LabVIEW에서는 DAQ Assistant라는 Express를 사용하면 DAQ 카드를 쉽게 사용할 수 있다. 먼저 블록다이어그램에서 Function Pallette → Measurement I/O → DAQmx-Data Acquisition(이 목록이 나타나려면 DAQmx Device Driver가 설치되어 있어야 한다) → DAQ Assistant를 선택한다. Create New Express Task 대화 창이 뜨면 Acquire Signals → Analog Input → Voltage를 선택하고, Dev1(또는 Dev##)의 AI0 channel을 선택한다. DAQ Assistant의 대화 창에서 Express Task → Configuration은 다음과 같이 설정하고, 나머지는 디폴트로 놔둔다.

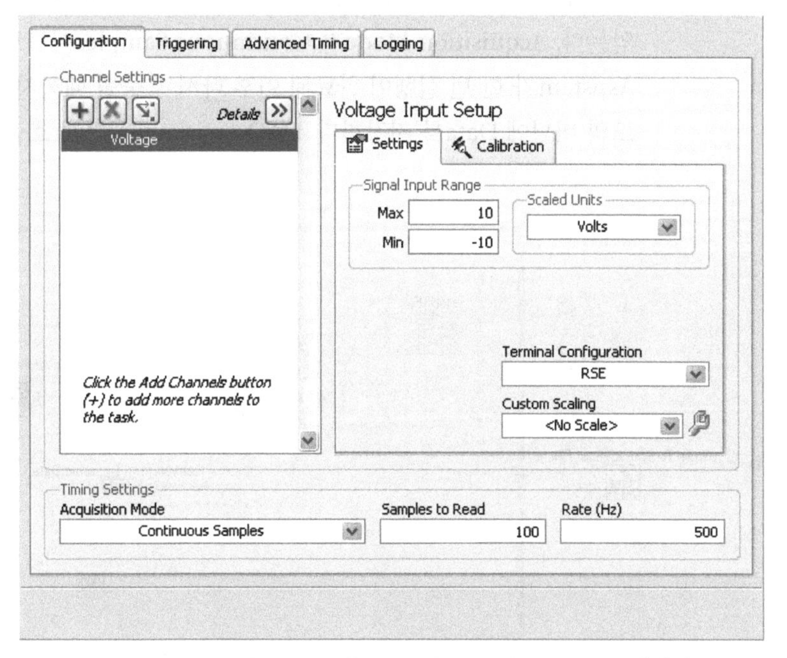

DAQ Assistant Express → Express Task → Configuration의 설정

OK를 누르면 자동으로 다음과 같은 루프를 생성시킬 수 있다.

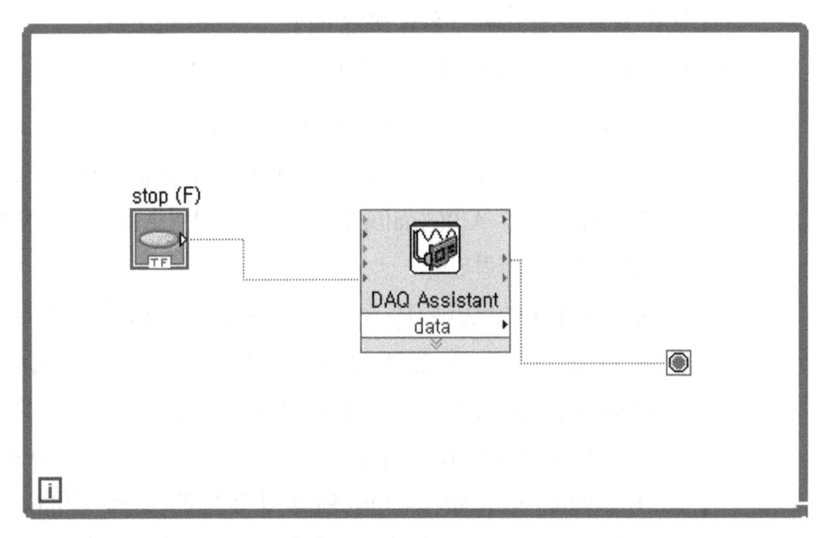

DAQ Assistant Express를 블록다이어그램에 올릴 때 자동 생성시킨 루프

위 그림에서 루프는 AI0와 AI GND 사이의 전압값을 입력으로 받아 −10~10V 범위에 대하여 루프가 1회 실행될 때, 500Hz Sampling 속도로 100개의 샘플을 얻는다. Acquisition Mode가 Continuous Samples이므로 루프 안에서 DAQ Assistant가 한 번 실행이 완료된 이후 다시 호출될 때까지의 시간에도 DAQ 카드의 버퍼에 Data를 저장한다. DAQ Assistant가 다시 호출되면 버퍼에 저장된

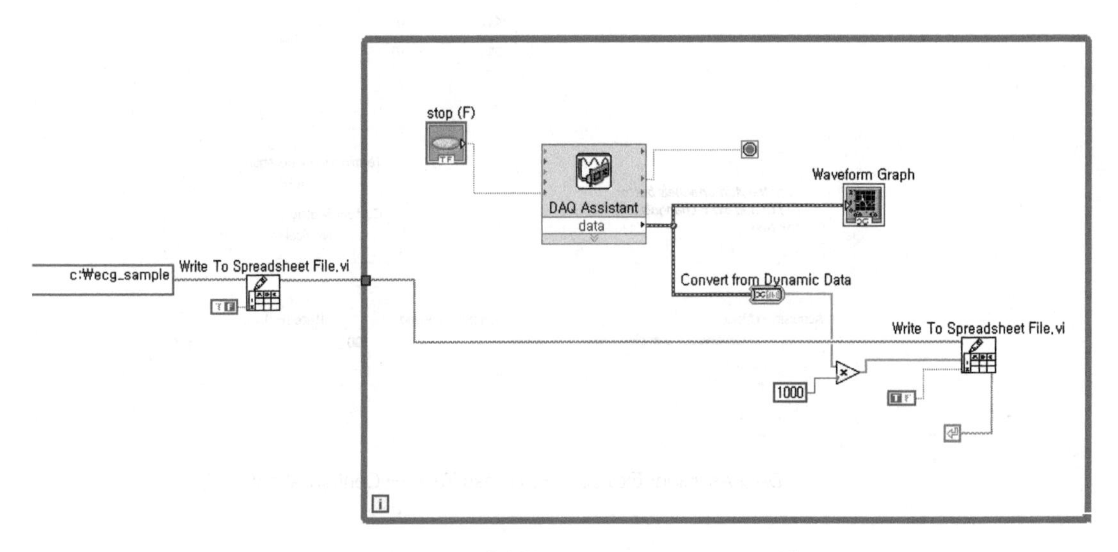

간단한 Data Acquisition 프로그램

값들을 'data 출력' 을 통하여 손실 없이 순차적으로 리턴하게 된다.

DAQ Assistant의 data 출력은 LabVIEW 특유의 dynamic data type으로, 여기에서는 1개 채널의 값(AI0)만 출력이 되는데, 편의상 앞의 그림과 같이 배열로 변형하고 처리한다(Functions Pallette → Express → Signal Manipulation → From DDT 아이콘에서 resulting data type을 1D array of scalars으로 선택한다). 또한 LabVIEW에는 다양한 파일처리 아이콘이 존재하는데, 여기서는 Functions Pallette → File I/O → Write To Spreadsheet File 아이콘을 활용하여 신호 데이터를 c:\ecg_sample 파일에 mV 단위로 저장한다.

❸ 버니어 심전계의 전극은 빨간색(왼팔), 녹색(오른팔), 검은색(GND)으로 이루어져 있으며, 다음 그림과 같이 부착한다. 그리고 앞에서 작성한 Data Acquisition 프로그램을 실행시켜 측정을 시작한다.

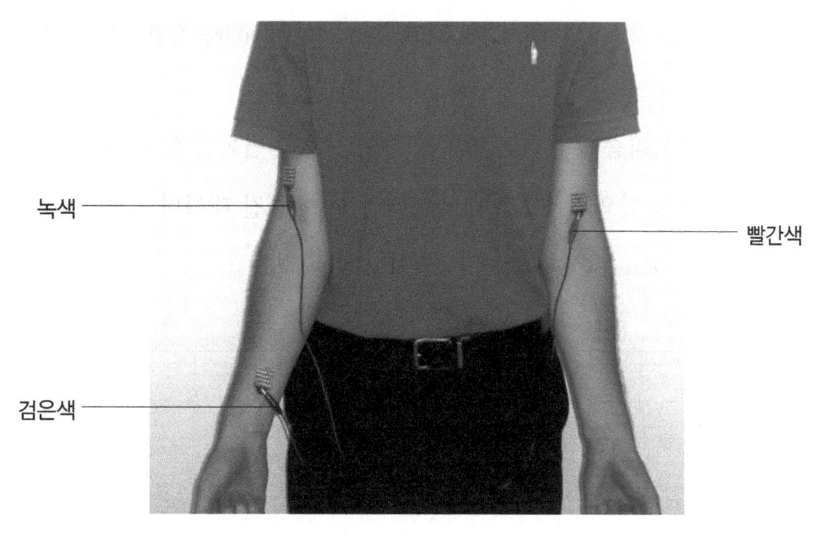

심전계 전극의 부착

2 실험 절차 2 : LabVIEW로 심전도를 분석하여 심박을 계산한다.

QRS detection 알고리즘(Adapted Pan and Tompkins)

심전도에서 다양한 특징점을 자동으로 찾기 위해서는 기본적으로 심박의 존재 유무를 알아야 한다. 이를 QRS 검출이라 하며, QRS 검출 알고리즘 중 가장 유명한 것이 Pan and Tompkins의 알고리즘이다. 이 알고리즘은 (1) QRS군의 주파수 성분이 8~16Hz에 밀집되어 있고, (2) QRS군의 기울기가 크다는 것을 가정하여 고안되었다.

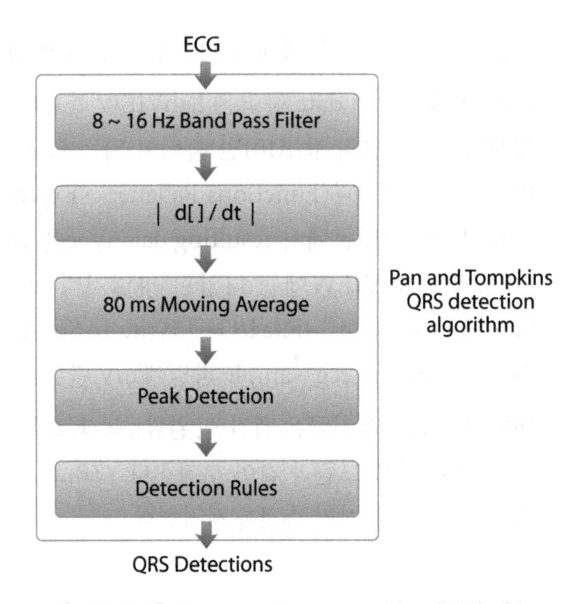

[그림 8-6] Pan and Tompkins 알고리즘의 개요

이 알고리즘에 약간의 변화를 주어 신호의 변화를 살펴본다.

(편의상 앞의 1~6초간의 데이터만 보며, 중간 데이터 그래프의 배율 임의 조절)

❶ Raw ECG Data를 LabVIEW로 출력하고

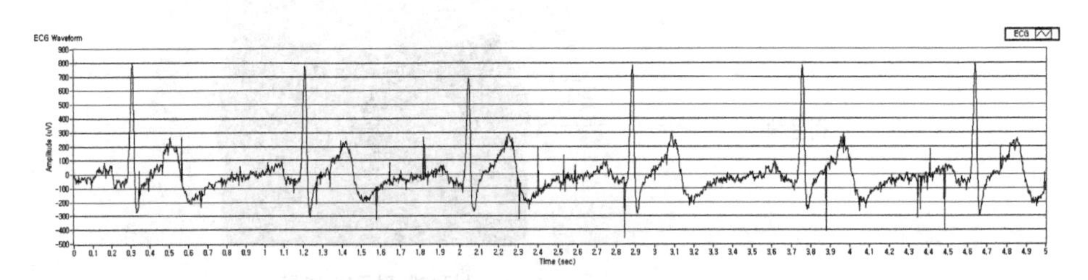

Raw ECG Data를 LabVIEW로 출력한 그림

❷ ❶을 8~16Hz FIR BPF(Band Pass Filter)하면

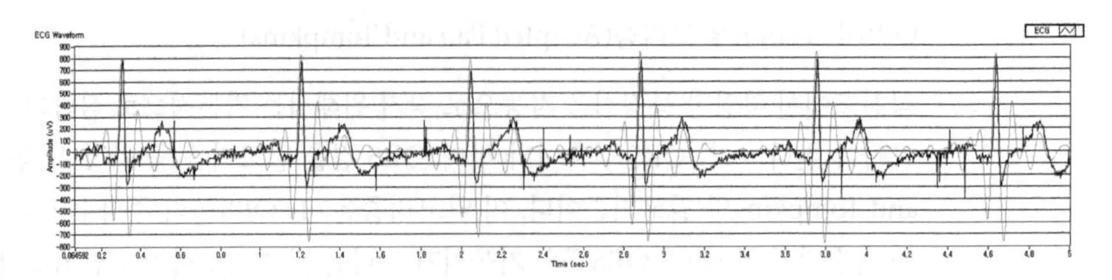

Raw ECG Data와 2)의 결과

❸ ❷의 결과에서 기울기를 구하여 제곱하고

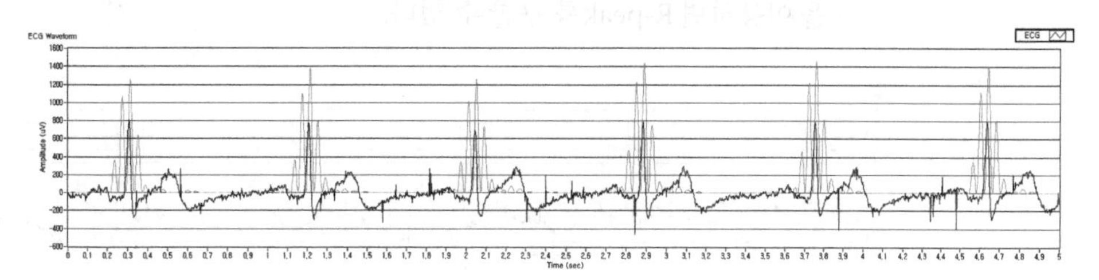

Raw ECG Data와 2)의 결과에서 기울기를 구하고 제곱한 값

여기에 Moving Average를 하면 다음과 같은 최종 결과가 나온다.

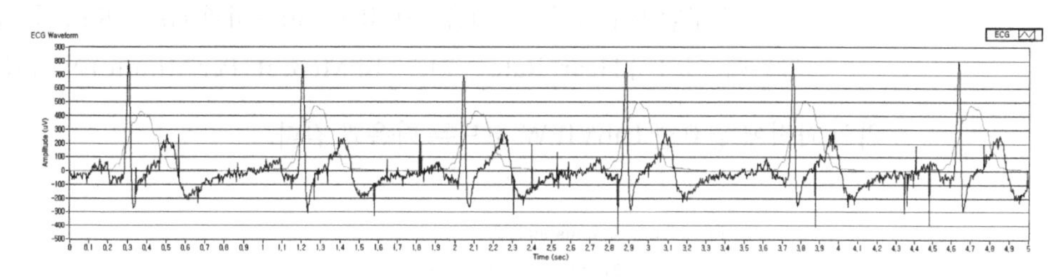

Raw ECG Data와 3)의 최종 결과

❹ ❸에서 Moving Average한 신호(이하 Smooth Signal)의 Peak 점들이 QRS의 각 Beat를 의미하게 되고, 여러 생리적인 제약들(예를 들어 QRS Peak 뒤에는 200ms간 다른 QRS peak가 있을 수 없다)을 고려하여 Beat인지 아닌지를 최종 판단한다.

본 책의 알고리즘은 Smooth Signal의 Maximum × 0.2를 Threshold로 하여, Smooth Signal 처음부터 스캐닝을 한 후 Threshold보다 커지기 시작하는 점(a)부터 +200ms(b)까지에서 Peak 값을 구한다. 이 Peak 위치(c)로부터 + 200ms까지(d)에 Peak보다 큰 지점이 없으면 이 Peak의 위치(c)를 한 Beat로 인식하고 (d)부터 다시 Beat를 찾기 시작하며, Peak보다 큰 지점이 있으면 이 Peak는 Beat가 아니라고 판단하여 (b)부터 Beat를 찾는 알고리즘을 다시 시작한다.

❺ 최종적으로 Moving Average의 Delay(여기서는 76ms)를 고려하면, 다음과 같이 Beat의 위치를 표시할 수 있다.

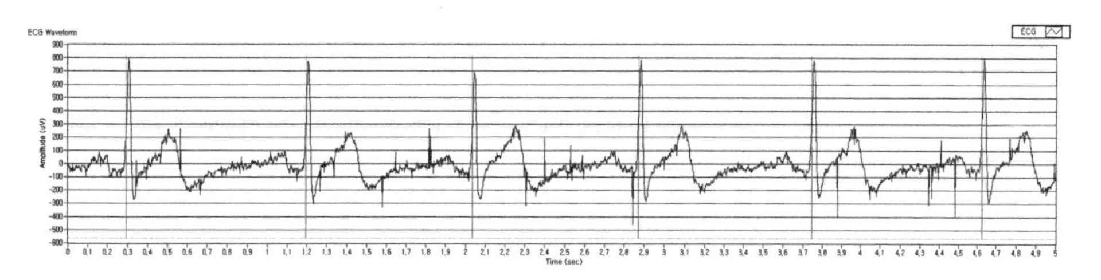

Raw ECG Data와 Detect된 Beat의 위치

⑥ 위의 Beat 마커들에 대하여 R파가 근접해 있고, R파의 크기가 가장 크다는 것을 이용하면 R-peak를 구할 수 있다.

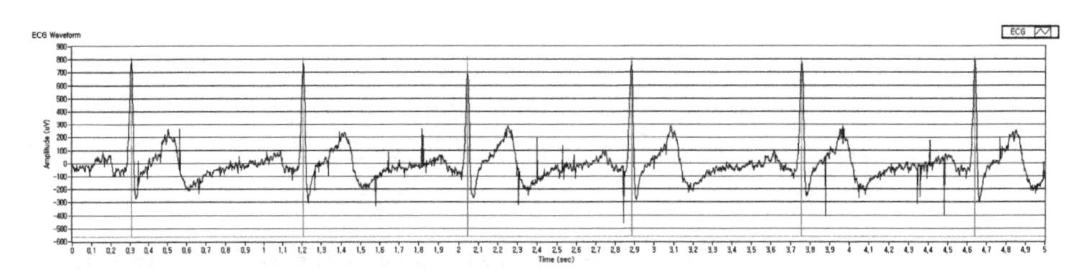

Raw ECG Data와 Detect된 R Peak의 위치

⑦ ⑥에서 구한 R-peak들을 이용하여 R-R Interval과 Heart Rate를 쉽게 구할 수 있는데, 여기서 Heart Rate는 71.72 BPM(Beats Per Minute)이 나왔다.

위의 과정에 필요한 LabVIEW 코드는 다음과 같다.

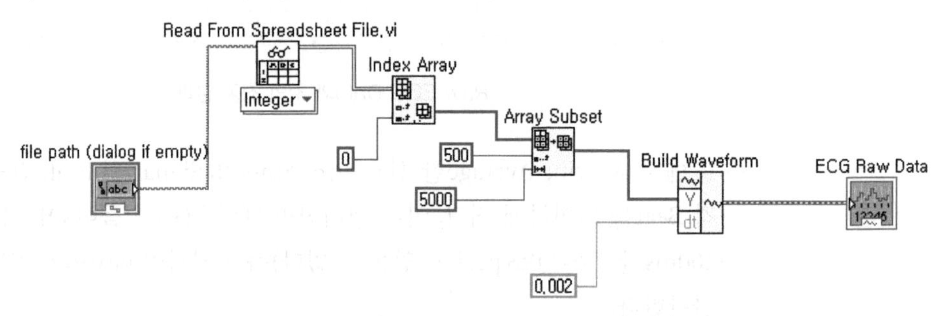

[그림 8-7] ECG Raw Data를 얻는 코드

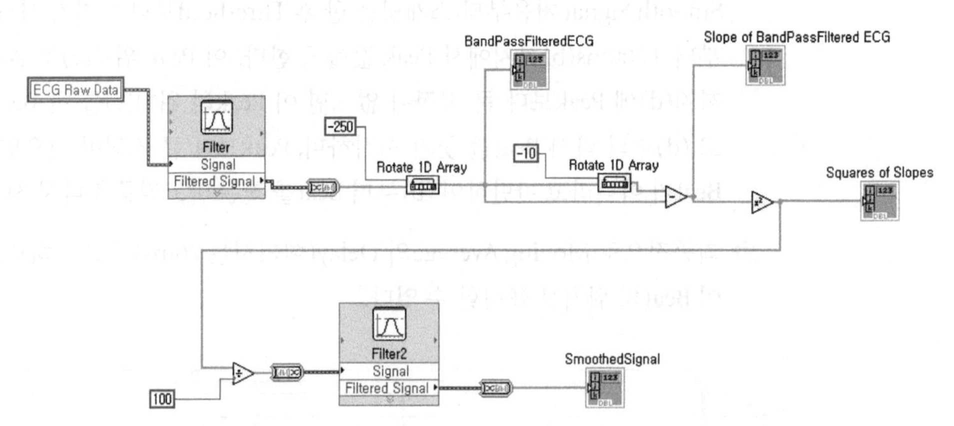

[그림 8-8] BandPassFilterd ECG, Slopes of BandPassFilterd ECG, Squares of Slopes, Smooth Signal을 얻는 코드

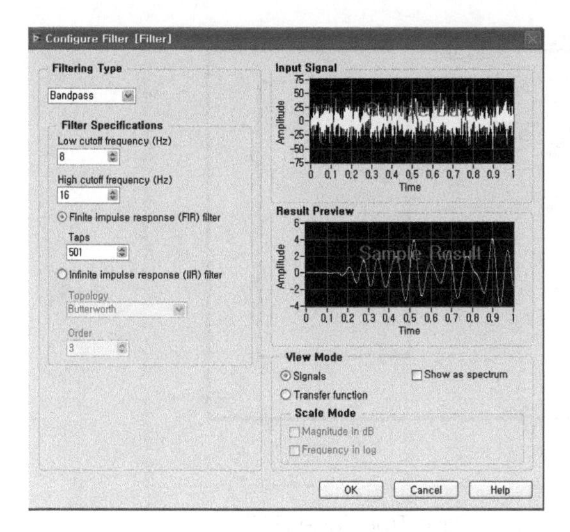

[그림 8-9] Band Pass Filter Setting

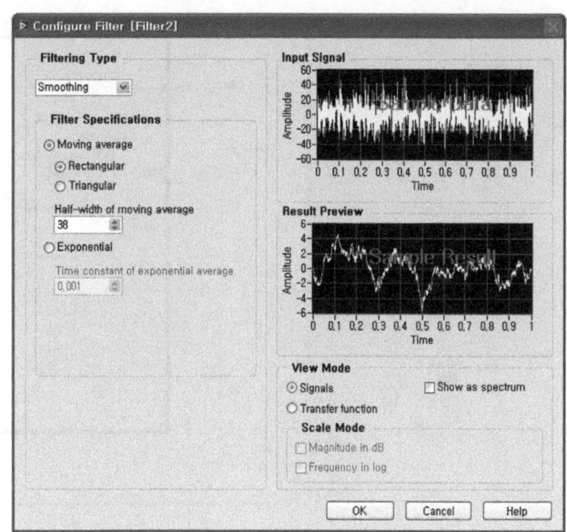

[그림 8-10] Moving Average Filter Setting

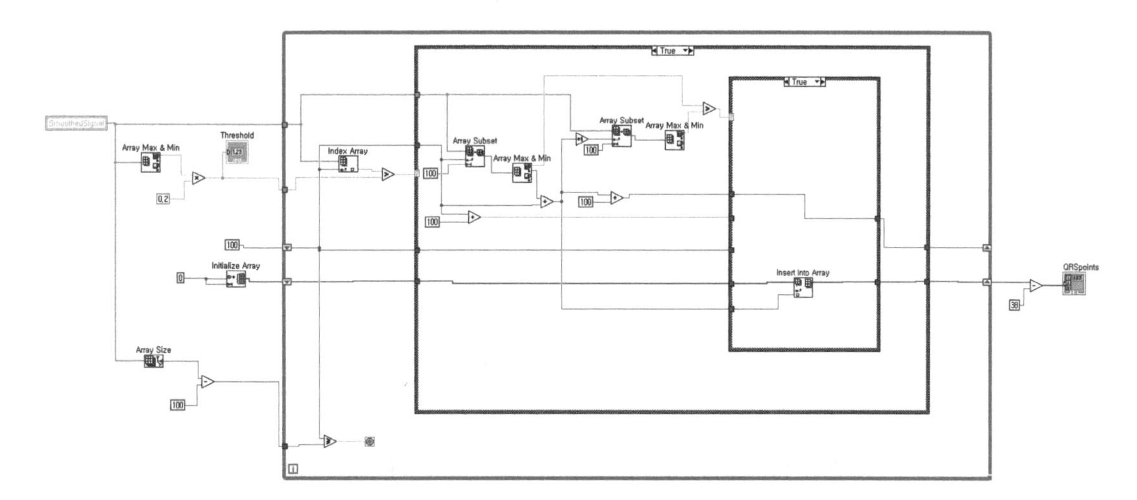

[그림 8-11] QRS Point Detection 코드 - Case True True (1/3)

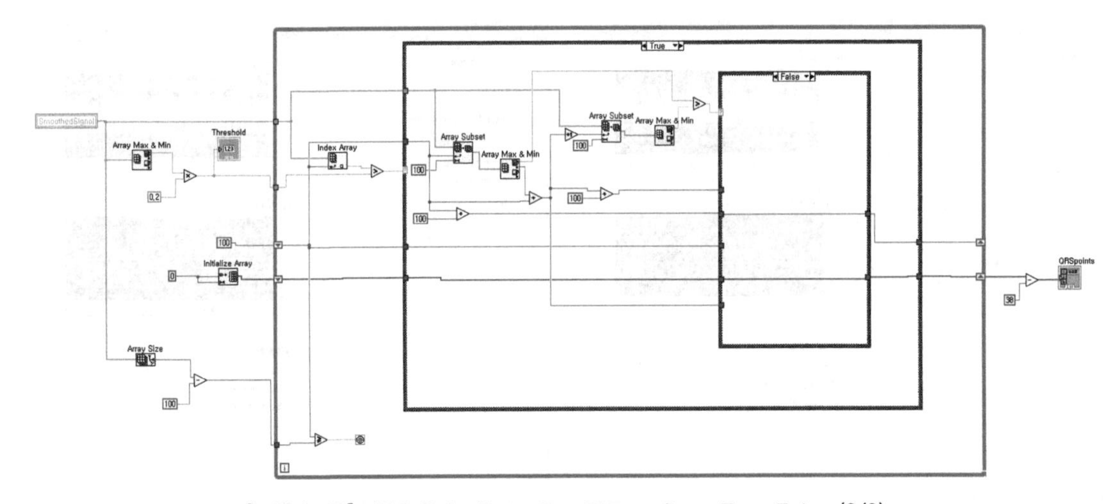

[그림 8-12] QRS Point Detection 코드 - Case True False (2/3)

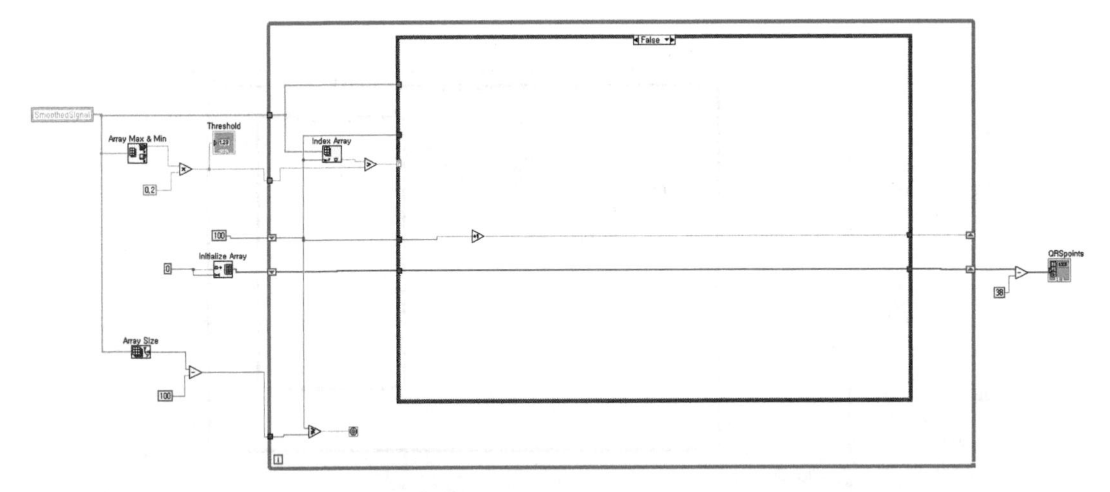

[그림 8-13] QRS Point Detection 코드 - Case False (3/3)

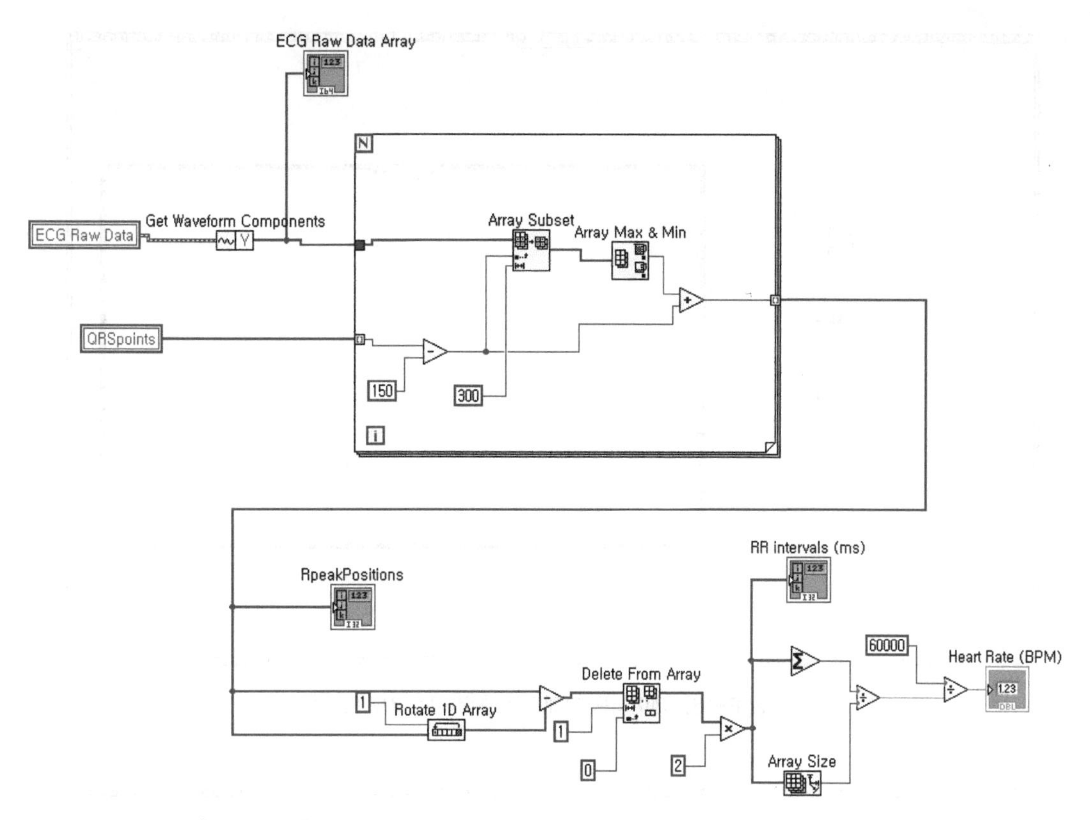

[그림 8-14] R peaks position, RR intervals, Heart Rate 등을 얻는 코드

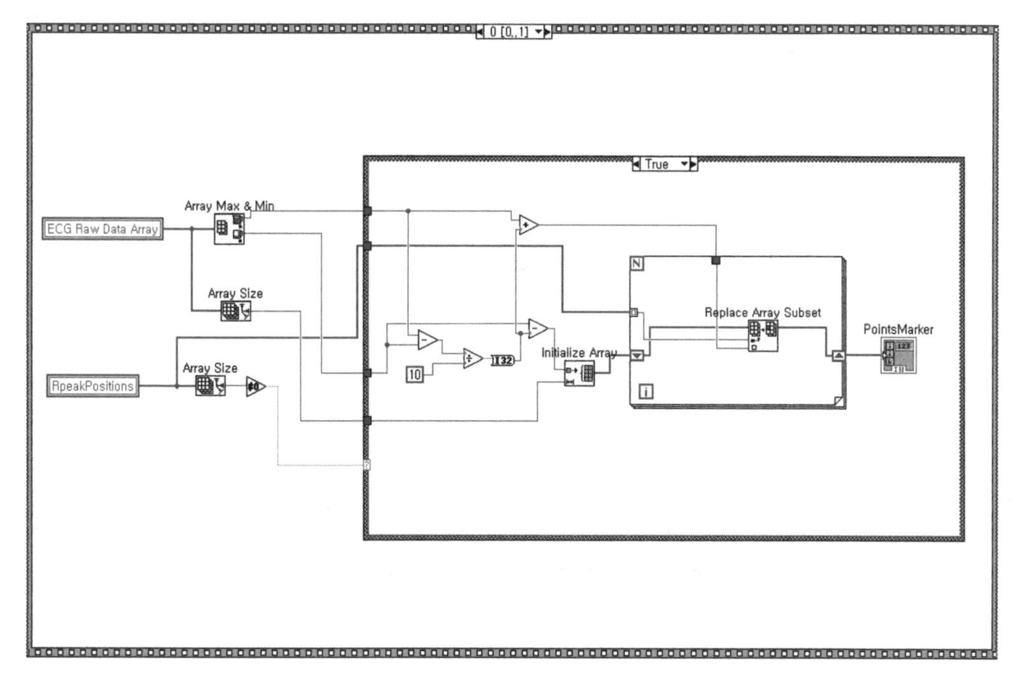

[그림 8-15] 데이터를 그래프에 출력하는 코드 (1/3) - ECG Raw Data Array, RpeakPositions 로컬 변수들을 변경하여 원하는 데이터를 출력할 수 있다.

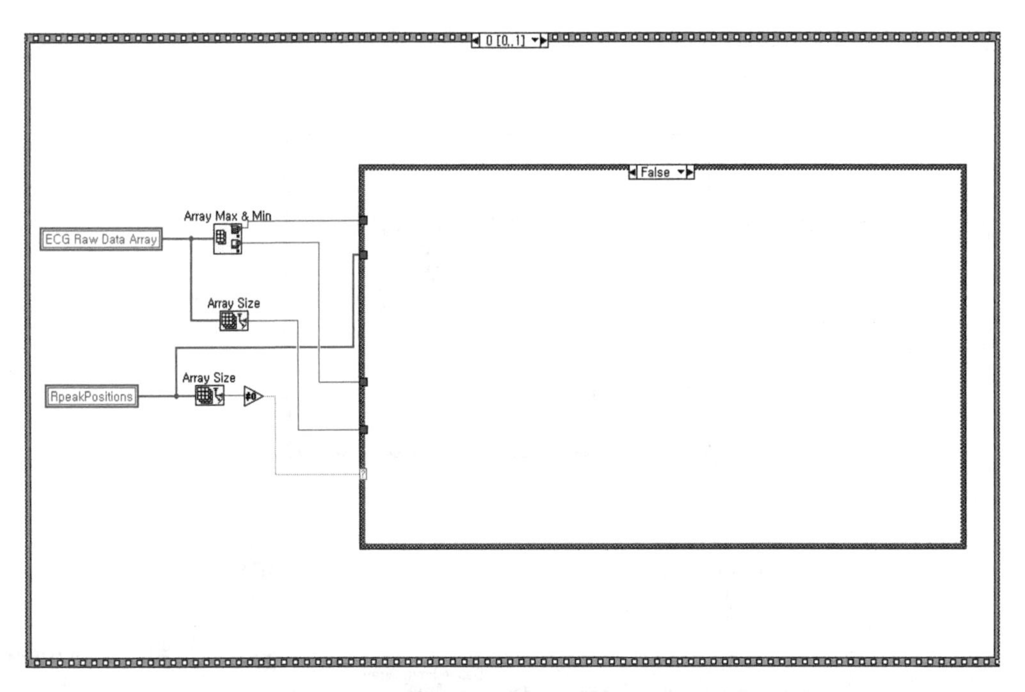

[그림 8-16] 데이터를 그래프에 출력하는 코드 (2/3)

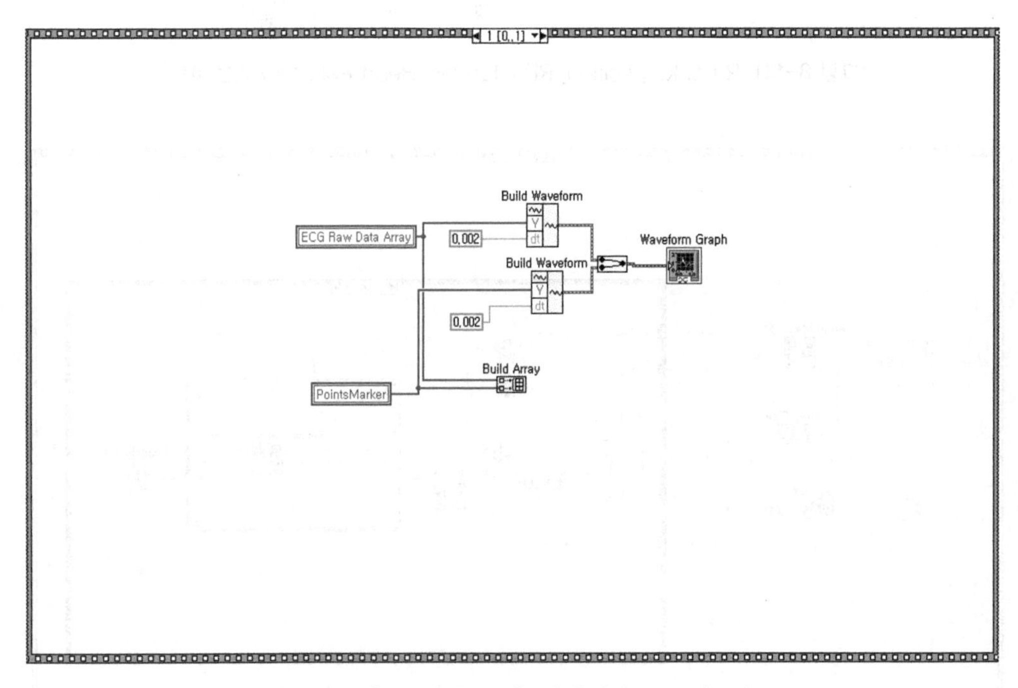

[그림 8-17] 데이터를 그래프에 출력하는 코드 (3/3)

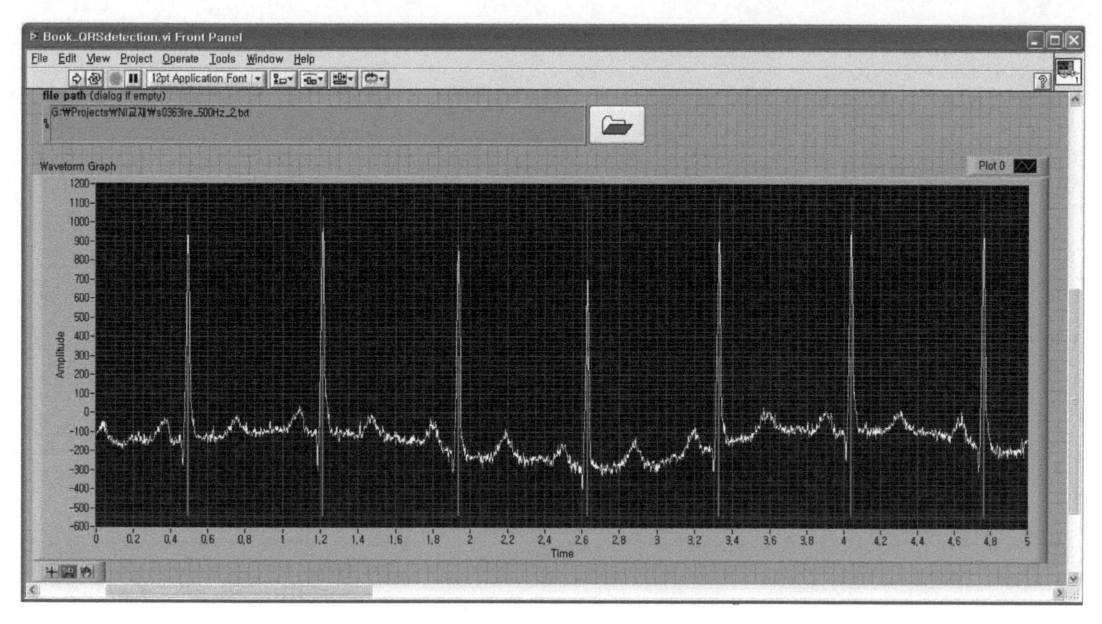

[그림 8-18] QRS Detection 프로그램의 프런트패널

8.3.4 결과 및 토의

- 실험 절차 1의 ❸에서 왼팔에 붙인 빨간색 전극을 왼쪽 다리에 붙여서 측정해 보고 원래의 신호와 비교해 보자. QRS군의 평균 Peak to Peak(max-min)가 원래의 신호와 얼마만큼 달라지는지를 비교해 보자. 그 외 임의의 지점에 빨간색 전극을 붙여보고 신호가 어떻게 달라지는지 관찰해 보자. 측정하는 위치에 따라서 심전도의 모양(morphology)이 달라지는 것을 확인한다.
- 생체 신호 측정 시 60Hz 전원 노이즈는 꼭 해결해야 할 노이즈 중의 하나이다. 60Hz 노이즈의 원인은 크게 2가지를 들 수 있는데, (1) 심전계의 전원을 60Hz AC 전원으로부터 공급받는 경우, 전원전압에 포함된 60Hz 성분의 영향과 (2) 측정자의 체표면과 주변의 60Hz AC 전원선 간의 용량성 결합에 의해 선택된 리드의 두 지점에 유기된 60Hz 성분이 심전계에 의해 충분히 제거되지 못한 경우이다. (1)의 영향을 최소화하기 위해 심전계의 전원으로 배터리를 사용하고, 60Hz 노이즈가 많은 곳과 적은 곳을 찾아서 신호를 측정해 보자. 60Hz 성분의 Peak to Peak가 어느 정도 차이가 나는가? 이의 차이 정도는 장소에 따라 매우 다양할 것이다. 이러한 전원 노이즈를 해결하기 위하여 다양한 처리 방법들이 연구되어 왔다. 2가지 이상을 열거해 보자.
- 실험 절차 1의 ❸에서 누워서 온몸에 힘을 뺀 상태에서 측정해 보고, 앉아서 온몸에 힘을 준 상태에서도 측정해 보자. 신호가 어떻게 달라지는가? 여기에서 생기는 노이즈는 근전도(Electromyogram, EMG)에서 비롯된다. 정밀한 심전도 검사를 위해서는 편안히 누운 상태에서 측정을 해야 근전도 노이즈가 적다.

09 심박변이율

9.1 심박변이율과 자율신경계 생리학

누구나 한 번쯤은 손으로 자신의 맥을 짚어보거나 다른 사람의 가슴에 귀를 대어 보는 등의 경험을 통해서 심장이 뛰는 것을 확인해 본 적이 있을 것이다. 어쩌면 누군가는 규칙적으로 뛰는 자신의 심장 소리를 확인하며 안도의 한숨을 내쉬었을 지도 모른다. 반면에 만약 심박동 간격이 마치 악보의 음표들처럼 들쑥날쑥 하였다면 자신의 건강을 의심해 보았을지도 모르겠다. 대부분의 사람들은 이러한 경험들을 토대로 우리의 심장이 규칙적으로 뛰고 있고 또 그래야만 건강한 것이라고 생각하고 있다.

하지만 이러한 우리의 상식과는 반대로, 건강한 사람들의 심장은 규칙적으로 뛰지 않는다. 오히려 심장은 규칙적으로 뛸수록 문제가 된다. [그림 9-1]은 급성 심근 경색을 겪은 두 환자의 예후와 심박변이율 간의 관계를 보여준다. D 환자의 경우 심박 간격이 거의 일정한 반면 S 환자는 그 변화폭이 넓은 것을 볼 수 있다. 그래프에서 가로축은 연속한 두 심박 사이의 시간 간격을, 세로축은 이의 누적 분포를 표시한 것이며, 두 환자 모두 발병 이후 7일째 되는 날 24시간 동안의 심박을 측정하여 분석한 것

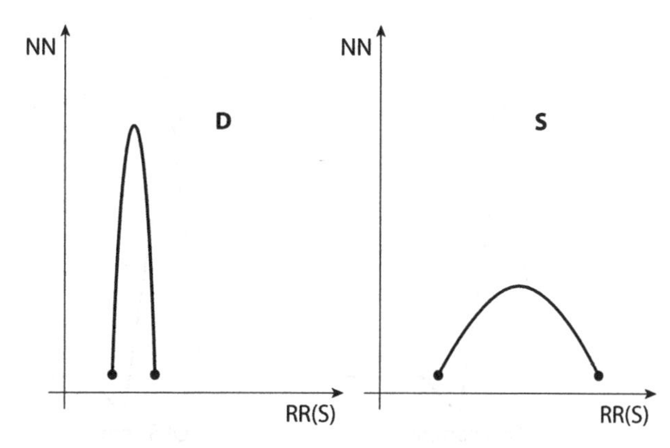

[그림 9-1] 정상인과 환자의 심박변이율 비교

이다. D 환자는 심근경색 발생 이후 27일째 사망한 반면, S 환자는 2년 이후까지도 별다른 문제가 발생하지 않았다.

그렇다면 심장은 왜 규칙적으로 뛰지 않는가? 그것은 심장이 다양한 외부 환경에 역동적으로 반응하는 기관이기 때문이다. 기본적으로 심장의 주된 기능은 온몸에 필요한 만큼의 혈액을 보내는 데 있으므로, 시시때때로 변화하는 신체의 요구에 반응하여 심박을 조절할 필요가 있는 것이다. 체온, 혈압, 호르몬, 스트레스 이 외에도 복잡하고 다양한 인자들이 심박동의 조절에 영향을 준다. 따라서 심박변이율의 감소는 이러한 심박조절의 역동성이 줄어든 것이며 이는 곧 인체의 항상성 유지능력의 저하로 해석할 수 있다.

심장의 활동은 신경계의 지배를 받는다. 다른 근육들과 마찬가지로 심장 또한 신경에 의한 전기적인 신호에 반응하여 수축과 이완을 반복하게 되는데, 심장의 경우 우리의 의지대로는 그 박동을 조절할 수 없으므로 자율신경계의 지배를 받는다는 것을 알 수 있다. 자율신경계는 다시 교감신경계와 부교감신경계로 나뉘게 되는데, 교감신경계의 활성은 심박을 촉진시키는 반면 부교감신경계는 이를 억제하는 작용을 한다. 따라서 심박변이율은 이러한 자율신경계 양쪽의 길항작용이 반영된 것이라 볼 수 있다.

9.2 심박변이율의 측정 원리

심박의 불규칙 정도는 '심박변이율(HRV: Heart Rate Variability)'로 나타내며 이는 심박간(beat-to- beat)의 시간 간격을 통해 계산되는 값이다. HRV 계산시에는 심전도 파형의 R-peak 간의 간격(RR interval)을 이용하는 것이 가장 일반적이지만([그림 9-2]), PPG(Photo-PlethysmoGram)나 BCG(Ballisto- CardioGram)등 심박이 나타나는 어떠한 신호를 사용하더라도 상관이 없다. HRV의 표현방법은 매우 다양한

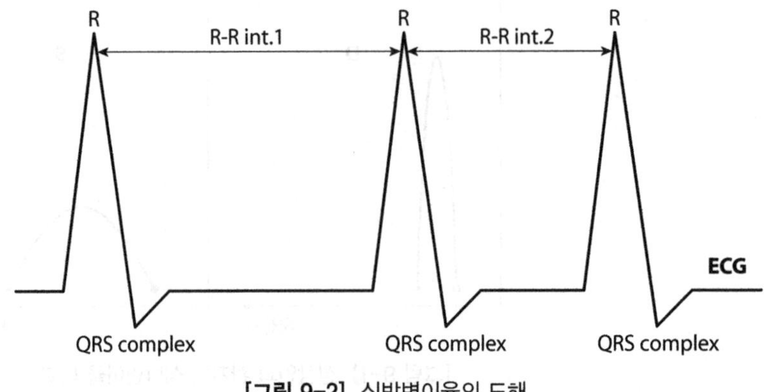

[그림 9-2] 심박변이율의 도해

데, 가장 단순하게는 'min RR/max RR' 와 같이 최소 · 최대값의 비(比, ratio) 혹은 'max RR- min RR' 와 같이 그 차이로 나타내고, 조금 복잡한 방식으로는 최빈(最頻)값을 가지는 RR 구간의 개수를 전체 RR 구간의 개수로 나누는 통계적인 방식도 있다. 전자의 경우에는 30분 내외의 비교적 짧은 시간 동안의 측정을 대상으로 하며, 후자의 경우 24시간 정도의 긴 데이터 처리에 자주 사용된다.

HRV의 분석 방법으로는 크게 시간 영역의 분석법과 주파수 영역의 분석법 두 가지가 있다. 시간 영역의 분석은 RR 간격을 통계적으로 처리하는 기법으로서 여러 가지 파라미터 값이 이용되고 이들 대부분의 단위는 msec이다. 흔히 쓰이는 파라미터로는 평균(HRV), 표준편차(SDNN), 평균의 제곱근(RMS-SD) 등이 있으며, 이차적으로 심장에 가해지는 압력 혹은 압박을 의미하는 PSI(Physical Stress Index)나 HRV의 복잡도를 표현하는 ApEn(Approximate Entrophy), 일정한 상태에서 측정 되었는가를 알아보는 SRD(Successive RRI Difference) 등을 이용하기도 한다.

주파수 영역의 분석법은 RR 간격을 푸리에 변환한 후 각 주파수 대역의 강도를 분리하여 평가하는 방식으로 이루어진다. 이때 주파수 대역은 VLF(Very Low Frequency), LF(Low Frequency) 그리고 HF(High Frequency)의 세 구간으로 나누게 되며 각각은 0.0033 ~ 0.04 Hz, 0.04 ~ 0.15 Hz, 0.15 ~ 0.4 Hz에 해당한다. 교감신경계의 활성은 LF 대역, 부교감신경의 활성은 HF 대역의 강도 증가를 수반하는 것으로 알려져 있으므로 LF/HF의 비율이나 전체 파워에서 VLF를 제외한 것에 대한 HF나 LF의 비(HF norm = HF/(HF + LF), LF norm = LF/(HF + LF))를 통하여 자율신경계의 균형 정도를 파악할 수 있다. VLF 대역은 산소교환이 결여될 때 증가하는 경향이 있어, 수면무호흡증이나 부정맥 등의 질환과 관련이 높은 것으로 알려져 있으며 5분 측정 방식에서는 크게 의미가 없다. 주파수 대역의 전체 파워 또한 의미 있는 값으로서 자율신경계의 전체적인 조절 능력을 반영한다.

9.3 심박변이율 측정 실험

9.3.1 목표

심박 측정을 통해 평균 심박수와 심박변이율을 나타내어 보도록 한다.

9.3.2 준비물

- **핸드그립형 심박측정 센서:** 심박 측정을 위하여 버니어(Vernier) 사에서 제공하는 핸드그립형 심박측정 센서를 이용한다. 이 센서는 심박에 따라 발생하는 생체전위

를 감지하며 수신부와 무선으로 통신하여 아날로그 출력이 가능하도록 구성되어 있다.

[그림 9-3] 실험에 사용된 핸드그립형 심박측정 센서

- **브레드보드:** 센서 수신부의 전원 공급과 아날로그 출력을 편리하게 하도록 범용 브레드보드를 이용한다.

[그림 9-4] 회로구성을 위해 이용한 브레드보드

- **NI DAQ card:** 아날로그신호를 디지털로 변환하기 위하여 NI사의 DAQ 카드를 이용한다. 여기서는 USB-6212 모델을 이용하였으나 어떠한 모델을 사용하여도 상관이 없다.
- **LabVIEW 2010, 예제 파일 heart rate III .vi:** DAQ 카드와 통신하여 신호를 받고 이를 디스플레이하기 위하여 NI사의 LabVIEW 2009 프로그램을 이용한다. 버니어사의 핸드그립 센서를 이용하는 예제 파일을 이용할 수 있다.
- **파워 서플라이:** 센서 수신부에 5V 전원을 인가하기 위하여 범용 파워 서플라이를 이용한다.
- **오실로스코프(optional):** 브레드보드에 수신부의 연결이 제대로 되었는지 확인하

고 DAQ 카드로 센서의 출력이 제대로 입력되고 있는지 확인하기 위하여 오실로스코프를 준비할 것을 권장한다. 오실로스코프 사용으로 프로그래밍 시작 전의 하드웨어 디버깅이 원활하게 진행될 수 있다.

9.3.3 방법

[그림 9-5] 심박측정을 위한 하드웨어 구성의 예

브레드보드에 센서 수신부를 장착하고 수신부의 5V, GND, Sig1 포트를 브레드보드로부터 연장한다. 이때 GND선은 두 가닥을 연결하여, 한 가닥은 파워 서플라이의 그라운드에 연결하고 다른 한 가닥은 DAQ 보드의 아날로그 입력단에 연결한다. 그 후 파워 서플라이의 (+)단자를 센서 수신부의 5V와 연결하고, 파워 서플라이의 공급 전류를 모니터링 함으로써 연결 실수로 인해 과도한 전류가 흐르지는 않는지 확인한다.

[그림 9-6] 핸드그립형센서를 통한 심박측정모습

파워 서플라이를 켜고 5V 출력이 되도록 한 다음 센서를 [그림 9-6]과 같이 두 손으로 잡아 신호를 발생시킨다. 이때 데이터가 끊김 없이 제대로 들어오기 위해서는 수신부에 표시된 화살표와 센서에 표시된 화살표의 방향을 일치시켜 측정하는 것이

중요하며, 센서가 출력을 내기까지 약 30초 정도의 안정화 시간이 필요함에 유의하자. 우선 오실로스코프로 센서 수신부의 Sig1 포트를 측정하여 센서가 제대로 된 출력을 내는지 확인한다.

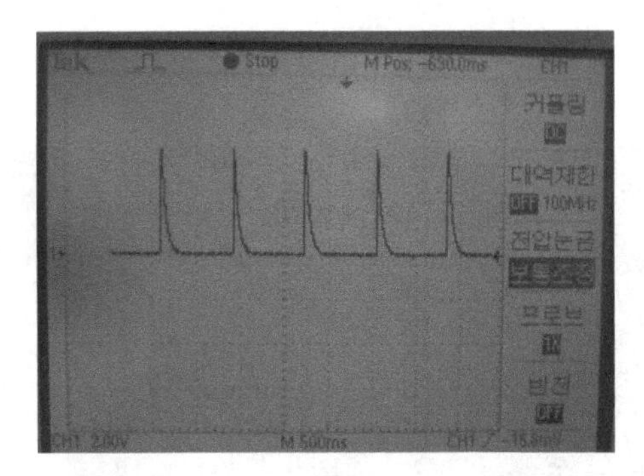

[그림 9-7] 핸드그립형 센서의 출력을 오실로스코프로 확인한 모습

이제 버니어사에서 제공하는 LabVIEW 예제 파일을 실행시키면 프로그램이 입력된 심박 신호를 통해 자동적으로 평균 심박을 계산하고 시간에 따른 추이를 보여준다. 이론을 통해 살펴본 것처럼 심박수가 일정하지 않고 조금씩 변화함을 볼 수 있다. 추가적으로 Write to file에 체크하여 결과값들을 파일로 저장할 수 있으며 측정 시간과 샘플링 간격도 변경이 가능하다.

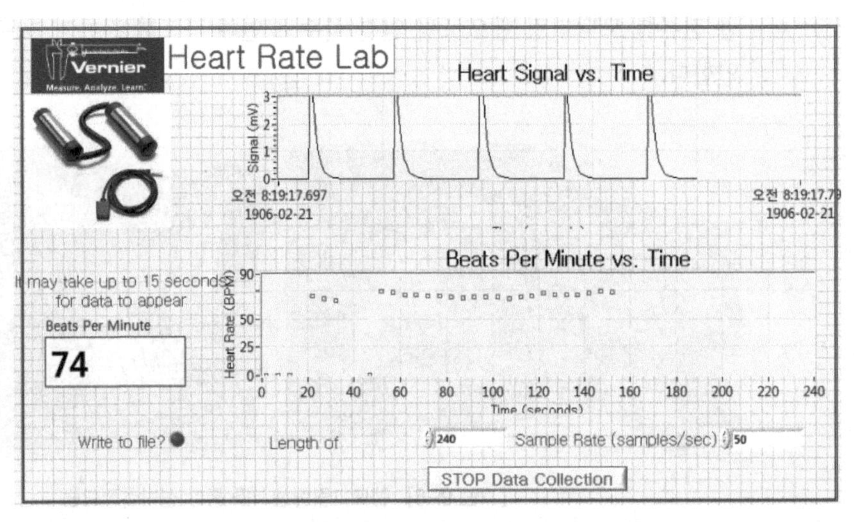

[그림 9-8] 핸드그립형 센서의 출력을 LabVIEW 프로그램을 통해 확인하고 분석한 모습

심박변이율을 계산하기 위해서는 새로운 프로그램 작성이 필요하다. 우선 DAQ 카드로부터 온 신호에서 피크를 검출한 후 시간 정보를 일차원 배열로 누적한다. 임상

에서와 유사한 분석이 이루어지기 위해서는 최소 5분간의 데이터를 수집하는 것이 바람직하겠으나, 한 번의 실험을 위해 많은 시간이 소요되므로 여기에서는 편의상 9개의 연속된 심박 정보만을 이용한다. 이때 동잡음의 영향으로 피크점을 정확히 잡지 못할 수 있으므로 피크 간격이 100ms 이상 1500ms 이하의 범위에 들어오는지 확인하여, 지나치게 많은 피크점이 검출되거나 피크를 놓치게 되는 경우에 대비한다.

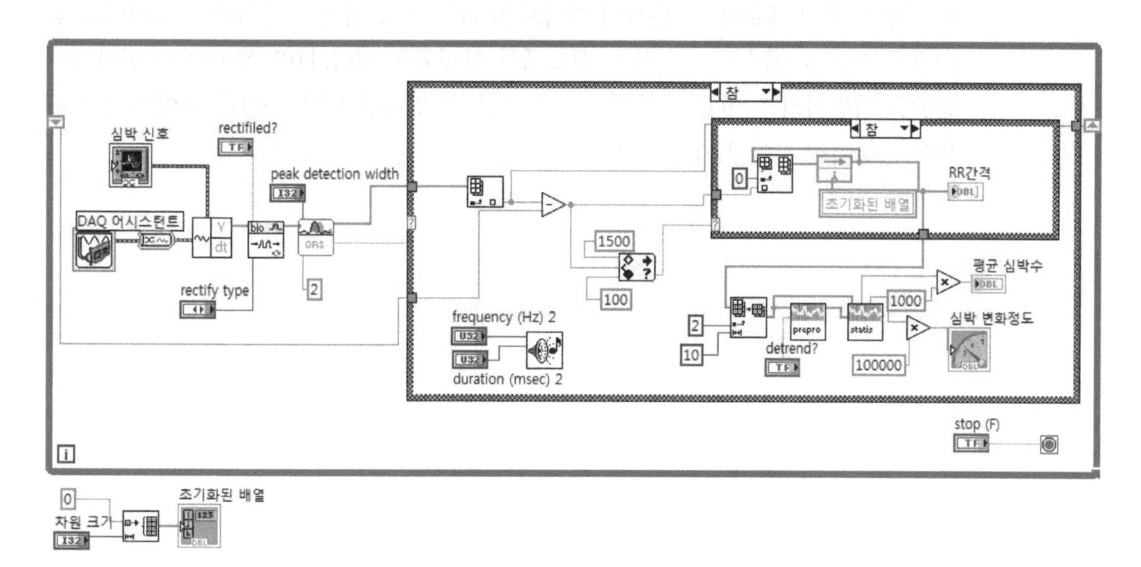

[그림 9-9] LabVIEW 프로그램의 블록다이어그램

총 9개의 연속한 심박 간격을 통하여 평균값을 평균 심박수로 계산하고 표준편차값을 통해 심박변이율을 계산하며 이를 원본 신호와 함께 사용자에게 표시한다. 심박과 심박변이율의 업데이트는 새로운 피크점이 검출되었을 때마다 이루어지며, 조금 더 완만한 변화를 보고 싶을 경우에는 업데이트 간격을 늦추거나 분석대상인 심박의 개수를 늘리면 된다.

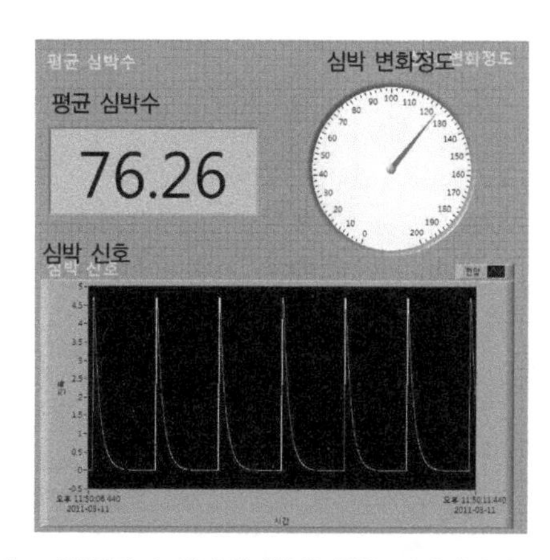

[그림 9-10] 평균심박과 심박변이율을 원형 인디케이터로 나타낸 모습

9.3.4 결과 및 토의

NI 시스템을 이용하여 간단하게 심박을 측정하고 그래프로 확인하여 평균심박과 심박변이율을 나타내 보았다. 심박변이율을 측정한다는 것은 결국 자율신경계의 반응을 살펴보는 것이며, 특정 질병의 유무나 감정적 흥분상태를 판단하는 데 유용한 검사법이다. 하지만 심박변이율은 인종, 성별, 나이 나아가 흡연 정도까지 다양한 인자의 영향을 받기 때문에 그 분석이 까다로워 아직은 그 임상적 가치가 부정맥이나 심근경색 발생 시 예후를 관찰하는 정도에만 한정되어 있다. HRV에 미치는 인자들의 영향을 정량화하고 이를 종합적으로 판단할 수 있다면 더욱 다양한 분야에서의 응용이 이루어질 것이라 기대된다.

10 혈압

10.1 혈압 조절 생리학

10.1.1 혈압 조절 원리

혈압은 보통 동맥 혈압, 모세관 혈압, 정맥 혈압으로 구별되는데, 일반적으로 혈압이라고 하면 동맥 혈압을 뜻하는 경우가 많다. 혈압의 조절은 몸의 항상성을 유지하는데 핵심적인 역할을 한다. 뇌출혈, 고혈성 뇌증, 심부전, 요독증 등은 사망에 이를 수 있는 매우 위험한 증상으로 혈압 조절이 제대로 이루어지지 않아 발생하는 경우가 많다. 혈압 조절은 하나의 시스템에 의해 이루어지는 것이 아니라 각각 특정한 작용을 하는 별개의 시스템이 서로 연관되어 이루어진다. 보통 조절 시간에 따라서 세 가지로 나눌 수 있다. (1) 수초 내지 수분 안에 즉시 반응하는 경우, (2) 수분 내지 수시간 안에 급성으로 반응하는 경우, (3) 수일 내지 수년간의 기간 동안 만성적으로 반응하는 경우가 있다. 혈압은 심박출량과 순환계의 총 말초 저항을 곱한 값으로 표현할 수 있다. 이러한 개념은 위에서 언급한 조절 시간에 따른 경우를 설명함에 있어서 유용하다.

일반적으로 즉시 반응하는 경우는 대개 신경반사이다. 신경반사는 교감신경과 부교감신경의 길항 작용에 의해서 이루어진다. 교감신경이 활성화되면 혈관이 수축하여 말초 저항값이 증가하게 되고, 이는 곧 혈압의 상승을 유도한다. 반대로 부교감신경이 활성화되면 혈관이 확장하여 말초 저항값이 감소하게 되고 혈압이 떨어지게 된다. 이러한 신경반사는 그 반응 방법에 따라서 크게 압력감수체 기전, 화학감수체 기전 그리고 중추신경계 허혈 기전 등으로 생각해 볼 수 있다. 이러한 반응은 수초 이내에 매우 빠르게 일어나며 그 조절 강도도 매우 강하다.

급성 반응의 경우는 혈관의 stress-relaxation, 모세혈관 벽을 통한 체액 이동 기전 등이 그 원인이 된다. stress-relaxation 기전은 혈압이 너무 높을 때 혈관벽이 신전되어 유지됨으로써 혈압이 떨어지도록 하는 것이다. 모세혈관벽을 통한 체액 이동 기전은

starling 평형에 의한 것이다. 모세혈관압이 너무 낮으면 체액이 조직에서 순환계로 흡수되어 혈액량과 혈압을 올리게 되며, 반대로 모세혈관압이 너무 높으면 혈액은 순환계에서 조직으로 빠져나가 혈액량과 혈압이 감소한다. 이러한 조절 기전은 대부분 30분에서 몇 시간 내에 활성화된다.

비정상적인 혈압은 최대한 짧은 시간 내에 정상 혈압으로 돌아와서 몸의 항상성을 유지하는 것이 중요하다. 그러나 앞에서 설명한 기전들은 모두 말초 저항의 값을 변하게 하여 혈압을 조절하기 때문에 혈압 조절이 장기간에 필요한 경우 그 조절 능력에 한계가 있다. 만성적인 혈압 조절은 신장에 의해서 일어난다. 신장은 수분과 염분의 배설량을 조절하여 혈압을 장기적으로 조절할 수 있다. 특히 수분의 배설량을 조절하여 체액량을 조절하면 쉽게 혈압이 조절된다. 즉 배설량을 줄이면 체액량이 늘어 혈액량이 늘어나고, 혈액량이 늘면 평균 순환압과 환류량이 늘어나 결국 혈액 박출량이 늘어나게 되며, 이는 혈압의 상승을 의미한다. 신장은 레닌-안지오텐신 시스템과 상호작용을 하여 이러한 기전이 일어나게 한다. 다만 여기서 주의해야 할 것은 염분이다. 염분은 신장에 의해서 쉽게 조절이 되지 않으면서 체내삼투압을 증가시켜 수분이 체내에 쌓이게 하는 효과가 있다. 따라서 염분이 계속 체내에 쌓이면 혈압을 낮추는 데 어려움이 생기게 된다.

10.1.2 혈압의 분류 및 증상

[표 10-1] 혈압의 분류

분류	수축기(최고혈압), mmHg	이완기(최저혈압), mmHg
저혈압	≤100	≤60
정상	≤120	≤80
고혈압 전단계	120~139	80~89
1단계 고혈압	140~159	90~99
2단계 고혈압	160~179	100~109
고혈압성 위기	≥180	≥110

[표 10-1]은 압력에 따른 혈압의 분류를 나눠 놓은 표이다. 혈압은 크게 수축기 혈압과 이완기 혈압으로 나뉜다. 수축기 혈압은 몸의 다른 부위로 혈액을 보내기 위해 심장이 수축할 때의 압력을 말하며, 이완기 혈압은 심장 박동 사이(심장이 이완될 때)에 혈관에 걸리는 압력을 말한다. 일반적으로 혈압의 최고치(수축기)와 최저치(이완기)의 압력을 가지고 혈압을 구분한다. 이 중에서 고혈압과 저혈압이 치료의 대상이 된다.

고혈압은 가장 많이 연구되어 있는 혈압이다. 고혈압은 만성질환이면서 그 자체로는 특별한 증상을 나타내지는 않지만, 몸 전체에 분포하는 동맥뿐 아니라 뇌, 눈, 심장, 신장을 포함한 많은 기관에 손상을 줄 수 있다. 진단을 받지 않았거나 진단을 받았더라도 적절한 치료를 받지 않은 상황에서 혈압이 높은 상태라면 심장발작, 뇌졸중, 신부전 등이 생길 위험성이 커진다. 일반적으로 나이가 들면 혈관이 굳어져 고혈압 증상을 보이게 된다. 이러한 경우 두통, 어지러움, 피로, 이명과 같은 증상이 갑자기 나타날 수 있지만 이러한 증상들도 스스로 증상이라고 생각하지 못하는 경우가 많아서 조기에 발견하기 어려운 경우가 많다.

저혈압은 아직까지 그 기준이 정확히 정립되지 않은 혈압이다. 병원에서도 혈압 수치로 저혈압을 판단하기 보다는 저혈압 증상이 나타났을 때 혈압의 범위가 [표 10-1]과 같다면 저혈압으로 판단하는 정도이며, 저혈압인 사람이 정상 혈압으로 판정되는 경우도 많다. 저혈압은 심할 경우 빈혈, 구토, 혈류장애, 부정맥 등의 증상을 일으킬 수 있으나 일반인의 경우 크게 문제되는 경우는 적은 편이다. 다만 출혈을 일으키는 사람의 경우 저혈압은 큰 문제를 일으킨다.

10.2 혈압 측정 원리

10.2.1 직접적인 방법

1 침습적 혈압 측정 방법

침습적 혈압 측정은 동맥혈관 내에 카테터를 거치시켜 이를 통해 연속적으로 동맥혈압을 감시한다. 플라스틱 재질로 만들어진 카테터를 말초동맥내로 삽입하고 센서를 통해서 감시장치에 연결하거나 압력계에 연결하여 동맥혈관 내의 압력을 직접 측정하는 방법이다. 동맥혈관 내에 카테터를 거치시켜야 하기 때문에 요골, 상완, 액와, 족배, 대퇴 동맥 등의 혈관 절개가 필요하다. 따라서 정확한 혈압을 연속적으로 측정해야 하는 경우, 출혈이나 쇼크 등이 있어서 간접적인 측정이 불가능한 경우, 수술이 시행되는 경우 등 특별한 경우에만 사용된다. 정확한 측정을 위해서 압력 감지 센서는 심장과 같은 높이를 유지해야 하며 센서의 높이를 잘못 선택하면 환자의 혈압은 10cm당 약 7.5mmHg의 차이를 보일 수 있다.

10.2.2 간접적인 방법(NIBP, NonInvasive Blood Pressure)

1 혈액의 와류음에 의한 방법

간접측정법은 흔히 상지 또는 하지의 동맥을 커프나 줄로 감고 압력을 가하여 일단

혈류를 차단한 다음 감은 부분을 풀면서 압력을 서서히 내림으로써 혈류가 재개될 때 와류에 의해서 발생되는 5단계의 와류음(Korotkoff Sound)을 청진기로 듣고 동맥폐쇄압력을 측정하는 방법이다. 와류음을 측정하는 방법에 따라서 초음파감지법, 촉지법, 수은 혈압계의 사용 방법이 있다. 초음파감지법은 와류음을 초음파 장비를 이용하여 측정하며, 촉지법은 손가락으로 와류음의 진동을 느끼면서 측정한다. 가장 많이 사용되는 방법은 수은 혈압계를 사용하는 방법이며, 다음과 같은 방법으로 측정한다.

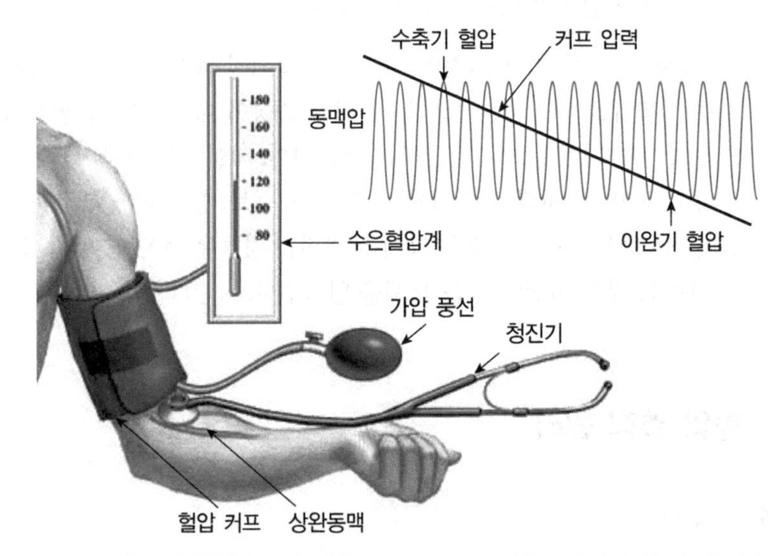

[그림 10-1] 수은 혈압계로 와류음(Korotkoff Sound)을 이용하여 혈압을 측정하는 방법

❶ 청진기를 귀에 꽂고 청진기의 머리를 팔꿈치 안쪽의 팔과 커프 사이에 끼워 넣는다.

❷ 가압 풍선을 이용하여 커프에 공기를 빠르게 주입한다. 이때 압력은 평상시 자신의 수축기 혈압보다 30~40mmHg 정도 더 올린다. 커프에 공기를 천천히 넣으면 정확한 혈압이 측정되지 않으니 주의한다.

❸ 가압 풍선의 밸브를 열어서 초당 2~3mmHg 정도로 커프의 압력을 떨어뜨린다. 밸브를 너무 많이 열면 압력이 빨리 떨어져 정확한 혈압을 읽을 수 없다.

❹ 커프의 공기를 빼면서 청진기로 들려오는 첫 번째 심장 박동음이 들리는 수은주의 높이가 바로 수축기 혈압이 된다. 공기가 계속 빠지면서 심장 박동음이 들리게 되며, 더 이상 심장 박동음이 들리지 않는 압력을 체크한다. 이 압력이 바로 이완기 혈압이다.

❺ 혈압을 다시 재려면 위와 같은 방법으로 2~3분 후에 다시 측정한다.

2 오실로메트리법(oscillometry method)

오실로메트리법은 많은 전자 혈압 측정기들이 사용하고 있는 방법이다. 커프를 일정한 속도로 팽창시키고 수축시키면서 커프 내 공기압력을 압력 센서로 측정하면 심장박동과 동기된 펄스가 형성된다. 이는 다음과 같은 기전에 의해서 일어난다.

❶ 커프에 의해서 동맥이 완전히 압축될 때 혈액의 흐름이 멈추고 커프 내 압력은 일정하게 유지된다.

❷ 커프의 압력이 서서히 줄어들면 심장박동에 따라 짧은 압력펄스가 나타난다.

❸ 커프의 압력이 계속해서 줄어들면 펄스는 진폭이 최대에 이를 때까지 점차 커지다가 이후 동맥의 폐색이 없어질 때까지 펄스는 계속 작아진다.

❹ 압력 펄스는 오실레이팅 파형을 형성하게 되며, 이 파형의 외곽선 진폭은 종 모양을 나타내게 되는데 이것을 envelope이라고 한다.

생리학적으로 측정된 envelope은 혈압 정보와 높은 유의성을 가지고 있다. 예를 들어 envelope의 최대 진폭에 대응하는 것은 평균 동맥압이다. 이 정보에 임상시험을 통하여 구한 퍼센트를 곱하여 수축기 혈압과 이완기 혈압을 구하게 된다. 일반적으로 수축기의 혈압은 평균 동맥압 이전에 최대 진폭의 55%의 진폭을 갖는 혈압으로 선택하며, 이완기의 혈압은 평균 동맥압 이후에 최대 진폭의 85%의 진폭을 갖는 혈압을 선택한다.

오실로메트리법은 전자 혈압 측정기에 많이 사용되며, 현재는 전자 혈압 측정기를 만드는 제조사에 따라서 여러 가지 진보된 방법을 사용하고 있다. 따라서 신호처리 알고리즘 및 임상 데이터 사용 방법에 따라서 차이를 조금 보일 수 있다.

10.2.3 측정 시 주의 사항

혈압은 측정하는 상황에 따라서 상이한 결과가 나올 수 있다. 따라서 다음과 같은 규칙을 지키도록 한다.

❶ 혈압 측정 전 적어도 5분 이상의 안정이 필요하다.

- 운동 후에는 적어도 한두 시간이 지난 다음에 혈압을 측정한다.
- 담배를 피우거나 커피를 마셨으면 30분 후에 혈압을 측정한다.
- 술을 마셨을 때에는 정확한 혈압이 나오지 않는다.

❷ 등받이가 있는 의자에 등을 기대고 편안히 앉아서 혈압을 측정한다.

❸ 혈압을 측정할 팔을 책상 위에 올려놓고 상완과 심장이 같은 높이에서 혈압을 측정한다.

④ 커프의 하단이 팔꿈치 접히는 선의 위쪽으로 약 2cm 위치 높이에 오도록 하고 상완에 착용시킨다. 이때 커프가 너무 느슨하면 안 되며, 커프 안으로 손가락 1개 정도가 들어갈 정도의 여유가 있으면 된다.

10.3 혈압 측정 실험

10.3.1 목표

오실로메트리법을 통해 혈압 측정 방법의 원리를 이해하고, 발살바(Balsalva) 호흡법을 이용하여 혈압의 변동을 확인한다.

10.3.2 준비물

- 혈압 센서(Vernia BPS-BTA)
- 성인용 표준 커프(29~39cm)
- 밸브 펌프(릴리즈 밸브 포함) 및 전선
- NI-ELVIS 혹은 NI DAQ Card와 브레드보드
- LabVIEW 2010이 설치된 PC

10.3.3 방법

1 혈압 센서 구성

❶ Vernier BPS-BTA 혈압 센서는 NI ELVIS 인터페이스 아답터(Analog Proto Board Connector)를 통해 NI ELVIS II에 부착할 수 있다. 다음 그림은 NI

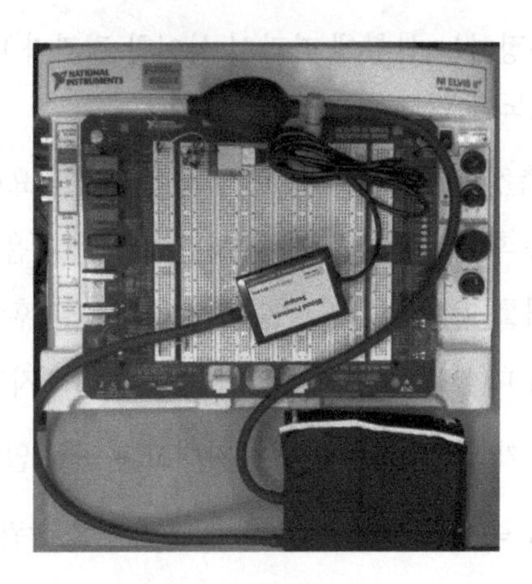

전체 시스템 모습

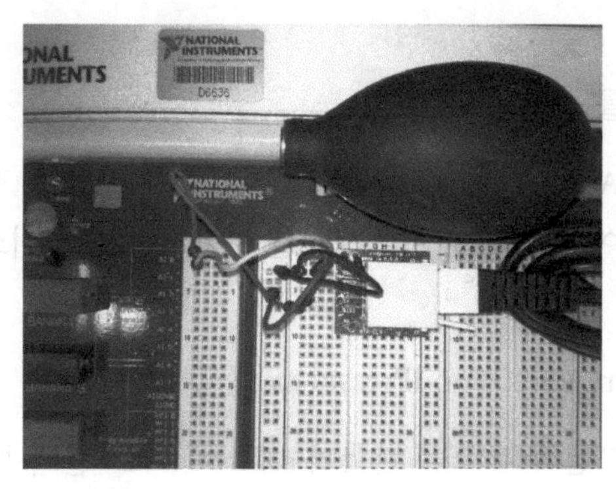

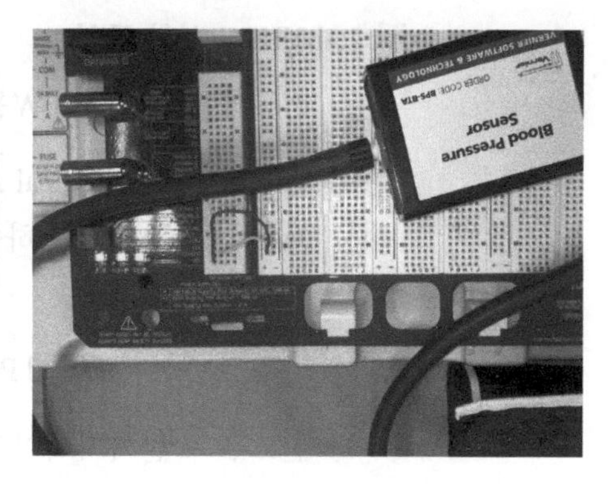

Vernier BPS-BTA 혈압 센서 연결 모습

+5V DC와 GND 연결 모습

ELVIS 인터페이스 아답터가 NI ELVIS II Series Prototyping Board에 연결되는 방법을 설명한다.

② AI0+를 NI ELVIS 인터페이스 아답터의 SIG1에 연결한다.

③ AI0-를 NI ELVIS 인터페이스 아답터의 GND에 연결한다.

④ +5V DC 파워 서플라이를 NI ELVIS 인터페이스 아답터의 5V에 연결한다.

⑤ 파워 서플라이 GROUND를 NI ELVIS 인터페이스 아답터의 GND, DC Motor와 솔레노이드밸브의 (−)극에 연결한다.

⑥ 파워 서플라이 +를 DC Motor의 (+)극에 연결한다. (가압 방향)

⑦ 파워 서플라이 −를 솔레노이드 밸브의 (+)극에 연결한다. (열리는 방향)

2 NI ELVIS II의 실험 구성

① NI 홈페이지에서 DAQMax를 다운받아 설치한다.

② NI ELVIS II의 파워 서플라이와 USB 케이블을 컴퓨터에 연결한다.

③ 후면부에 위치한 프로토타이핑 보드 전원 스위치를 켠다.

④ 벤치탑 워크스테이션의 프로토타이핑 파워 서플라이 스위치를 켠다.

⑤ 파워 서플라이에 전원이 들어오면 녹색 전원 LED가 켜진다.

⑥ 노란색 준비 LED가 켜지면 NI ELVIS II가 USB 호스트에 올바르게 연결되었음을 나타낸다.

⑦ AI0+에 연결된 NI ELVIS 인터페이스 아답터에 혈압 센서를 삽입한다.

3 LabVIEW 실험 구성

❶ 컴퓨터에서 LabVIEW를 실행한다.

❷ 컴퓨터에 Biomedical Applications 팔레트가 설치되지 않았을 경우, http://www.ni.com에 접속하여 Vernier 바이오센서를 위한 VI 인터페이스를 다운로드한다.

❸ 압축을 풀어서 Blood Pressure\BloodPressure.vi를 실행한다.

❹ 윈도우 → 블록다이어그램 보기 혹은 단축키 <Ctrl> + <E>를 누른다.

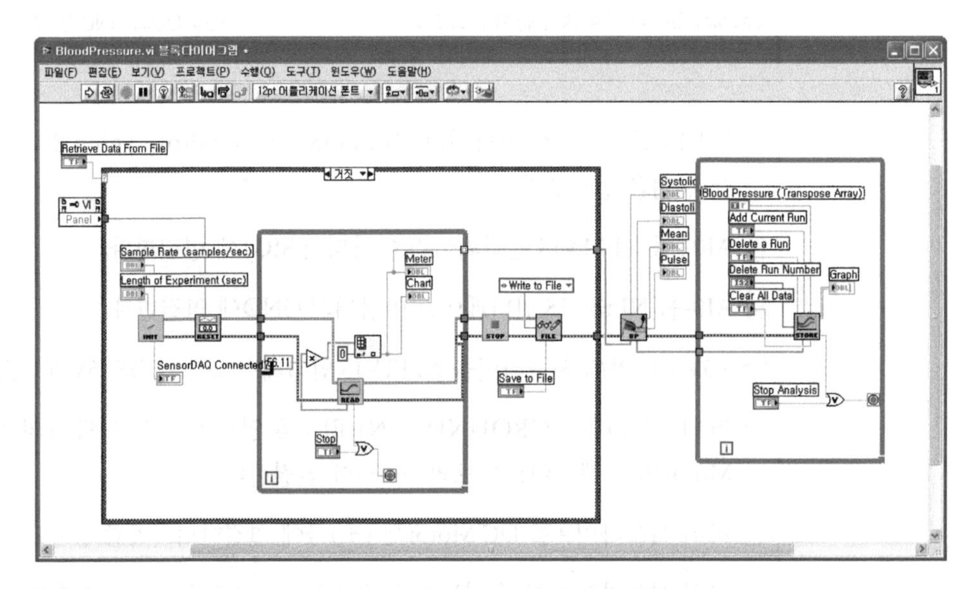

Bloodpressure.vi 블록다이어그램

❺ 위의 vi 블록다이어그램을 통하여 시작 후에 다음의 단계를 통하여 측정이 이루어짐을 알 수 있다.

a. INIT을 해서 변수를 초기화 한다.

b. RESET을 해서 시스템을 리셋시킨다.

c. DATA를 ELVIS-II에서 READ한다.

d. 정해진 측정 시간이 되면 STOP한다.

e. 파일로 저장한다.

f. BP 분석을 수행한다.

g. 화면에 출력한다.

❻ 여기서 BP 분석이 중요한 요소이므로 BP 블록을 더블 클릭해서 블록다이어

그램을 분석한다.

⑦ DataCollect_BP_Analysis.vi 블록다이어그램이 표시된다. 블록다이어그램은 중앙의 case문에 따라서 순차적으로 혈압 측정 데이터를 분석한다. 그 순서와 내용은 다음과 같다.

a. DataCollect_BP_Analysis.vi의 내부 변수들을 초기화한다.

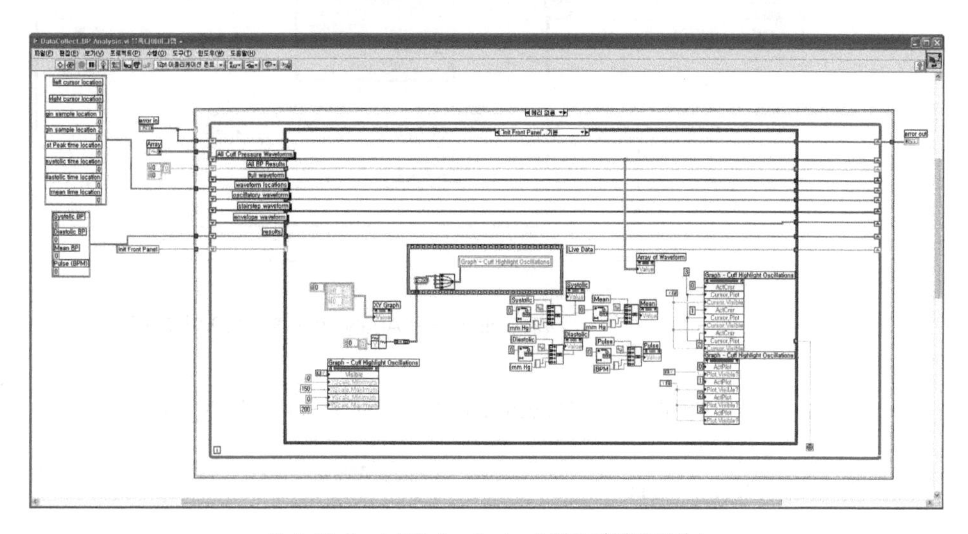

DataCollect_BP Analysis.vi 블록다이어그램 1

b. 혈압 측정 데이터를 가져온다.

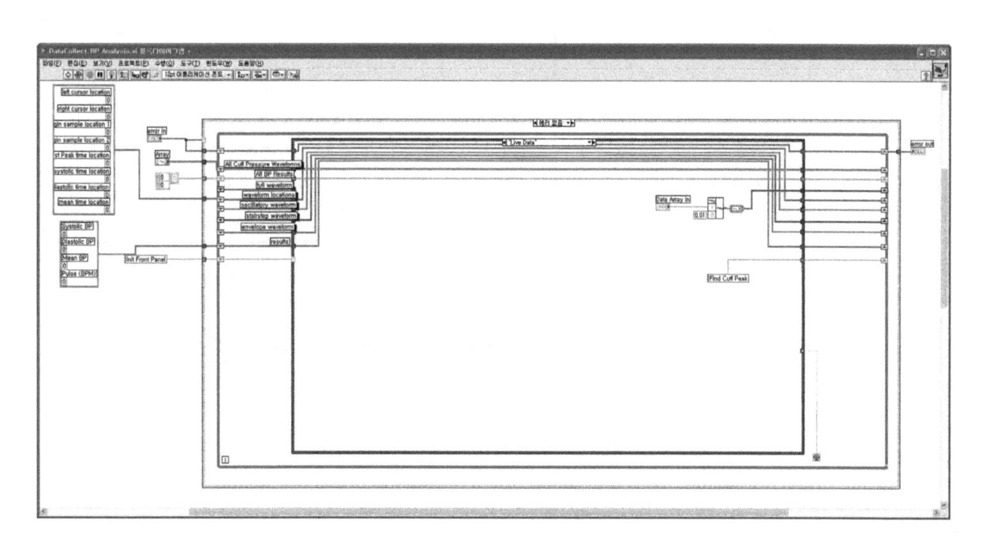

DataCollect_BP Analysis.vi 블록다이어그램 2

c. Cuff에서 발견된 Peak를 찾아서 분석 구간을 정한다.

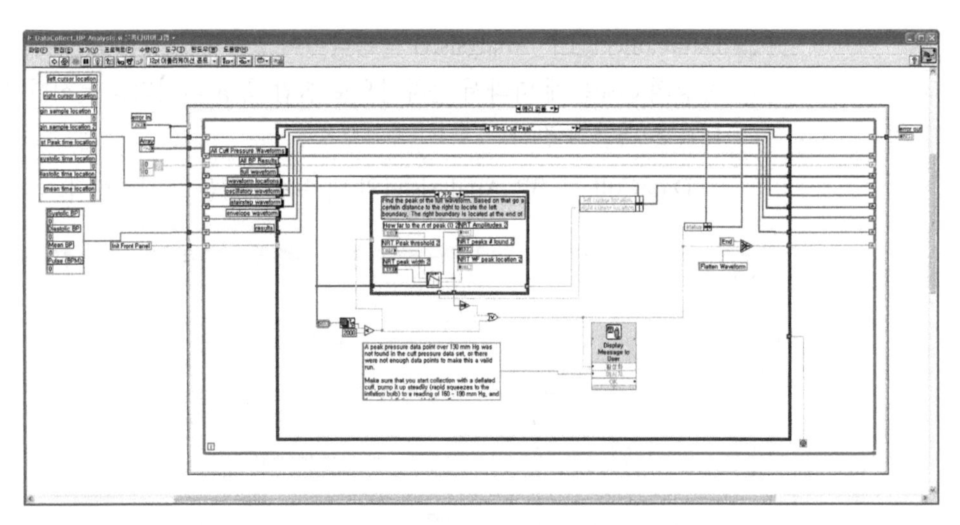

DataCollect_BP Analysis.vi 블록다이어그램 3

d. 정한 구간에서 Wave form을 찾아낸 후 직류 성분을 없앤다.

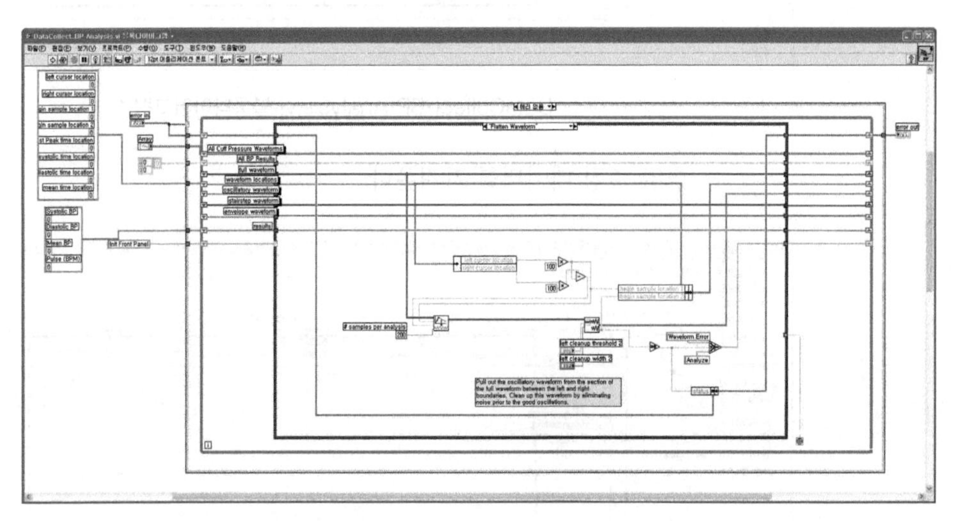

DataCollect_BP Analysis.vi 블록다이어그램 4

e. Envelop을 찾아서 Valey, Mean 값 등을 찾는다.

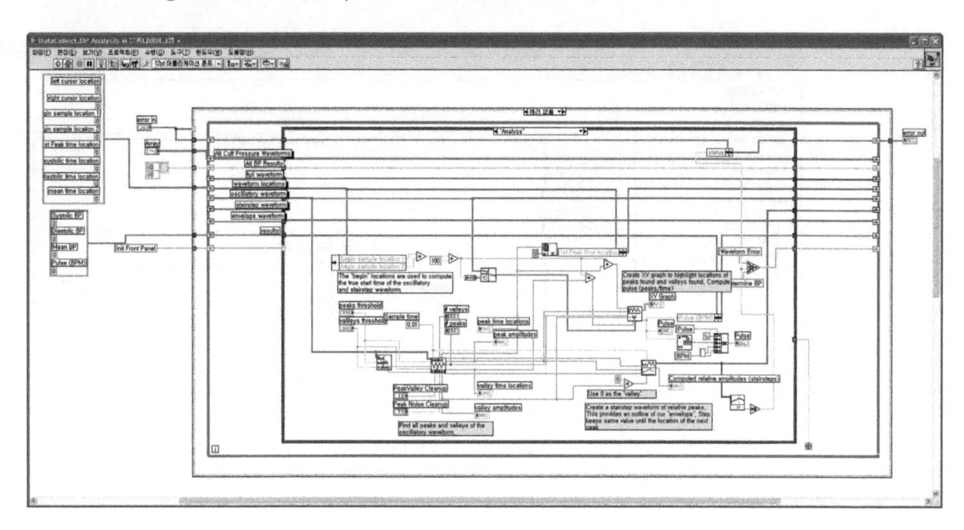

f. 수축기, 이완기, 맥박을 구한다.

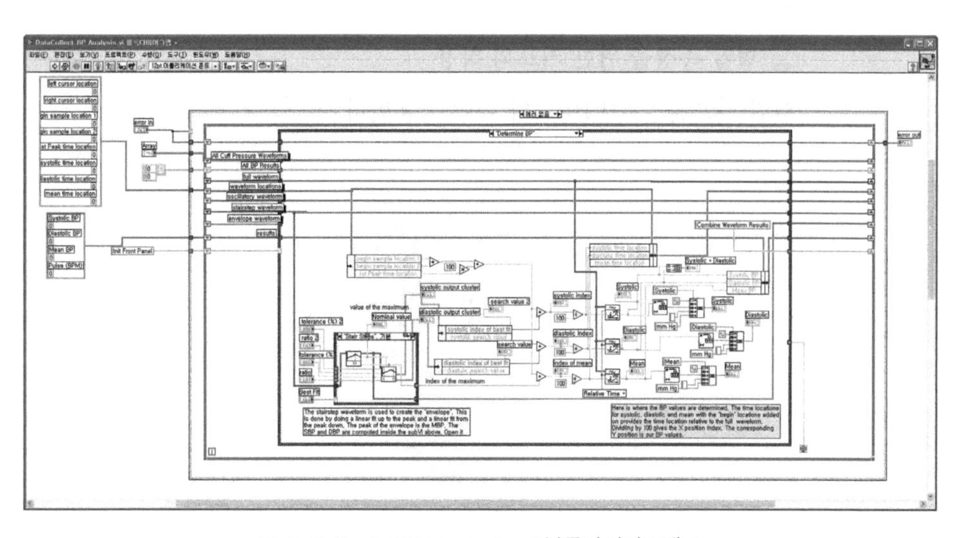

DataCollect_BP Analysis.vi 블록다이어그램 6

g. 분석한 데이터들을 원래 데이터에 겹쳐서 화면에 표시한다.

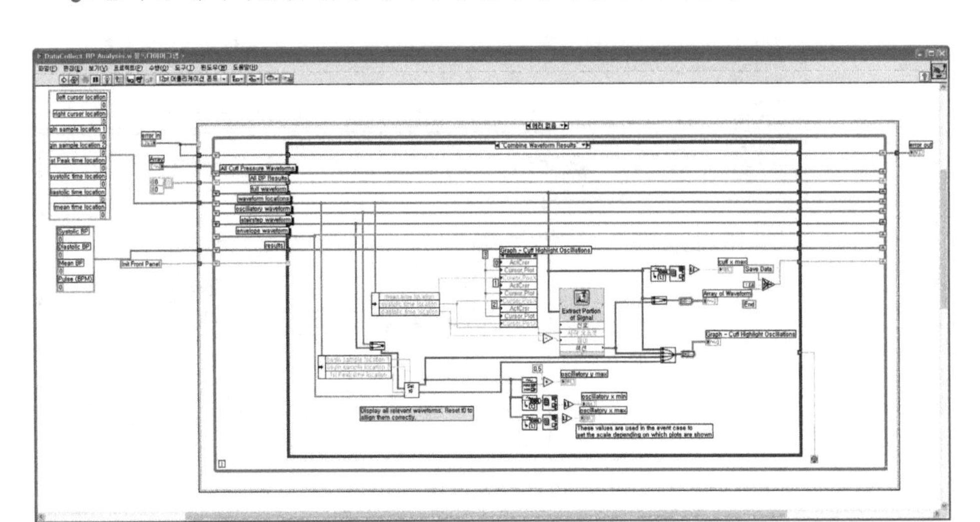

DataCollect_BP Analysis.vi 블록다이어그램 7

4 혈압 측정을 위한 커프의 착용

혈압 커프를 [그림 10-2]와 같이 착용한다.

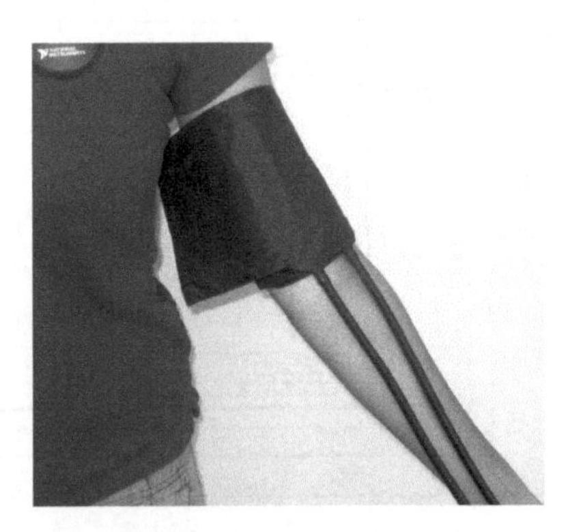

[그림 10-2] 혈압 커프 착용 방법

5 혈압 측정

❶ DataCollect_BP_Analysis.vi를 화면에 띄운다.

❷ 화면 상의 실행 버튼을 누르거나 단축키 <Ctrl> + <R>을 눌러서 프로그램을 실행한다.

❸ 펌프를 눌러 160mmHg에서 180mmHg에 도달하도록 한다.

❹ 이때 가만히 있으면 펌프 손잡이에 있는 밸브를 통해서 압력이 떨어지게 된다. 약 2 mmHg/1 sec 정도의 속도로 빠져 나가도록 드라이버를 이용하여 밸브를 조절한다. 반시계 방향으로 돌리면 밸브가 열리고, 시계 방향으로 돌리면 밸브가 잠긴다.

❺ 140 mmHg에서부터 60 mmHg 사이에 약간의 요동이 있음을 눈으로 볼 수 있다.

❻ 측정이 끝나면 측정 커멘트를 기록하는 창이 뜨고, 커멘트를 기록한 후에 파일로 저장한다. 이후에는 위에서 살펴본 DataCollect_BP_Analysis.vi에 의해 분석이 이루어진다.

❼ 측정값을 화면에 기록하기 위해서 Add Current Run 버튼을 누른다.

❽ 현재 측정한 혈압값들이 화면에 기록됨을 확인한다.

❾ Stop Analysis를 누른다.

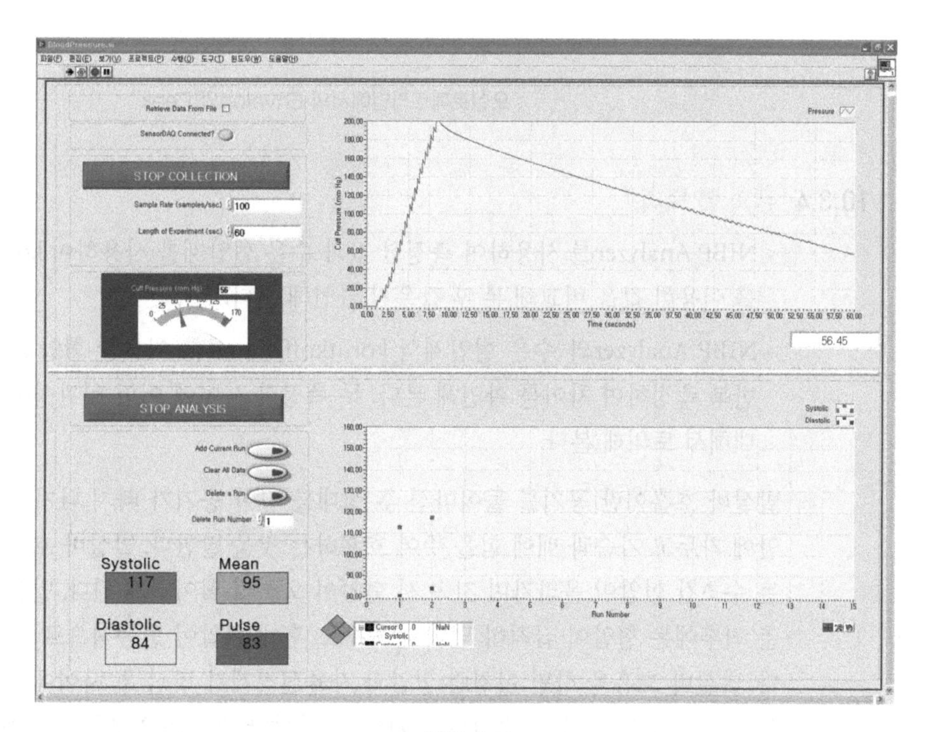

혈압 측정

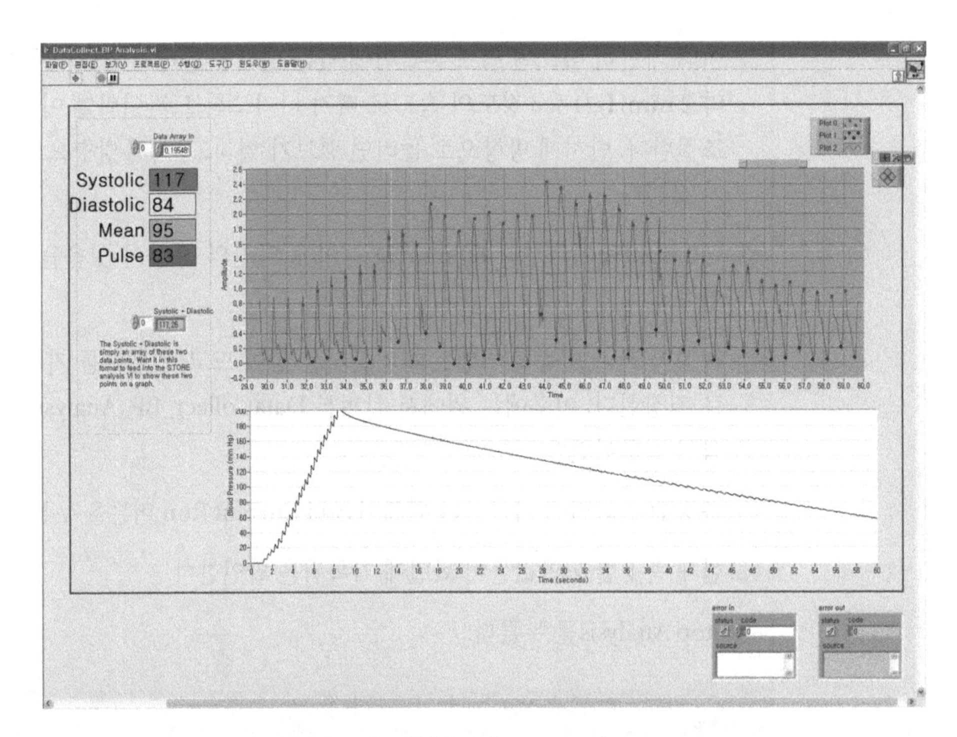

오실로메트리법에서의 Envelop와 Peak

10.3.4 결과 및 토의

- NIBP Analyzer를 사용하여 측정한 값과 수은 혈압계를 사용하여 korotkoff sound를 이용한 값을 비교해 본 후 같은지 확인해 본다.
- NIBP Analyzer와 수은 혈압계의 korotkoff sound를 이용한 혈압값을 10회 정도 반복 측정하여 차이를 확인해 본다. 두 측정값 사이에 어떤 일관성이 있다면 이에 대해서 토의해 본다.

발살바 호흡이란 공기를 들이마신 후 성대를 닫아 공기가 빠져 나가지 못하도록 몸 안에 가두고 가슴과 배에 힘을 주어 호흡하는 것을 말한다. 발살바 호흡 시작 직후에는 수초간 혈압이 올라가며 지속 시 혈압이 오히려 떨어지게 된다. 발살바 호흡을 멈춘 직후에는 혈압이 급격히 떨어지고 수초 후에 혈압이 반동적으로 크게 튀어 오른다. 발살바 호흡을 하면 이처럼 혈압과 자율신경계가 몇십 초 사이에 정반대로 요동을 치게 되는데 이것이 발살바 효과이다. 발살바 호흡은 2~3초 이내에서 시행하도록 하고, 특히 심장병이나 뇌신경질환이 있는 사람에서는 큰 독이 될 수 있으므로 피해야 한다.

- 발살바 호흡을 이용하여 혈압이 상승하도록 유도한 후 NIBP Analyzer로 확인해 본다.

- 혈압이 상승할 때의 오실로메트리 Envelop와 Peak는 어떻게 변하는지 확인해 본다.
- 발살바 호흡을 이용하여 혈압이 하강하도록 유도한 후 NIBP Analyzer로 확인해 본다.
- 혈압이 하강할 때의 오실로메트리 Envelop와 Peak는 어떻게 변하는지 확인해 본다.
- NIBP Analyzer와 수은 혈압계의 korotkoff sound를 이용한 혈압 측정값의 차이를 오실로메트리 Envelop와 Peak를 가지고 설명해 본다.

11 근전도와 근력

11.1 근육 생리학

인체의 근육은 많은 근섬유(muscle fiber)로 구성되어 있으며, 인체의 여러 운동부위에 존재하고, 그 위치에 따라 여러 가지 이름의 근육으로 나누어지며, 기능상에서도 많은 차이점을 가지고 있다.

다수의 근섬유가 한 곳에 뭉쳐서 집합체를 형성한 것을 근육이라 하며, 근섬유는 근섬유초라고 부르는 엷은 막으로 둘러싸여 있다. 이 막의 일부가 자극되면 전기적인 분극상태 변화가 세포막 전체로 퍼지며, 근원섬유(myofibril)라고 불리는 가늘고 긴 실형태의 집합체인 근섬유를 자극한다. 근원섬유는 더 가는 미세섬유(filament)로 구성되어 있으며, 보통 하나의 근섬유는 100만 개의 미세섬유로 구성되어 있다. 이 미세섬유는 엑토미오신(actomyosin)으로 이루어져 있으며 이것은 액틴(actin)과 미오신(myosin)으로 구성되어 있다. 근육이 움직이는 것은 흥분이 전달되면 액틴과 미오신 사이에 반응이 일어나고, 가는 미세섬유가 굵은 미세섬유 사이로 밀려들어가서 근육의 수축(contraction)이 일어나기 때문이다.

근전도(EMG; electromyogram)는 골격근에 의해서 만들어진 생체 전기신호를 기록한 것이다. 근육세포들이 신경에 의해 자극되어 수축될 때 생성한 활동전위를 측정하는 방법으로, 다양한 의학적 이상을 진단할 수 있을 뿐 아니라 인체가 특정 동작에 발휘되는 힘을 분석하여 근육의 힘, 지구력 및 피로도를 정량화할 수 있다.

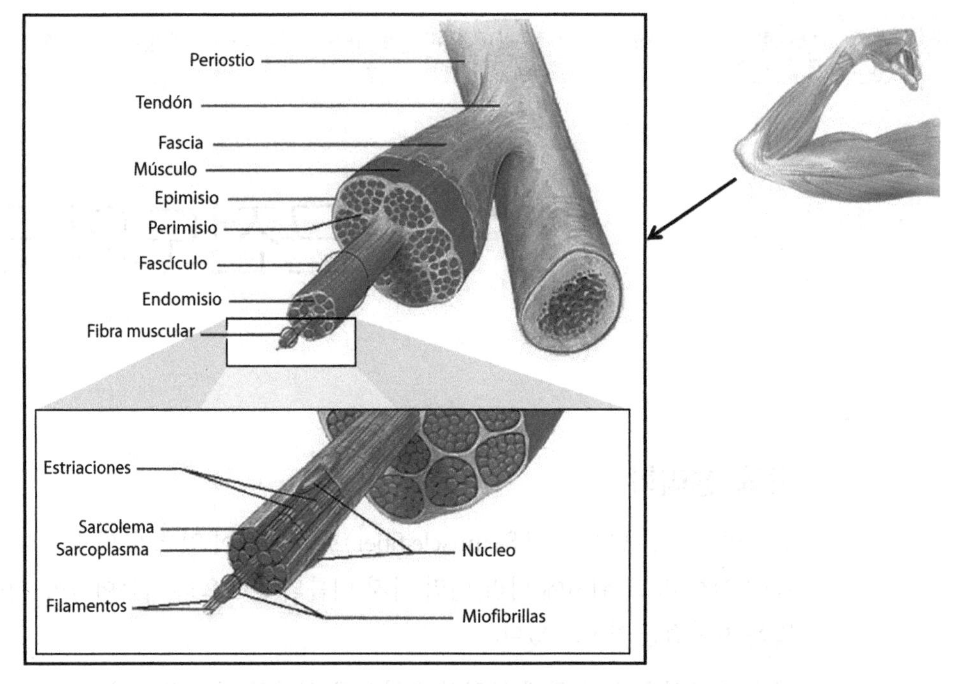

[그림 11-1] 근육 조직

11.2 근력 측정의 원리

근력의 크기는 근육 면적에 비례하므로 절대 근력(absolute strength)과 상대 근력(relative strength)을 사용하고, 절대 근력을 체중으로 나눈 값으로 평가한다. 근력의 측정은 일반적으로 근력계(dynamometer)를 이용하며, 측정 시 자세, 관절각도, 부하량, 근육이나 근절의 길이, 힘의 능률, 근육군의 수나 자극의 증가 등에 따라 달라지므로 측정 시 조건과 방법을 동일하게 해야 한다.

11.2.1 근전도(EMG) 측정 방법

근전도 측정에는 2가지 방법이 있다. 실용적인 방법으로는 인체의 피부 표면에 전극을 부착하여 전위차를 측정하는 표면 전극법이 있고, 정밀 검사를 위해서 침상전극을 근육에 꽂고 근육 수축지점의 전위차로부터 운동단위를 측정하는 바늘 전극법이 있다. 우리가 공부할 방법은 비침습적인 표면 전극법이다. 측정하고자 하는 근육부위에 부착한 전극을 통해 근육 수축 시 발생하는 활동전위에 의한 전위차를 기록한 것이 근전도이다.

11.2.2 측정 결과물

정상적인 근육에서는 근육활동이 없다면 활동전위가 생기지 않는다. 하지만 근육이 수축되었을 경우에는 생성하는 힘이 클수록 더 많은 근육세포로부터 활동전위가 발생하고 따라서 기록된 근전도의 진폭도 더 커지게 된다. 근전도는 근육수축에 관여하는 수많은 근육세포가 만들어 내는 활동전위가 비동기적으로 합쳐져 측정되므로 0~500Hz의 상대적으로 넓은 주파수 범위를 갖는 생체 전기신호이다.

측정된 근전도를 분석하여 진단할 수 있는 질환으로는 신경병증, 신경근접합 질환, 근병증 등이 있다. 각 질병에 따라 측정되는 활동전위의 진폭이나 지속시간 등에 특정한 변화가 나타나기 때문에 진단이 가능하다.

11.2.3 근전도 적용

근전도는 질병진단에 활용되는 것 외에도 여러 의공학 분야에 적용된다. 의수, 의족 등의 제어에도 활용되고, 키보드나 조이스틱을 사용하는 대신 근전도를 사용함으로써 man-machine 인터페이스를 구성할 수 있다. 이를 이용하여 전기 휠체어나 모바일 로봇을 제어하는 데 응용되기도 한다.

11.3 근력 측정 실험

11.3.1 목표

근력이란 어떤 저항에 대하여 근육이 수축하여 최대로 발휘할 수 있는 힘을 말한다. 일반적으로 근력은 절대 근력을 말하며, 개인이 발휘할 수 있는 최대의 힘을 뜻한다. 근력은 일반적으로 근력계(dynamometer)를 사용하여 측정한다. 여기에서는 전신 근력과 상관관계가 매우 높은 악력(쥐는 힘, grip strength)을 측정하기로 한다.

11.3.2 준비물

- NI LabVIEW 2010
- NI ELVIS II Benchtop Workstation
- NI ELVIS II Series 프로토타입 보드
- AC-DC 전원 공급장치
- NI ELVISmx 4.0 이상 CD
- High-speed USB 2.0 cable

- 컴퓨터
- NI ELVIS 인터페이스 아답터 2개
- Vernier 손근력계 (dynamometer)
- 일회용 Ag/AgCl 전극 3개
- Vernier EKG 센서

11.3.3 방법

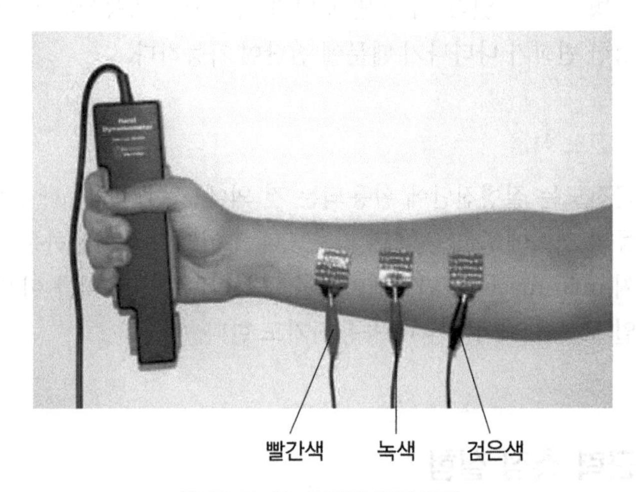

[그림 11-2] 압력계 센서 위치

1 악력 측정 방법

❶ 손근력계의 손잡이를 한 손으로 감싸안듯 잡는다.

❷ 3개의 Ag/AgCl 전극을 팔 안쪽에 붙이고 EKG 센서와 연결한다. EKG 센서의 검은색 클립(GND)은 몸통쪽의 전극에 연결하며, 나머지 2개의 빨간색과 녹색 클립은 상호 교환 가능하다.

❸ 팔을 곧게 펴고 몸통과 팔을 15°로 유지하면서 힘껏 잡는다.

❹ 2회 실시하며 측정간에 20~60초 정도 휴식하고 최대치를 기록한다.

❺ 다른 손으로 ❶부터 다시 시작한다.

2 프로그램 사용 방법

❶ LabVIEW 2010 시작

❷ Blank VI 열기

③ Window → Show Block Diagram

④ 마우스 오른쪽 클릭 → Function 팔레트 → Biomedical Application → Vernier Sensors → muscle fatigue

⑤ Muscle Fatigue VI 를 가져온다.

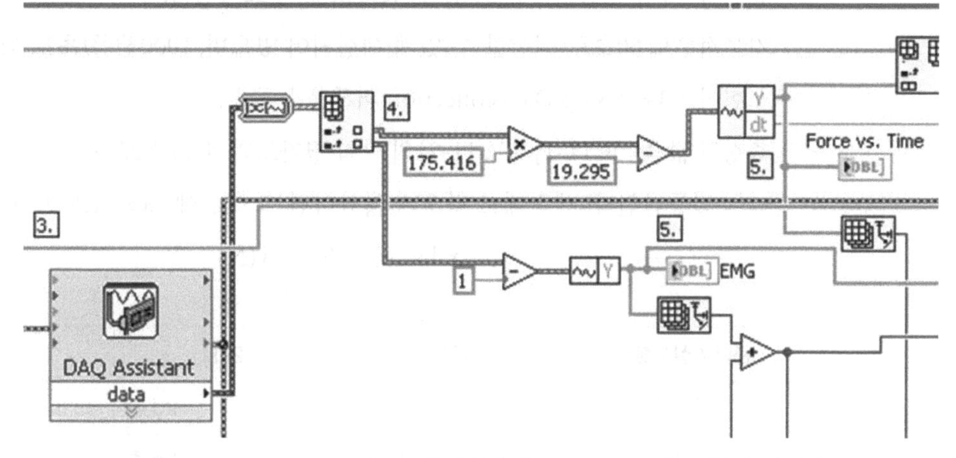

LabVIEW Vernier Sensor 프로그램의 근육피로(Muscle Fatigue) 블록다이어그램

⑥ Window → Show Front Panel

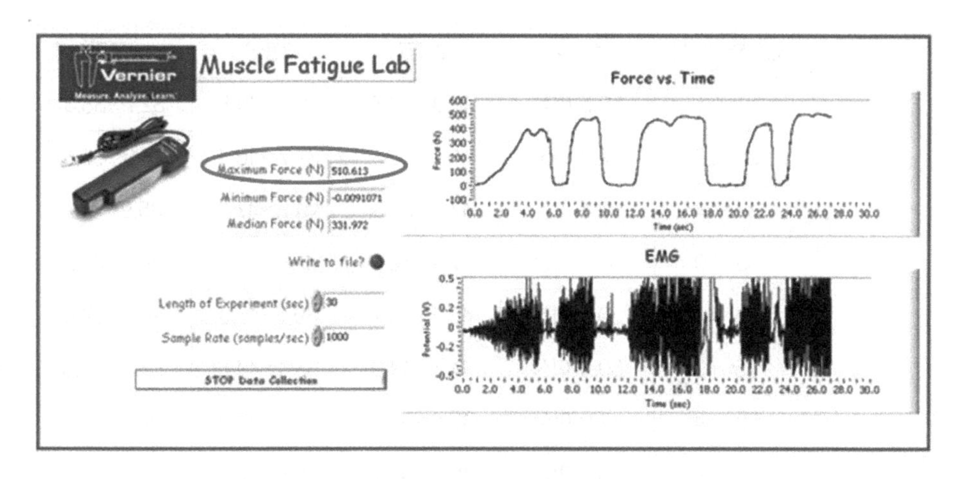

근력계 측정 결과물

⑦ Write to file? 버튼을 선택한다.

11.3.4 결과 및 토의

- 실험 절차를 따른다.
- 근력계에서 측정된 힘의 값은 Force vs. Time 그래프에 Newton을 단위로 표시된다.
- EMG 그래프는 전극을 통해 측정된 근육의 전기적인 활동도 신호를 나타낸다.
- 실험 후 측정된 힘의 최대, 최소, Median 값이 표시된다.
- 기본적으로 60초로 실험할 수 있게 세팅되어 있으며, 1000샘플/초로 되어있다.
- 실험이 끝나면 Stop Data collection 버튼을 누른다.
- 측정된 값을 [표 11-1], [표 11-2]의 악력 평가도와 비교해 보자.
- 나는 몇등급인가? 생각대로 나오지 않았다면 그 이유에 대해 토론하자.

$$x(\text{kg 중}) = 0.1 \times y(\text{N})$$

근력 / 실시횟수	1회	2회	비고
좌악력	kg 중	kg 중	
우악력	kg 중	kg 중	

[표 11-1] 국민체력실태조사 〉 기준치 〉 악력 〉 남자 성인 악력

(단위: kg 중)

성인연령구분	1등급	2등급	3등급	4등급	5등급
19~24	50.5 이상	44.9~50.4	38.4~44.8	32.7~38.3	32.6 이하
25~29	52.2 이상	46.5~52.1	39.7~46.4	34.0~39.6	33.9 이하
30~34	52.4 이상	47.2~52.3	41.2~47.1	35.9~41.1	35.8 이하
35~39	52.3 이상	47.4~52.2	41.6~47.3	36.7~41.5	36.6 이하
40~44	50.8 이상	45.4~50.7	39.1~45.3	33.7~39.0	33.6 이하
45~49	50.0 이상	44.7~49.9	38.4~44.6	33.0~38.3	32.9 이하
50~54	47.9 이상	43.0~47.8	37.2~42.9	32.2~37.1	32.1 이하
55~59	45.6 이상	40.6~45.5	34.8~40.5	29.7~34.7	29.6 이하
60 이상	45.1 이상	40.0~45.0	33.9~39.9	28.8~33.8	28.7 이하
65 이상	41.3 이상	35.6~41.2	28.8~35.5	23.0~28.7	22.9 이하

[표 11-2] 국민체력실태조사 〉 기준치 〉 악력 〉 여자 성인 악력

(단위: kg 중)

성인연령구분	1등급	2등급	3등급	4등급	5등급
19~24	30.1 이상	26.1~30.0	21.3~26.0	17.2~21.2	17.1 이하
25~29	33.0 이상	28.2~32.9	22.4~28.1	17.5~22.3	17.4 이하
30~34	31.0 이상	27.6~30.9	23.6~27.5	20.1~23.5	20.0 이하
35~39	32.0 이상	28.4~31.9	24.1~28.3	20.3~24.0	20.2 이하
40~44	30.9 이상	27.2~30.8	22.7~27.1	18.9~22.6	18.8 이하
45~49	31.7 이상	27.9~31.6	23.3~27.8	19.3~23.2	19.2 이하
50~54	31.7 이상	27.1~31.6	21.7~27.0	17.0~21.6	16.9 이하
55~59	28.5 이상	25.2~28.4	21.3~25.1	17.9~21.2	17.8 이하
60 이상	28.7 이상	24.8~28.6	20.0~24.7	16.0~19.9	15.9 이하
65 이상	26.7 이상	22.7~26.6	18.0~22.6	13.9~17.9	13.8 이하

〈한국 체육과학연구원, 2009〉

11.4 근지구력 측정 실험

11.4.1 목표

근지구력은 어떠한 근육 작업을 동일한 운동 강도로 반복할 수 있는 능력을 말한다. 피로감 없이 근수축을 오랫동안 할수록, 또는 피로를 느끼기 전에 수행할 수 있는 근수축의 반복 횟수가 많을수록 근지구력이 좋다고 평가된다. 근지구력은 정적 근지구력과 동적 근지구력으로 나누어진다. 정적 근지구력은 근수축을 지속할 수 있는 능력으로 평가 기준은 시간이며, 동적 근지구력은 어떤 근작업에 대해 강도 변화 없이 근의 수축과 이완을 반복하는 능력으로서, 평가 기준은 최대 반복 횟수이다.

11.4.2 방법

1 정적 근지구력

❶ 절대 근지구력(Absolute muscular endurance)

a. 양 발을 어깨 넓이로 벌리고 악력계를 잡은 팔을 자연스럽게 내리되 몸에 닫지 않도록 한다.

b. 남성은 25kg, 여성은 15kg에 상당하는 힘으로 악력계를 쥐고 근수축 강도

를 120초간 유지한다.

c. 충동적인 힘을 가하지 않도록 하며, 실험자는 실험 시작 직후부터 매 5초 간격으로 악력계에 나타나는 측정치를 측정 종료 시까지 기록한다.

d. 근력감소지수(SDI, Strength Decrement Index)는 30초, 60초, 90초, 120초에 나타난 측정치로 각각 계산한다.

❷ 상대 근지구력(Relative muscular endurance)

a. 실험 시작 2~3분 전에 최대 악력치를 측정한다.

b. 최대 악력치에 해당하는 힘으로 악력계를 쥐고 120초간 그 상태를 유지한다.

c. 실험자는 5초 간격으로 실험 종료 시까지 측정치를 계속 기록한다.

d. SDI를 절대 근지구력과 같은 방법으로 계산한다.

2 동적 근지구력

a. 96초 동안 4초 간격으로 총 25회 최대 악력치를 기록한다.

b. 자연스러운 자세를 취하며, 측정 시간동안 시간 간격과 운동강도가 일정하게 측정 시점에서 악력계를 짧고 강하게 1회 누른다.

c. 어떤 근 작업에 대한 최대 반복 횟수를 측정하여 평가해야 하지만, 본 실험에서는 동적 근지구력과 정적 근지구력의 상호 비교를 위하여 SDI를 통해 측정한다.

d. SDI는 24초, 48초, 72초, 96초에 나타난 측정치로 각각 계산한다.

3 피로도

a. 110초 동안 실험을 진행한다.

b. 처음 20초간 악력의 최대치의 20%의 힘으로 악력계를 누르고 10초 쉰다.

c. 다음 20초간 악력의 최대치의 40%의 힘으로 악력계를 누르고 10초 쉰다.

d. 다음 20초간 악력의 최대치의 60%의 힘으로 악력계를 누르고 10초 쉰다.

e. 마지막 20초간 악력의 최대치의 80%의 힘으로 악력계를 누른다.

f. EMG 그래프와 힘 vs. 시간 그래프를 본다.

11.4.3 결과 및 토의

1 근지구력 측정 분석

• 근력측정과 같은 방법으로 그래프를 작성하고 분석하자.

$$\text{SDI} = \frac{\text{최초 근력치(25kg 중)} - \text{최종 근력치(kg 중)}}{\text{최초 근력치(25kg 중)}} \times 100$$

정적 근지구력				동적 근지구력		
초	SDI	절대 근지구력(kg 중)	상대 근지구력(kg 중)	초	SDI	측정치(kg 중)
0				0		
5				4		
10				8		
15				12		
20				16		
25				20		
30	SDI	%	%	24	SDI	%
35				28		
40				32		
45				36		
50				40		
55				44		
60	SDI	%	%	48	SDI	%
65				52		
70				56		
75				60		
80				64		
85				68		
90	SDI	%	%	72	SDI	%
95				76		
100				80		
105				84		
110				88		
115				92		
120	SDI	%	%	96	SDI	%

2 피로도 측정 분석

- 근육 수축 시간이 길어지면서 힘이 감소하는 변화량을 보자.
- 이에 따라 EMG 신호의 진폭도 감소되는지 살펴보자.

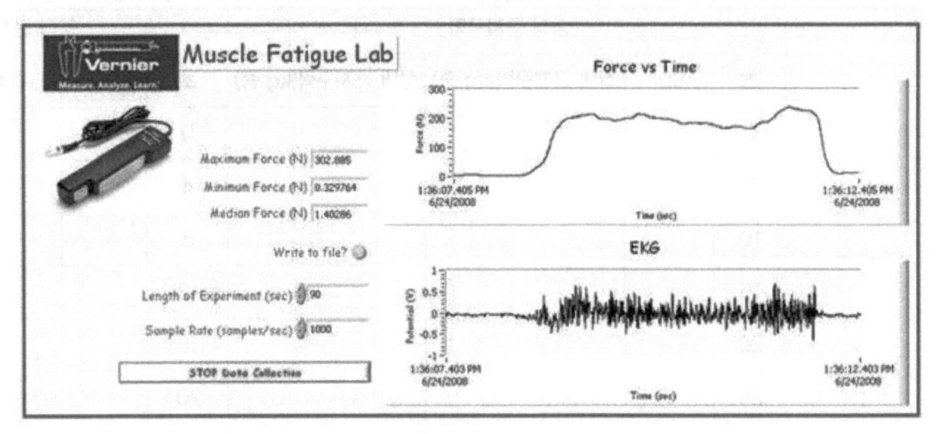

[그림 11-3] 피로도 측정 결과. 앞의 근력계 측정 결과와 비교하여 EMG 신호의 진폭이 감소하였음을 알 수 있다.

12 호흡과 가스 교환

12.1 호흡과 가스 교환 생리학

12.1.1 호흡기계 정의 및 구조와 기능

호흡기계는 외부 공기로부터 산소(O_2)를 섭취하여 조직으로 공급하고 조직에서 생성된 탄산가스(CO_2)를 대기중으로 배출하는 것을 목적으로 하는 기관이다. 이때 폐(lung)에서의 기체 이동은 분압이 높은 곳에서 낮은 곳으로 이동되는 확산(diffusion)에 의해 일어나며, 이렇게 산소를 공급받은 정맥혈은 동맥혈로 전환되어 심장을 통해 각 조직에 공급된다.

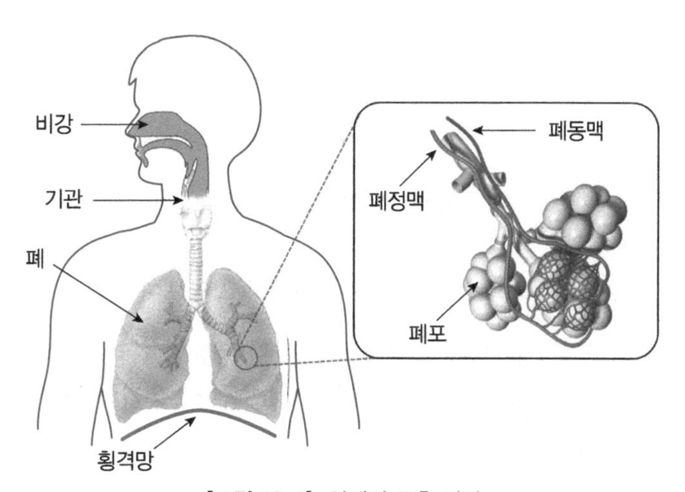

[그림 12-1] 인체의 호흡 기관

호흡기계의 구조는 코, 입, 비강, 기관, 기관지와 폐로 구성되며 공기의 흐름을 일으키는 흉부구조를 포함한다. 그 기능은 크게 산소 공급, 이산화탄소 배출, 체액의 산-염기 평형, 수분과 열 방출, 발성을 포함한다.

12.1.2 호흡 과정과 운동

호흡은 폐환기, 외호흡, 내호흡으로 나뉜다. 폐환기는 폐포 내 공기와 대기 사이의 공기 교환 과정을 의미하고, 외호흡은 외부 공기와 혈액 사이에 산소와 이산화탄소가 교환되는 과정을 의미하며, 내호흡은 혈액과 조직 세포 사이에서의 산소와 이산화탄소의 교환 과정을 의미한다.

흡기와 호기로 이루어지는 호흡 운동은 흉곽과 횡격막 운동에 의해 일어난다.

호기(날숨)는 횡격막과 늑간근이 이완되면서 탄성장력에 의해 흉강의 크기가 작아져, 폐의 부피가 원래대로 줄어든다. 따라서 폐내압이 대기압보다 높아져 폐포의 공기가 밖으로 나가게 된다.

흡기(들숨)는 횡격막과 늑간근이 수축하면서 흉강의 크기가 커져, 폐의 부피가 늘어나고 이때 폐내압이 낮아져 외부의 공기가 폐로 들어간다.

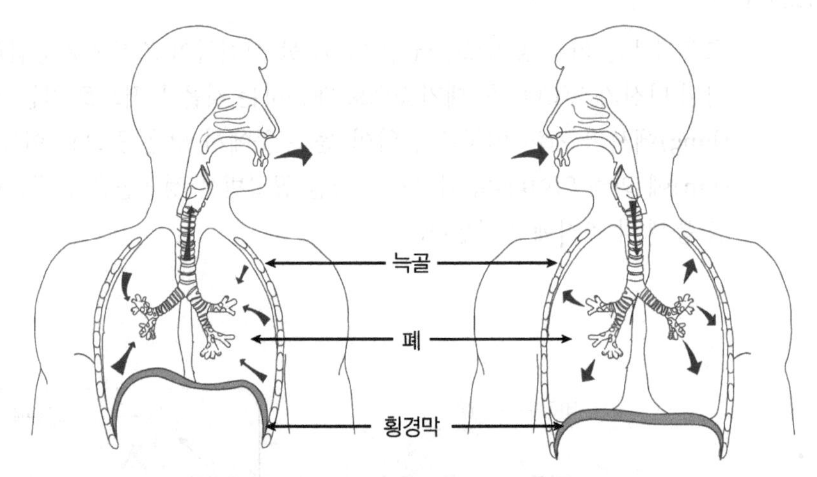

[그림 12-2] 인체의 호흡 운동과 관련된 해부학적 구조

호흡중추는 뇌의 연수와 뇌교에 위치하고 있으며 흡기중추와 호기중추로 나누어진다.

호흡은 신경을 통해 조절될 뿐만 아니라 동맥 혈액 내의 화학적 성분 변화에 의해서도 조절된다. 화학적 호흡조절은 말초 화학수용기와 중추 화학수용기가 중요하게 작용한다.

12.1.3 폐용적과 폐용량

폐용적(Lung volumes)과 폐용량(Lung capacities)은 호흡 시 폐에 드나드는 공기의 양으로서 대부분의 폐용적은 직접 측정된 양이고 폐용량은 폐용적으로부터 추론된 양이다. 폐용량과 폐용적은 성별, 나이, 신체상태 등의 영향을 받으며, 동일한 사람의 경우 건강할 때 더 크다.

폐용적은 일회 호흡용적, 흡식예비용적, 호식예비용적, 잔기용적으로 구분하며, 폐용량은 흡식용량, 기능적 잔기용량, 폐활량, 총폐용량으로 구분한다.

폐환기량은 매 분당 폐를 통해 환기되는 양을 의미하며, 일회 호흡용적을 호흡률과 곱한 수치와 같다.

$$\text{폐환기량(mL/min)} = \text{일회 호흡용적} \times \text{호흡률}$$

12.1.4 기체의 운반과 교환

우리가 들이마신 산소는 폐포막을 통해서 폐 모세혈관으로 들어가 혈액을 통해서 각 조직세포로 운반된다. 반대로 세포에서 생긴 이산화탄소는 폐로 운반되어 체외로 방출된다. 폐포와 동맥혈 간의 기체교환이나 조직세포 사이의 기체교환은 확산에 의해서 일어난다. 산소 농도는 폐포, 혈액, 조직세포의 순서로 항상 높기 때문에 확산에 의하여 폐포에서 혈액, 그리고 혈액에서 조직으로 산소가 지속적으로 이동한다.

혈액속으로 들어온 산소는 99.5%가 적혈구 내에 있는 헤모글로빈과 화학적으로 결합하여 옥시헤모글로빈(Oxyhemoglobin)의 형태로 각 기관에 운반되고, 0.5%의 산소는 혈장 속에 있는 물에 용해되어 운반된다. 모세혈관에 도달된 혈액은 산소의 분압이 100mmHg로 유지되고 조직내의 산소 분압은 30mmHg이므로 산소의 분압 차이는 70mmHg가 되어 산소는 산소 해리곡선에 따라 해리되고, 확산의 원리에 의해 조직으로 이동한다.

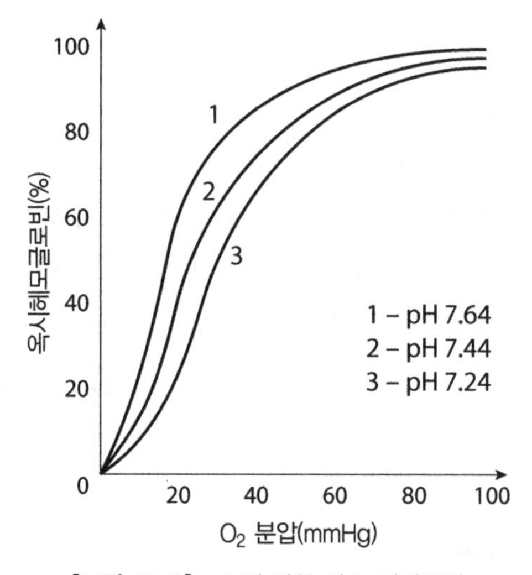

[그림 12-3] pH에 따른 산소 해리곡선

산소 운반에 영향을 주는 요소로는 산소의 농도, 이산화탄소, 온도, 수소이온 농도, 체온, 적혈구에서 생성되는 2,3-디포스포글리세르산(2,3-diphosphoglycerate)이 있다.

이산화탄소의 운반은 조직에서 분압이 50mmHg로 유지되고 동맥혈에서 40mmHg이므로 10mmHg 만큼의 분압차로 인하여 조직에 있는 이산화탄소가 혈액 내로 이동한다. 혈액 속으로 들어온 이산화탄소에서 자체로 운반되는 것은 약 10% 정도이고 65% 정도는 적혈구 속으로 이동되어 탄산탈수효소(Carbonic anhydrase)의 작용에 의해 물과 결합하여 탄산(H_2CO_3)을 만든다. 이렇게 형성된 탄산이 포화 상태가 되면 수소이온(H^+)과 탄산이온(HCO_3^-)으로 해리되고 생성된 탄산이온(HCO_3^-)은 혈장중으로 유출되어 혈액을 따라 운반된다. 이때 적혈구 내에는 음이온의 수가 상대적으로 적어지므로 이온 평형을 위해 같은 수의 음이온(Cl^-)을 혈장으로부터 공급 받는다. 나머지 25%의 이산화탄소는 적혈구 속에 있는 헤모글로빈과 결합하여 $HbCO_2$의 형태로 운반된다.

혈액의 산-염기 평형은 폐와 신장의 기능을 통해 유지된다. 호흡성 산증은 혈액 중 탄산의 축적과 호흡저하로 인한 이산화탄소 보유가 증가함에 따라 혈액의 pH가 저하되는 현상을 말하며, 호흡성 알칼리증은 과도한 호흡으로 인하여 혈액 중 이산화탄소와 탄산의 농도가 낮아지고 이에 따라 혈액의 pH가 증가하는 현상을 말한다. 혈액의 pH는 약 4.5까지 떨어지게 되면 생명을 유지할 수가 없다.

12.2 산소 교환 측정

12.2.1 산소 교환 측정 원리

기체상태의 산소의 양은 전기화학 센서를 이용하여 측정할 수 있다. 납(+전극)과 금(−전극)으로 제작된 2개의 전극을 이용하여 일정한 전위를 인가하면 산소가 음전극에서 아래 식과 같은 환원반응을 일으키게 되고 이때 발생하는 전류는 산소의 양과 비례하여 증가한다. 따라서 우리는 전극 사이에 존재하는 산소의 양을 전류의 형태로 바꾸어 관찰할 수 있다.

$$O_2 + 4e^- + 2H_2O \rightarrow 4OH^-$$

12.2.2 산소 교환 측정 실험

1 실험 목표

호기와 흡기 시 기체상태의 산소의 양을 측정함으로써 호흡을 통해 체내에서 발생하는 산소 교환량을 알 수 있다.

2 실험 장치 (준비물)

• O_2 gas sensor kit: 제조사 – 버니어, 모델명 – O2-BTA

O_2 가스 센서(O2-BTA)

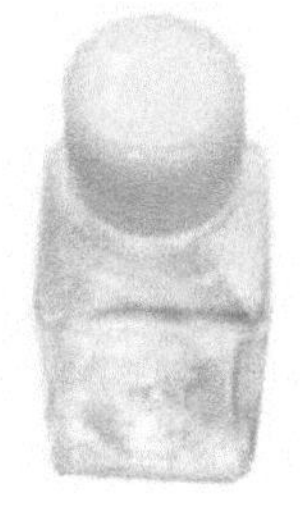

250mL 가스 포집 용기

[그림 12-4] 산소 가스 센서와 가스 포집 용기

• ADC(Analog to Digital Convertor) 혹은 DAQ card: 제조사 – 내쇼날인스트루먼트, 모델명 – USB-6009

[그림 12-5] DAQ card (USB-6009)

• 데이터 수집용 프로그램 : 제조사 – 내쇼날인스트루먼트, 프로그램명 – LabVIEW

• 데스크탑 혹은 노트북 PC

3 실험 방법

실험 절차는 사용되는 소프트웨어 및 하드웨어의 구성에 따라 변경될 수 있다.

❶ O_2 gas sensor를 ADC 혹은 DAQ card를 거쳐 PC에 연결한다.

❷ 데이터 수집 프로그램을 실행시킨다.

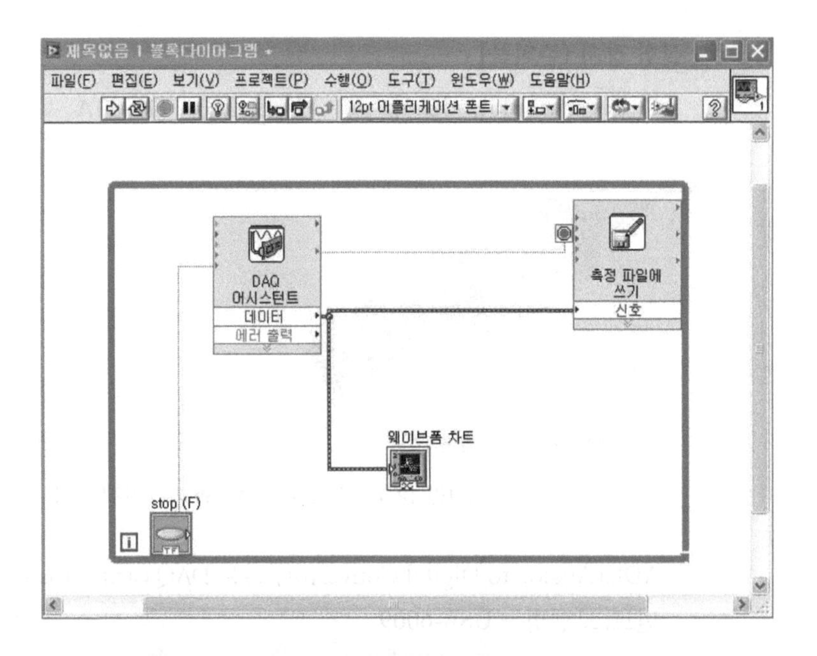

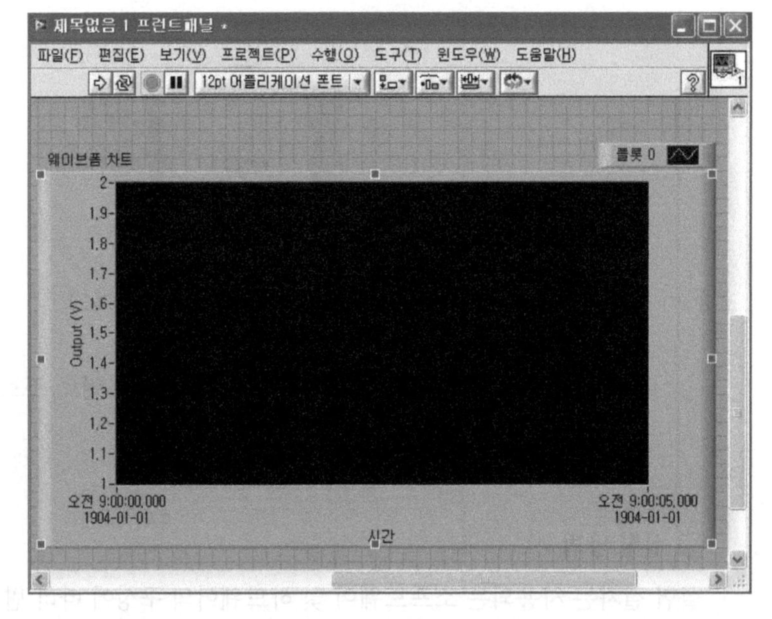

❸ 250mL 가스 포집 용기에 측정하고자 하는 흡기(일반 공기) 시 기체와 호기(체내로부터 나온 공기) 시 기체를 각각 채우고 센서를 입구에 고정한다.

❹ O_2 센서로부터 측정된 데이터를 PC에 저장한다.

❺ 흡기와 호기 시 산소 측정량을 비교하여 변화된 산소량을 확인한다.

❻ 체내 산소 교환량(%) = 흡기 시 산소량(%) − 호기 시 산소량(%)

4 결과 및 토의

❶ 측정 결과

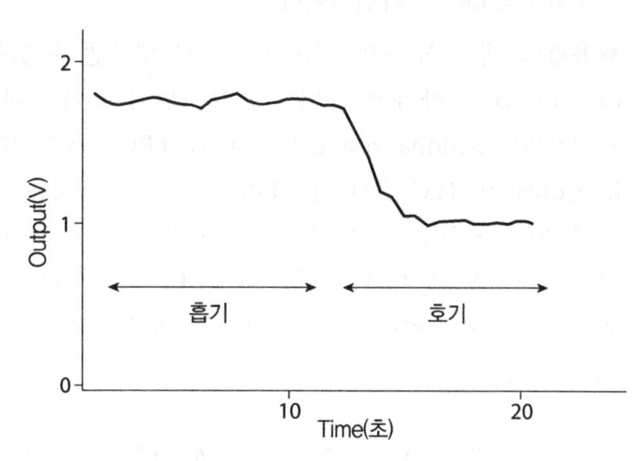

[그림 12-6] 흡기와 호기 공기에 포함된 산소량 측정 결과

- 공기 중의 산소량은 일반적으로 전체 부피의 21%에 해당한다. 따라서 측정된 센서 측정값 1.7V는 21%의 산소량에 해당한다.

  ➡ O_2(흡기 혹은 대기 중 공기) = 1.7V(21%)

- 호기 시 배출 되는 공기를 포집하여 측정한 센서의 값은 1.09V로 기록되었다. 센서의 Calibration information = 6.5625 %/V 이므로 1.09V는 산소량 17.3%에 해당한다.

  ➡ O_2(호기) = 1.09V(17.3%)

- 따라서 호흡을 통해 체내에서 발생한 산소 교환량은 다음과 같다.

  ➡ O_2(산소 교환량) = O_2(흡기) − O_2(호기) = 21% − 17.3% = 3.7%

12.3 폐활량 측정

12.3.1 폐활량 측정 원리

1 폐용적과 폐용량

- **폐용적:** 안정 상태에서 정상인이 호흡하는 기체의 부피를 일회호흡용적(tidal volume; V_T)이라고 하며 500mL가량 된다. V_T 흡식 후에도 최대한으로 흡식할 수 있는 예비용적이 있는데 이를 흡식예비용적(inspiratory reserve volume; IRV)이라

부르며, 반대로 V_T 호식 후 더 호식할 수 있는 예비용적을 호식예비용적(expiratory reserve volume; ERV)이라고 한다. V_T는 신체산소요구량에 따라 변동될 수 있으며 IRV와 ERV도 가변적이다.

- **폐용량:** 최대 흡식 후에 최대 호식으로 내보낼 수 있는 폐용량을 폐활량(vital capacity; VC)이라 부르고, 더 이상 내보낼 수 없어서 폐 속에 남는 용량을 기능적 잔기용량(functional residual capacity; FRC), VC와 RV의 합을 총폐용량(total lung capacity; TLC), TLC에서 FRC를 뺀 값을 흡식용량(inspiratory capacity; IC)이라 한다. VC와 RV는 비교적 일정한 값을 가지므로 폐기능의 척도로 사용된다. 보통 남자의 VC는 4.8 L, 여자의 VC는 3.2 L가량이다. 또 FRC는 모든 호흡근이 이완된 상태에서의 폐용량을 나타내므로 폐의 정적(수동적) 성질을 검사하는 기준점이 된다.

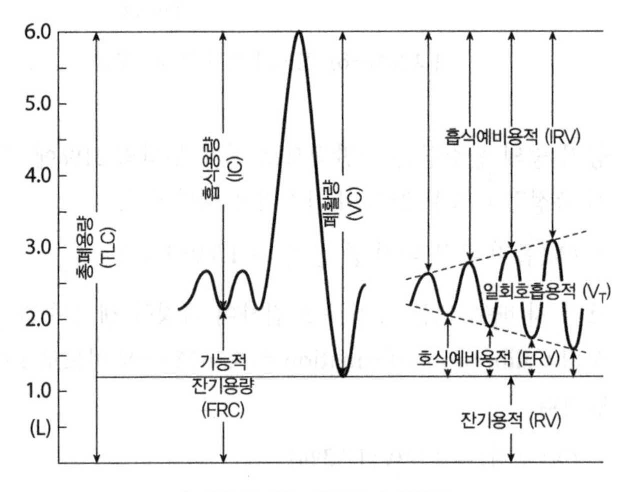

[그림 12-7] 폐용적과 폐용량

2 폐기능 검사

폐의 생리학적 연구 외에도 호흡기 질환의 진단, 치료 및 역학 연구를 위해 흔히 폐기능 검사를 시행한다. 가장 기본적인 검사는 폐활량(vital capacity; VC), 노력성 폐활량(forced; FVC), 최대 호식속도(maximal expiratory flow rate) 및 최대 자발적 환기량(maximal ventilatory volume; MVV) 등이며, 폐쇄성 질환(예: 천식, COPD)과 제한성 질환(예: 간질성 폐섬유증)을 감별하는 데 필수적이다.

3 폐활량 측정법(Spirometry)

폐활량을 비롯한 정적 폐용적들은 그림에 나타낸 것과 같은 폐활량계(spirometer)를 이용하여 [그림 12-8]과 같이 기록할 수 있다. 그러나 현재는 고전적인 폐활량계

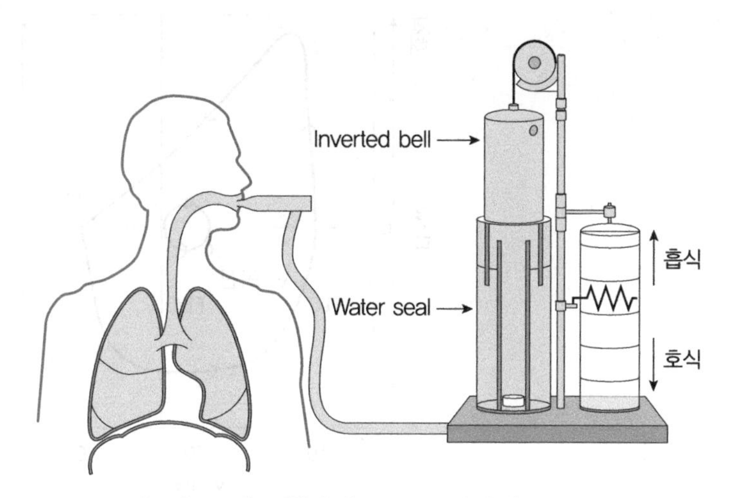

[그림 12-8] 폐활량계(spirometer)의 작동모식도

를 잘 사용하지 않고 호흡기류계(pneumotachograph)를 사용하여 전자센서로 감지하므로 폐용적, 최대 노력성 호기곡선 및 유량-용적 곡선을 한번에 쉽게 구할 수 있다. 최대한 숨을 들이마신 후 가능한 한 세고 빠르게 내쉬면 최대 노력성 호기곡선을 얻을 수 있으며, 이때의 폐활량이 노력성 폐활량(FVC)이다. 최대 노력성 호기를 시작한 후 1초간 내쉰 기량을 1초간 노력성 호기량(FEV1)이라고 하며, FEV1/FVC(정상인은 75% 이상)과 함께 기도 폐쇄의 지표로 사용된다. 또 FVC의 초기 및 후기 25%를 제외한 중간 50%의 기량을 소요된 시간으로 나눈 값을 노력성 호기중간유량(FEF25-75%)이라고 하며, 환자의 노력에 관계없이 일정한 값을 가지므로 말초소기도 진단에 이용한다. 최대 자발적 환기량(MVV)은 자발적 최대 노력으로 1분간 호흡할 수 있는 기량을 말한다. 실제로는 11~15초간 최대한 빠르고 깊게 호흡시킨 후 호흡량을 1분간의 양으로 환산한다. 정상인은 150~160 L/min의 값을 갖는다.

❶ 유량–용적 곡선(flow-volume curve): 최대 노력성 호기곡선을 용적에 따른 유량의 변화로 기록한 것이다. 호식 초기부분은 노력 의존부이지만 중반 이후는 노력과 무관(사람이 낼 수 있는 최대 노력의 1/4만 발휘해도 최대 유량에 도달)하게 물리적 현상(동적기도압박 현상)에 의하여 결정되므로 가로축(폐용적)에 대한 일정한 기울기를 갖는 직선이 된다. 호식의 최고 정점을 최대 호식속도(maximal expiratory flow rate 또는 peak expiratory flow; EF peak)라고 하며 호식 초기에 나타난다. 반면 흡식은 전체가 노력 의존부로서 대칭적이고 정점은 흡식의 중간부에 위치한다.

❷ 전신체적기록법(body plethysmography): 피검자가 밀폐된 상자 속에 코를 막고 앉아서 관으로 호흡하면, 호흡기류계와 압력계(입속과 상자 속의 압력의 변화를 기록)에 의해 폐용적의 변화와 압력의 변화를 동시에 기록할 수 있다. 그러면 폐

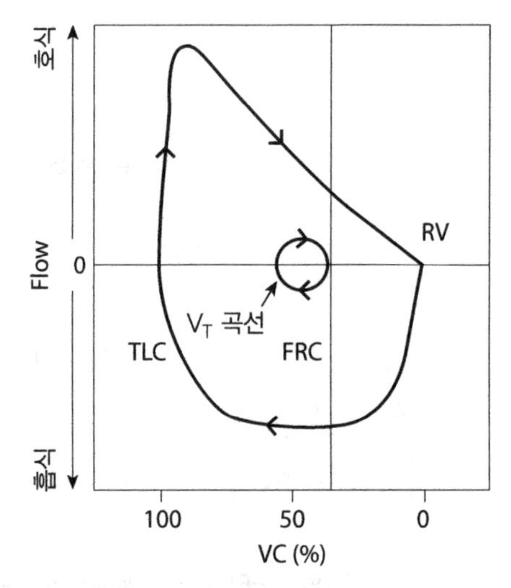

[그림 12-9] 정상 유량-용적 곡선(Flow-Volume Curve)

쇄 공간 내의 압력과 용적의 곱이 일정하다는 Boyle의 법칙에 의해 FRC를 계산할 수 있고 호흡곡선에 의해서 TLC, RV도 알 수 있다.

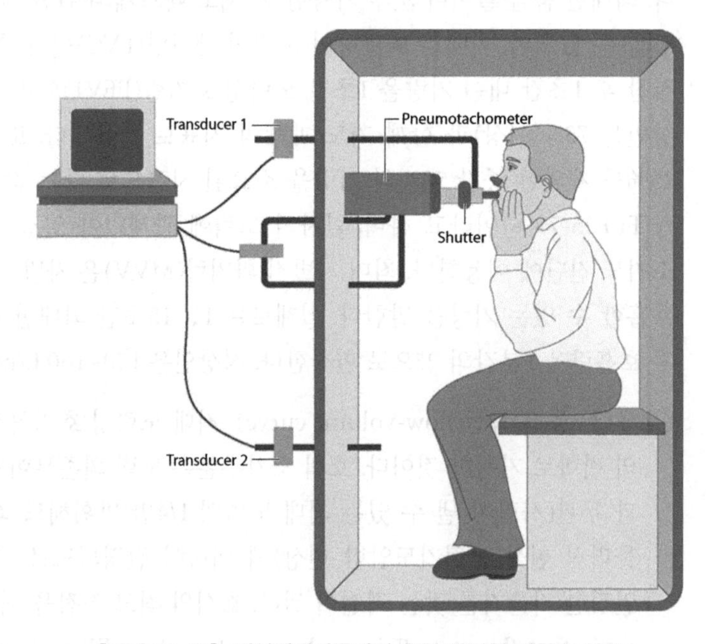

[그림 12-10] 전신체적기록계의 측정 방법에 대한 모식도

4 불활성 가스(inert gas)의 이용

❶ 헬륨희석법(helium dilution): 정해진 용적과 농도의 헬륨으로 호흡하여 폐내 공기와 완전히 평형을 이룬 후 헬륨농도를 측정하면 Boyle의 법칙에 의해 폐용적(FRC)을 계산할 수 있다.

❷ 질소세척법(nitrogen washout): 100% 산소를 계속 흡식하면서 호식한 공기를 7분 정도 모으면 폐속의 질소를 거의 세척해낼 수 있다. 모은 공기의 질소농도와 용적의 곱은, 폐의 용적과 질소농도(79%)의 곱과 같으므로 폐용적을 계산할 수 있다.

12.3.2 폐활량 측정 실험

1 목표

호기와 흡기시 기체상태의 산소의 양을 측정함으로써 호흡을 통해 체내에서 발생한 산소교환량을 알 수 있다.

2 준비물

- 폐활량계(spirometer) : 제조사 – 버니어, 모델명 – SPR-BTA

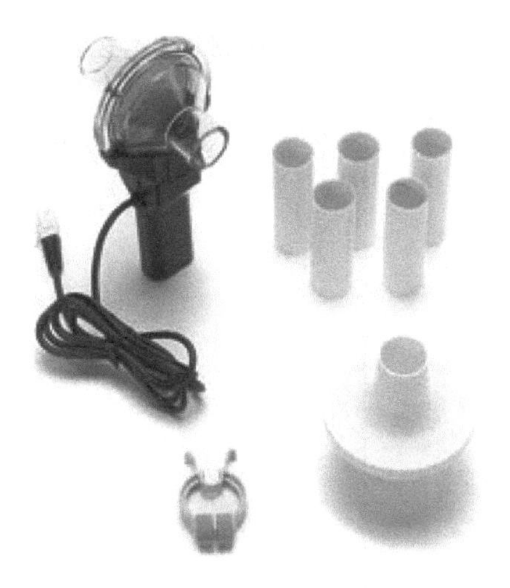

[그림 12-11] 폐활량계와 부속품

- ADC(Analog to Digital Convertor) 혹은 DAQ card: 제조사 – 내쇼날인스트루먼트, 모델명 – USB-60099
- 데이터 수집용 프로그램: 제조사 – 내쇼날인스트루먼트, 프로그램명 – LabVIEW
- 데스크탑 혹은 노트북 PC

3 방법

폐활량 데이터 측정

❶ 폐활량계 센서를 DAQ card를 거쳐 PC에 연결한다.

❷ 컴퓨터가 자동으로 DAQ card의 연결을 확인하고, 데이터 측정 준비가 완료된다.

❸ 호흡 패턴 분석 프로그램(Spirometry.vi)을 실행한다.

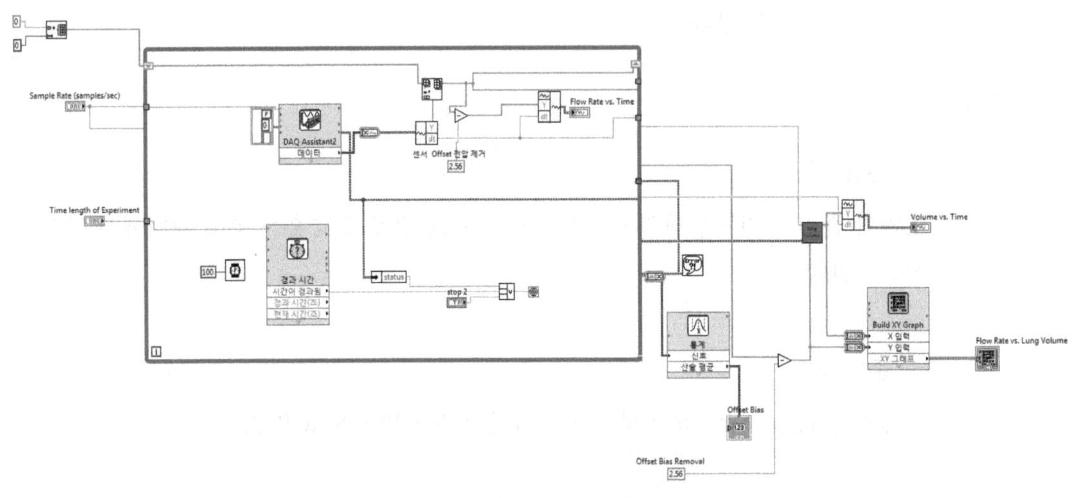

데이터 수집 프로그램

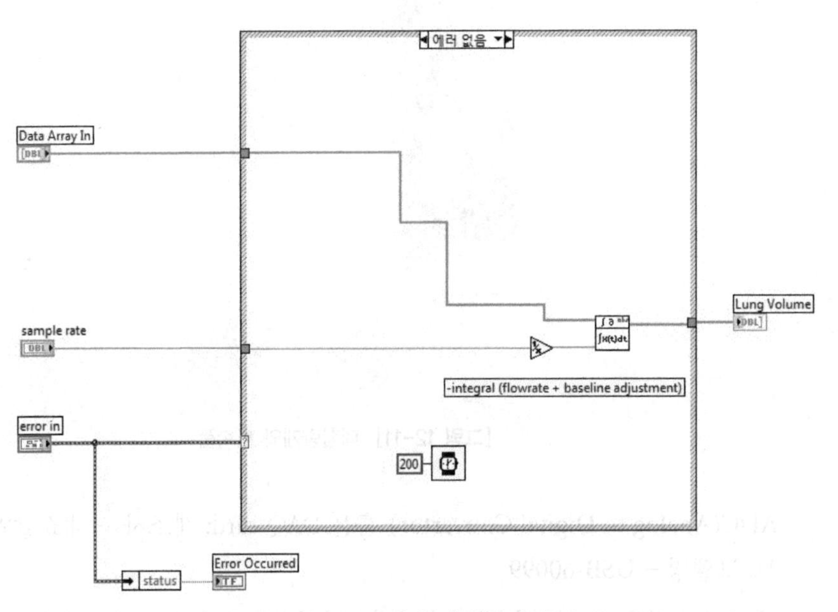

Lung Volume을 얻기 위한 SubVi

❹ 프로그램의 샘플링(Sample Rate)은 1000으로, 측정시간(Time length of Experiment)은 20으로 맞춘다.

⑤ 센서의 Offset 값을 보정해 주기 위해서 아무런 조치 없이 프로그램을 실행한다. 프로그램 실행 결과에서 나온 Offset Bias 값을 얻은 후, 그 값을 블록다이어그램의 '센서 Offset 전압 제거' 및 'Offset Bias Removal' 이라는 값에 넣어준다(예제에서는 2.56을 넣어 주었음).

⑥ 폐활량계 센서를 손에 들고 프로그램을 실행한 후 20초간 들숨과 날숨을 측정한다. 측정하면 Flow Rate vs. Time, Lung Volume vs. Time, 그리고 Flow Rate vs. Lung Volume의 세 가지 그래프를 얻게 된다. 측정된 데이터는 1초간 강제 폐활량(FEV1)을 결정하는 데 이용할 수 있다.

실험 데이터 분석

❶ 호흡 패턴

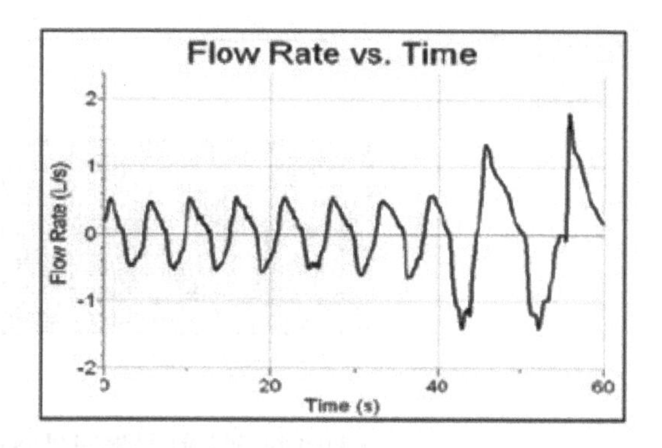

❷ Tidal Volume

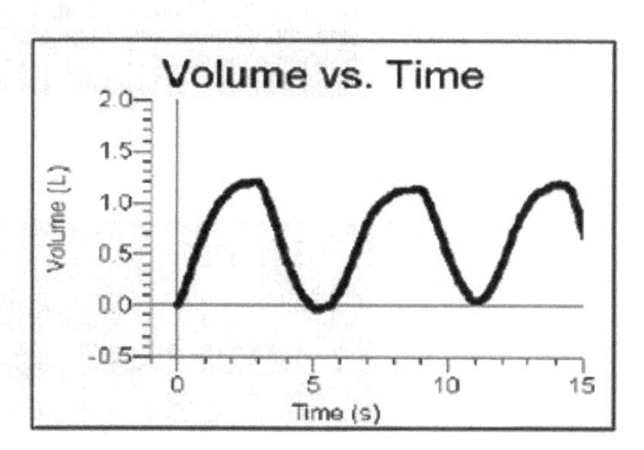

❸ Forced Vital Capacity(FVC)

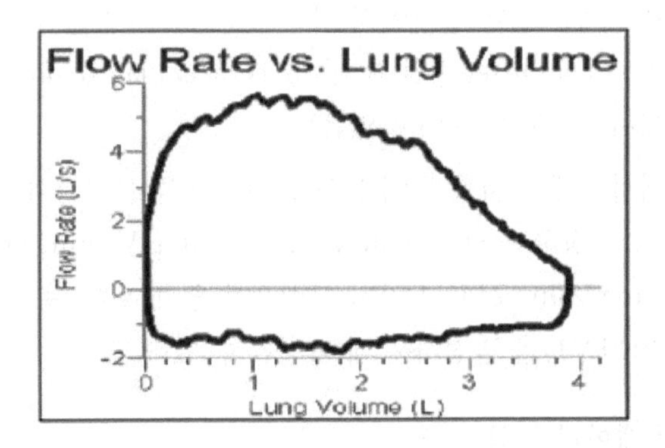

❹ LabVIEW 실행결과

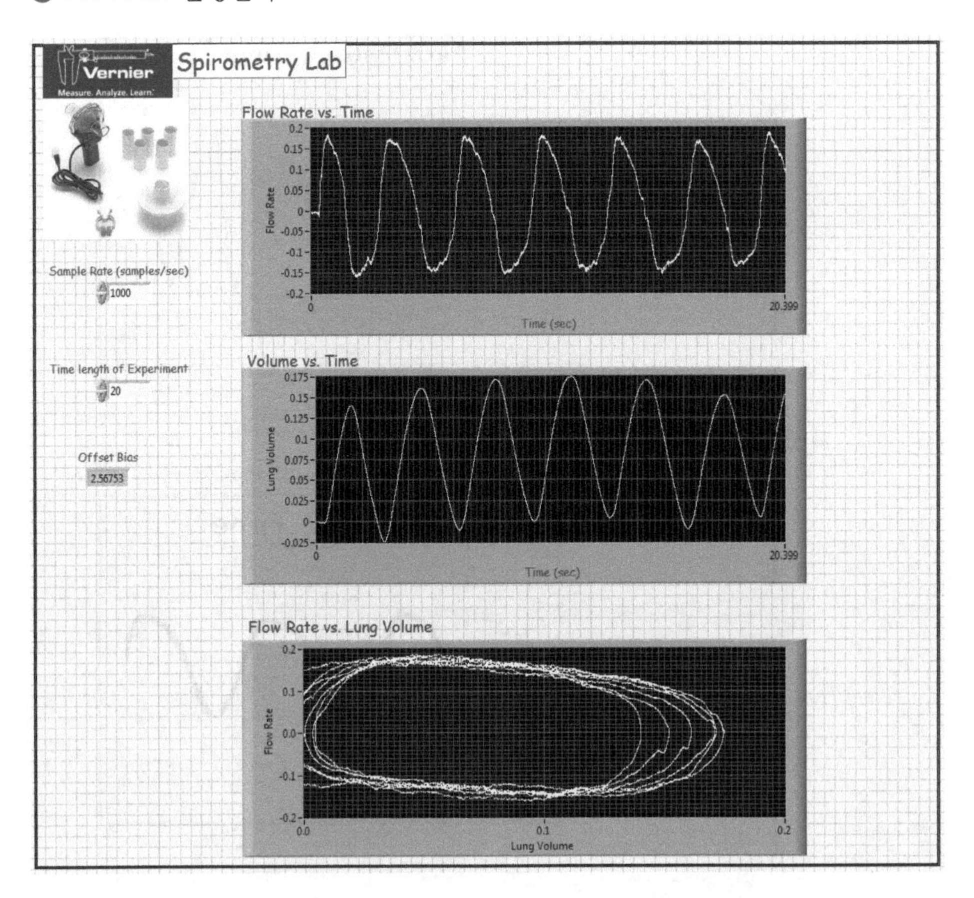

4 결과 및 토의

❶ 폐활량 측정 실험을 5회 반복하여 가로축을 시간, 세로축을 Flow Rate(1회 호기, 흡기량)로 하여 그래프를 그려보자. 0을 기준으로 흡기량과 호기량 중 어느 것이 더 높게 나오는지 확인해 보고, 그 이유에 대해 토론해 보자.

❷ 시간에 따른 폐의 용적 변화 그래프를 관찰하자. 흡기 및 호기에 따라 폐의 용적이 0을 기준으로 반복적으로 상승 및 하강하는 모습을 확인할 수 있다. 본인의 폐용적이 얼마인지 계산해 보자(측정된 값은 상대적인 값으로 추후에 실제 data와의 Calibration이 필요하다).

❸ 첫 번째로 얻은 시간에 따른 흡기, 호기 그래프와 두 번째로 얻은 시간에 따른 폐용적 변화 그래프를 통하여 폐용적에 따른 흡기, 호기 그래프 관계를 얻을 수 있다. 또한 폐용적 변화에 따른 흡기, 호기율의 변화 관계를 확인할 수 있다. 호기와 흡기에서 Flow Rate가 어떻게 차이가 나는지 토론해 보자.

13 혈당

13.1 혈당 조절 생리학

13.1.1 혈당 조절 원리

포도당은 인체가 사용하는 대표적인 에너지원으로서 매우 중요한 물질이다. 특히 뇌는 포도당만을 에너지원으로 사용할 수 있다. 식사를 하면 혈중 포도당 농도가 증가하고 공복 시에는 혈중 포도당 농도가 감소하는데, 인체는 내분비계를 통해서 포도당 농도가 일정 수준을 유지하게 한다. 이를 혈당 조절 기전이라고 하며, 이 기전은 매우 중요하다.

내분비계는 뇌하수체나 갑상선과 같은 내분비선에서 분비되는 호르몬이 혈액을 통해 표적기관으로 운반되어 그 기관의 대사를 조절하는 시스템을 일컫는 것으로, 혈당은 내분비계의 작용에 의해 일정 수준을 유지하게 된다. 혈당 조절에 관여하는 호르몬에는 인슐린, 글루카곤, 당질 코르티코이드 등이 있다. 이들 중 인슐린은 유일하게 혈당을 감소시키는 방향으로 작용하는 호르몬이다. 식후 혈당이 올라가면, 췌장의 베타 세포에서 분비되어 간으로 들어온 포도당을 글리코겐으로 합성, 저장하도록 유도한다. 이와 반대로 혈당이 너무 낮아지면, 췌장의 알파 세포에서 분비되는 글루카곤이 글리코겐 분해 효소인 포스필라아제의 활성을 증가시켜 간에 저장되어 있는 글리코겐이 즉시 포도당으로 분해되게 하여 혈당을 증가시킨다. 부신 피질에서 분비되는 당질 코르티코이드의 작용으로 단백질과 지질이 포도당으로 전환되어 혈당이 증가되기도 한다.

13.1.2 당뇨병의 종류 및 증상

당뇨병은 내분비 장애의 가장 대표적인 질병으로 인슐린의 작용이 정상적으로 이루어지지 않아서 일어나는 대사상의 질병이다. 8시간 공복 상태에서 채혈된 혈액에 대해 혈당이 126mg/dL 이상이고, 서로 다른 날 2번 이상 검사하여 같은 결과가 나오면

당뇨로 진단한다. 당뇨병은 실명 및 만성 신장 부전, 심혈관계 질환 등의 합병증을 초래할 수 있고, 고혈압, 뇌졸중, 심장병, 신장병을 악화시키며, 사지절단의 흔한 원인이 되기도 한다.

당뇨병은 크게 1형 당뇨병과 2형 당뇨병으로 나뉜다. 1형 당뇨병은 췌장의 인슐린 분비능력이 저하되어 인슐린의 절대적인 농도가 낮은 당뇨병이다. 반면 2형 당뇨병은 인슐린이 분비는 되고 있지만, 작용해야할 표적 기관(근육, 간, 지방세포 등)에서 인슐린에 대한 저항성이 생겨 인슐린이 효과적으로 작용하지 못하는 상태의 질환을 말한다.

당뇨의 효과적인 관리와 합병증의 예방을 위해서는 지속적으로 혈당을 측정하여 적절한 양의 인슐린 주사처방(특히 1형의 경우에)이나 운동과 식습관 조절 및 경구 혈당 강하제 복용 등의 처치를 함으로써 혈당을 정상 범위 내에 유지되게 하는 것이 무엇보다 중요하다. 따라서 당뇨 관리에 있어서 혈당 측정의 중요성은 아무리 강조해도 지나치지 않으며, 이를 위한 간편한 키트들이 시중에 많이 나와있다.

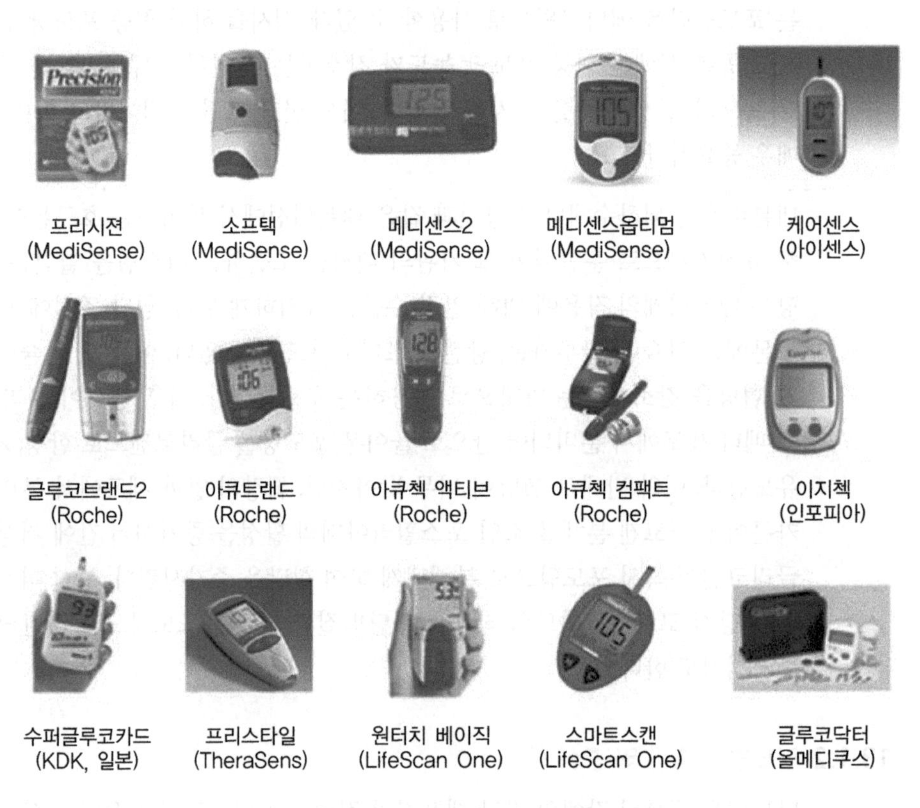

[그림 13-1] 상용화된 일회용 혈당 측정 센서

13.2 혈당 측정 원리

13.2.1 당산화효소

당산화효소(glucose oxidase)는 아스페르길루스 니가(aspergillus niger)라고 하는 일종의 곰팡이로부터 추출되는 단백질로서 포도당(glucose)을 선택적으로 산화시킨다.

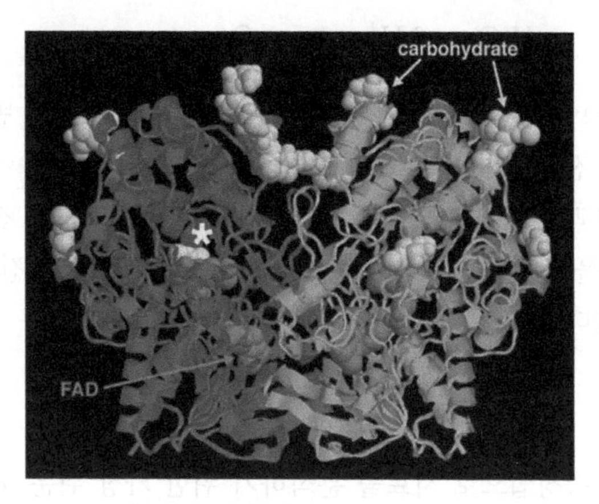

[그림 13-2] 당산화 효소의 구조

구체적인 반응은 다음과 같다.

$$\text{Glucose} + \text{GOD}_{ox} \rightarrow \text{Gluconolactone} + \text{GOD}_{red} \quad (1)$$

$$\text{GOD}_{red} + O_2 \rightarrow \text{GOD}_{ox} + H_2O_2 \quad (2)$$

$$\text{Gluconolactone} + H_2O \rightarrow \text{Gluconic Acid} \quad (3)$$

산화된 형태의 당산화효소(GOD_{ox})가 포도당(glucose)을 만나면 자신이 환원된 형태(GOD_{red})로 변하면서 대신 포도당을 산화된 형태(Gluconlactone)로 바꾼다(1). 그 후, 식 (2)에 표현된 것과 같이 당산화효소는 다시 전자를 산소에 뺏겨 산화된 형태(GOD_{ox}) 로 바뀌고, 대신 과산화수소(H_2O_2)가 생성된다. 또한 Glucolactone은 최종적으로 Gluconic Acid로 바뀐다(3). 식 (1), (2), (3)의 좌변과 우변에 있는 동일한 항목들을 삭제하여 알짜 반응식을 구하면 (1)에서 (3)까지의 반응은 다음과 같이 정리된다.

$$\text{Glucose}\ (C_6H_{12}O_6) + O_2 + H_2O \rightarrow \text{Gluconic acid}\ (C_6H_{12}O_7) + H_2O_2 \quad (4)$$

반응식 (4)에서 볼 수 있듯이 당산화효소는 매개체 역할만 하고 반응에 직접 참여하지는 않은 것을 알 수 있다.

13.2.2 전류 측정법(Amperometry)

일반적으로 사용되는 포도당 센서에서는 포도당의 농도를 측정하기 위해 앞에서 설명한 당산화효소를 사용한다. 식 (4)에 나타난 바와 같이 당산화효소는 포도당을 산화시켜 Gluconic Acid로 바꾸며 그 부산물로 과산화수소(H_2O_2)를 생성하는데, 과산화수소의 농도를 전기적으로 측정하여 포도당의 농도를 간접적으로 추정하는 것이다.

$$H_2O_2 \rightarrow 2\,H^+ + 2e^- + O_2 \tag{5}$$

식 (5)에 과산화수소의 산화반응을 나타내었다. 이 반응은 자발적으로 일어나지 않으며 전극에 특정 전압을 인가하였을 때 일어난다. 이로 인해 식 (5)의 우변에 나타난 것과 같은 전자의 생성이 일어나며, 이것은 산화 전류로 측정된다. 이렇게 특정한 전압을 인가하면서 전류를 측정하는 분석 방법을 전류 측정법(Amperometry)이라고 한다.

13.2.3 전극 시스템

전류 측정법으로 시료를 분석하기 위한 가장 쉬운 구성은 2전극 시스템이다. [그림 13-3]에서 보듯이 외부의 전원을 통해서 전극 1에 전극 2보다 높은 전압을 유지하면 전극 1에서는 산화반응이 일어나고 전극 2에서는 환원반응이 일어나면서 두 전극 사이에 전해질을 통해서 전류가 흐르게 된다. 이때 전해질 속에 산화, 환원반응이 일어나기 쉬운 물질이 많을수록 같은 외부전압에 대해 흐르는 전류는 더 클 것이고, 전해질의 구성 성분이 똑같다면 외부전압이 높을수록 흐르는 전류는 더 클 것이다.

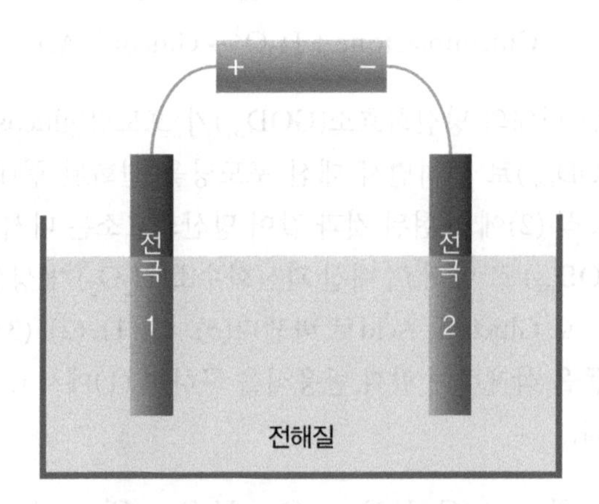

[그림 13-3] 2전극 시스템의 개략도

보다 정확하게 전류 측정법을 적용하기 위해서는 3전극 시스템을 사용한다. [그림 13-4]에서 볼 수 있듯이 3전극 시스템과 2전극 시스템과 가장 큰 차이는 기준 전극이 도입되었다는 점이다.

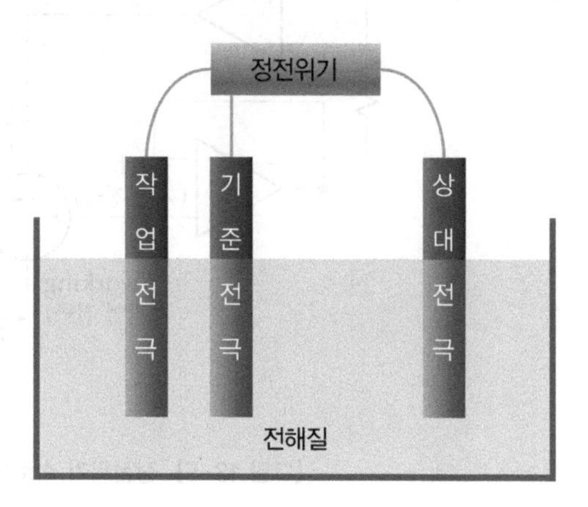

[그림 13-4] 3전극 시스템의 개략도

기준 전극은 전해질의 전위를 측정하기 위해 도입된 전극이다. 3전극 시스템에서는 기준 전극으로 전해질의 전위를 측정하고 그것을 기준으로 특정한 전압을 작업 전극에 인가한다. 이때 작업 전극에 양의 전압을 인가하면 작업 전극 주위에서는 산화반응이 일어나기 쉬우며, 전압을 크게 할수록 산화반응이 강하게 일어난다. 반대로 작업 전극에 음의 전압을 인가하면 작업 전극 주위에서는 환원반응이 일어난다.

상대 전극은 작업 전극에서 일어난 화학반응에 의해 생긴 전류를 받아들이기 위해 존재한다. 예를 들어 작업 전극에서 산화반응이 일어나면 반응에 의해 생긴 전자가 작업 전극으로 들어가게 되고, 이 잉여분의 전자는 외부 회로를 통해 상대 전극으로 이동하며, 상대 전극에서의 환원 전류를 통해 전해질의 이온 전류로 변환된다. 만약 상대 전극이 작다면 작업 전극에서 생긴 전류를 충분히 받아들이지 못할 것이다. 그렇기 때문에 상대 전극은 크면 클수록 좋다고 볼 수 있다. 또한 기준 전극은 작업 전극과 가까우면 가까울수록 좋다. 작업 전극에 가능하면 가까운 곳에 있는 전해질의 전압을 읽어서 그것을 기준으로 특정한 전압을 작업 전극에 인가해야 보다 정확한 전압의 인가가 가능하기 때문이다. 그리고 기준 전극은 작업 전극으로부터 상대 전극에 이르는 전해질의 흐름을 방해하지 않도록 배치하는 것이 좋다.

13.2.4 정전위기(Potentiostat)

3전극 시스템에서 기준 전극 전위를 기준으로 원하는 특정한 전압을 작업 전극에 인가하기 위해서는 [그림 13-5]와 같은 정전위기가 필요하다.

그림에서 가운데 원으로 표시된 부분이 전해질이고, working, ref., counter로 표시된 단자가 작업 전극, 기준 전극, 상대 전극으로 같은 전해질 내에 담겨 있다. 기준 전극

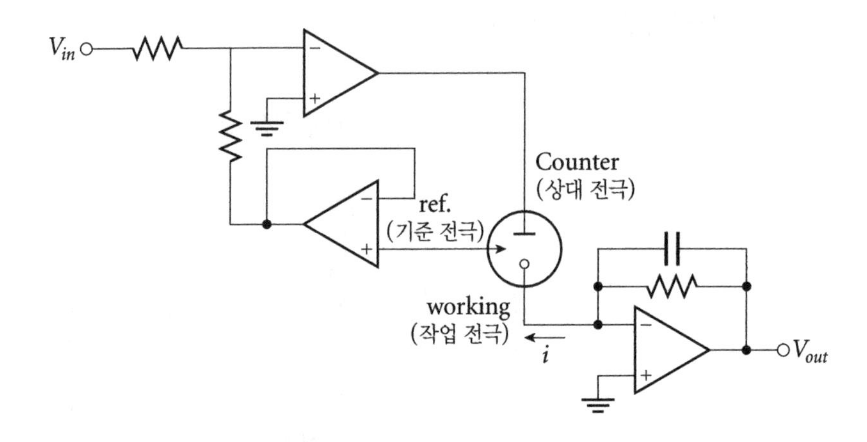

[그림 13-5] 정전위기 회로의 예

에 op amp를 통해 $-V_{in}$의 전위를 주고, 작업 전극을 접지 전위로 유지하면 결과적으로 기준 전극보다 V_{in}만큼 높은 전압을 작업 전극에 인가한 것과 같다. 기준 전극이 op amp의 입력단에 연결되어 있으므로 기준 전극을 통해서 흐르는 전류는 거의 0이고, 작업 전극에서 유도된 산화반응, 또는 환원반응에 의한 전류는 모두 상대 전극을 통해 흐른다는 것을 알 수 있다. 기준 전극을 통해서 흐르는 전류가 거의 0이므로 전류흐름에 의한 전압강하가 없기 때문에 보다 충실하게 전해질의 전위를 반영할 수 있다.

상대 전극과 작업 전극을 통해 흐르는 전류의 양을 변환기를 통해 V_{out}라는 전압값으로 바꾸어 출력하며, 이를 통해 "특정 전압을 인가하고 이에 따라 흐르는 전류의 양을 측정한다" 라는 전류 측정법의 목적을 이루게 된다. 혈당 측정을 위해서는 작업 전극에 과산화수소가 산화될 수 있는 전압만큼 기준 전극 전압보다 높게 인가하고 과산화수소의 산화전류의 양을 측정하여 포도당의 농도를 추정한다.

13.2.5 효소 전극 및 바이오센서

앞서 살펴본 당산화효소를 작업 전극의 주변에 고정해 둔다고 생각해 보자. 만약 작업 전극의 주변에 포도당이 있다면 앞서 설명한 반응 원리에 의해서 포도당의 산화 과정의 부산물로 과산화수소가 생성될 것이다. 이 과산화수소가 확산에 의해 작업 전극 표면에 와서 닿을 때 작업 전극에 과산화수소가 산화될 수 있는 전압이 인가되어 있다면, 과산화수소가 산화되면서 전류 측정법을 통해 포도당의 농도를 측정하는 것이 가능할 것이다. 만약 효소가 작업 전극의 주변에 고정되어 있지 않고 용액에 퍼져 있다면 과산화수소의 산화 전류는 보다 작게 측정될 것이다. 이렇게 효소를 전극의 표면에 고정시켜 놓은 것을 효소 전극이라고 한다. 효소 전극을 사용하면 시료에 효소를 섞지 않고 효소 전극과 기준 전극, 상대 전극을 샘플에 담그고 측정 전압을 인가하는 것만으로 간편하게 시료 속에 있는 포도당의 농도를 측정할 수 있다는 장점이 있다.

효소 전극을 채용한 전류 측정법 기기는 기본적인 바이오 센서의 구성을 갖추고 있다. 바이오 센서는 생물학적 감지요소와 2차 변환기로 구성되어 있다. 생물학적 감지요소는 대개 효소, receptor 단백질, 항체와 같이 생물학적인 요소로 이루어지며, glucose와 같은 화학물질, receptor 단백질에 결합하는 리간드, 항체에 결합할 수 있는 항원 등 생물학적으로 의미있는 물질을 특이적 반응(효소에 의한 분자의 산화/환원, receptor-리간드 결합, 항원-항체 결합 등)으로 일차 변환하는 장치이다. 2차 변환기는 생물학적 감지요소에서의 반응에 의한 전기, 빛, 질량 등의 물리적 변화를 전기적 신호로 변환하고 감지하는 장치이며, 전류 측정을 통한 과산화수소의 농도 측정이 포도당 센서의 2차 변환기에 해당한다.

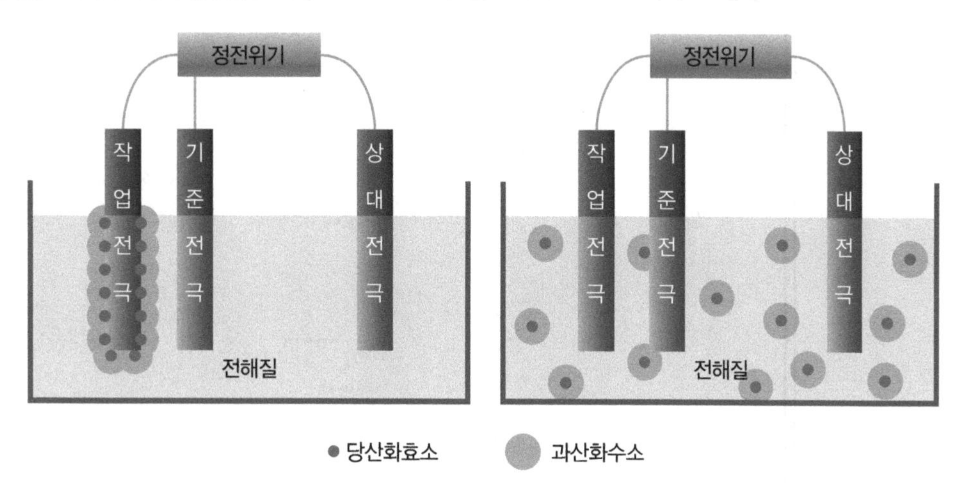

[그림 13-6] 효소 전극을 적용한 전류 측정법(왼쪽)과 효소를 용액에 섞은 전류 측정법(오른쪽)

13.3 혈당 측정 실험

13.3.1 목표

정전위계 제작을 통해 3전극 시스템에서의 전류 측정법을 이해하고, 당산화효소를 이용하여 포도당을 측정함으로써 바이오 센서의 원리를 이해한다.

13.3.2 준비물

- Glucose Oxidase, PBS (pH 7.4), 20mL 바이알, 마그네틱기준 전극 스터링 바, 마그네틱 스터러, 기준 전극(Ag/AgCl), 백금 전극선(Teflon coated wire), 탄소 전극, Ascorbic Acid
- Op Amp, 전선
- NI-ELVIS 혹은 NI DAQ Card와 브레드보드
- LabVIEW 2010이 설치된 PC

13.3.3 방법

1 정전위기 제작

❶ Op amp와 저항을 브레드보드에 꽂아 정전위기 회로를 구성한다.

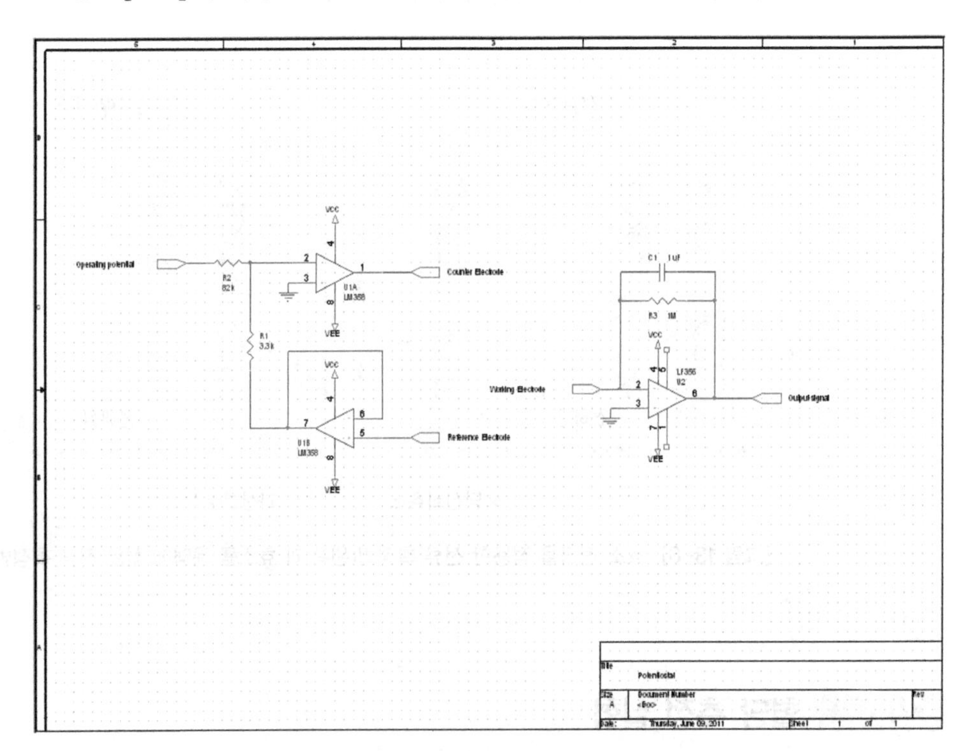

❷ 입력단 전압을 NI DAQ card의 analog output에 연결한다.

❸ 출력단 전압을 NI DAQ card의 analog input에 연결한다.

❹ LabVIEW 프로그램에서 입력단 전압을 바꿀 수 있는 controller를 구현한다(DAQ 어시스턴트와 신호 시뮬레이션의 DC 모드 활용, controller에서 받은 전압을 신호 시뮬레이션의 오프셋에 연결한다).

⑤ LabVIEW 프로그램에서 출력단 전압을 전류로 변환하여 디스플레이할 수 있는 차트를 구성한다(DAQ 어시스턴트 활용, 신호 수집 모드를 연속으로 하면 자동으로 while loop가 구성된다).

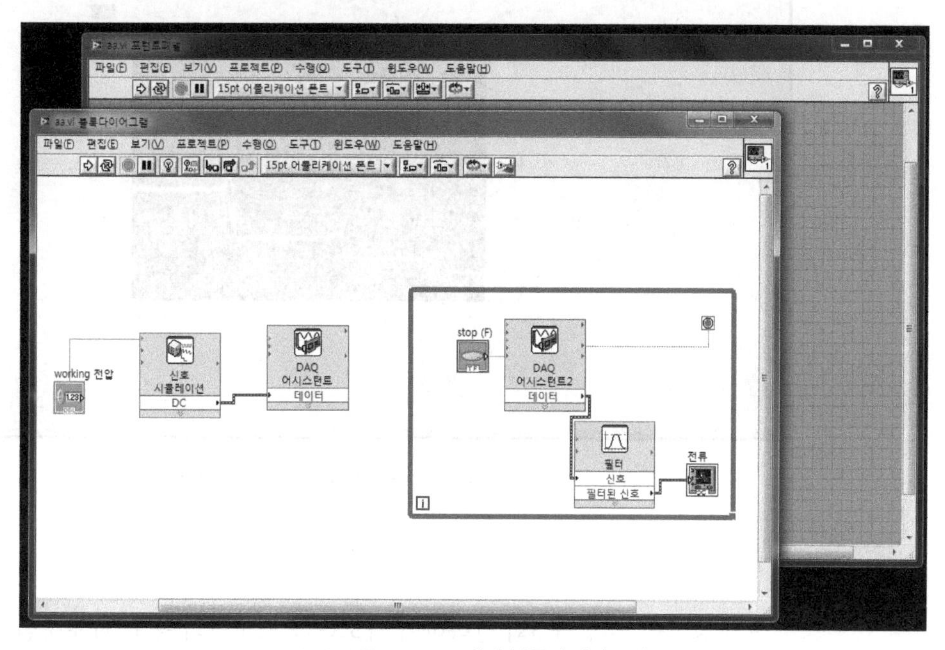

LabVIEW 프로그램의 블록다이어그램

⑥ Noise reduction을 위해 신호 출력을 필터에 연결한다. 필터는 저역통과 모드로 cut-off frequency는 약 10Hz 정도로 잡는다.

2 포도당 측정

❶ PBS 10mL을 준비하여 당산화효소를 50 unit 첨가한다.

❷ 백금선의 끝을 2mm 만큼 벗겨내어 작업 전극 단자에 연결하고 Ag/AgCl 전극을 기준 전극 단자에, 탄소 전극을 상대 전극 단자에 연결한다.

❸ LabVIEW 프로그램에서 입력단 전압을 0.5V로 인가하고 1M 포도당 용액을 10μL, 20μL, 30μL, 40μL, 50μL, 50μL, 50μL 첨가하면서 차트에 디스플레이되는 전류를 관찰한다. 실험하는 동안 마그네틱 스터링 바를 이용하여 용액을 저어준다.

❹ ascorbic acid를 0.2 mM 첨가하면서 전류를 관찰한다.

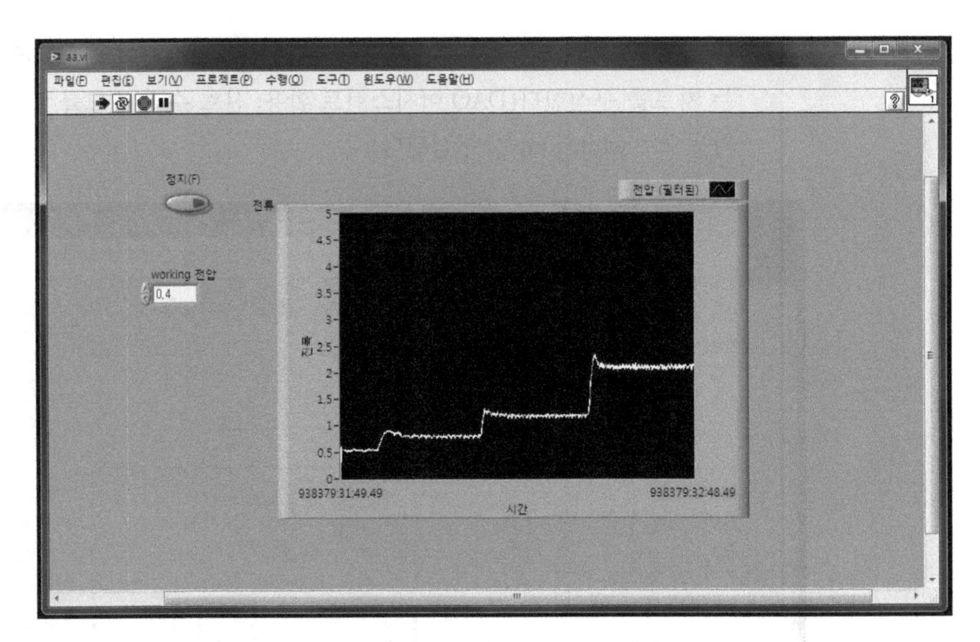

포도당의 첨가에 의해 증가하는 산화전류

13.3.4 결과 및 토의

- 포도당 측정 실험을 5회 반복하여 가로축을 포도당의 농도, 세로축을 측정 전류로 하여 그래프를 그려보자. 이러한 그래프를 calibration curve라고 부른다.
- 전체 구간에 대해 관계가 선형(linear)인지 그렇지 않다면 얼마의 농도에서 포화(saturation)가 되는지 확인하자.
- 입력단 전압을 0.3V, 0.7V로 바꾸어서 2의 실험을 반복해 보자. 전류의 크기는 어떻게 되는가? Ascorbic acid에 대한 민감도는 어떻게 되는가?
- PBS에 섞는 당산화효소의 농도를 다르게 하여 2의 실험을 반복해 보자.
- 포화가 일어나는 양상에 당산화효소의 양이 어떤 역할을 하는지 확인해 보고, 포화가 일어나는 이유에 대해 토론하자.
- 실험을 간단히 하기 위해서 이론에서 알아본 효소 전극을 만들지 않고 용액에 효소를 섞어서 실험하였다. 효소 전극을 만드는 방법에 대해 조사하고 토론하자. 어떤 조건을 갖춘 효소 전극이 좋은 효소 전극인가?

14 혈액 전해질

14.1 전해질 및 산/염기 조절 생리학

인체의 체중은 약 70%가 수분으로 이루어져 있다. 수분은 여러 종류의 생리활성물질인 영양소와 무기질들이 녹아 있으며, 세포 내 생화학적 반응을 매개하기도 한다. 또한 폐나 피부로부터의 수분 증발이나 땀에 의한 체온조절에도 관여하고 있다. 일반적으로 체액으로 알려진 수분은 세포외액과 세포내액으로 구성되어 있다. 세포외액은 간질액, 혈장, 뇌척수액, 늑막액, 복수, 소화액과 같은 물질로 이루어져 있으며, 세포내액은 칼륨이온(K^+), 마그네슘이온(Mg^{2+})의 양이온과 단백질, ATP, ADP, AMP과 같은 유기인산들로 구성되어 있다. 이러한 물질들은 수용액 상태에서 전기를 통하게 할 수 있는 전해질로서 전해질 용액에서 양이온(Na^+, K^+, Ca^{2+}, Mg^{2+}), 음이온(Cl^-, HCO^{3-}, HPO_4^{2-}, SO_4^{2-})으로 이온화 되어 존재한다. 체내에서 전해질 평형이 이루어지지 않으면 다음과 같은 문제가 발생된다.

[표 14-1] 인체 전해질 용액의 주요 이온과 기능

이온	기능
나트륨(Na)	몸의 수분 조절
칼륨(K)	근육이나 신경 관계 작용
칼슘(Ca)	골이나 치아 형성, 신경 자극의 전달, 혈액 응고
클로라이드(Cl)	체내의 각 조직에 산소 공급

pH는 용액의 산성도를 가늠하는 척도로서 수소이온 농도의 역수에 상용로그를 취한 값으로 다음과 같이 정의하여 얻는다.

$$pH = \log_{10}(1/[H^+]) = -\log_{10}[H^+] \quad (1)$$

[그림 14-1]은 수소이온 증감에 따른 pH 범위를 보여준다. 수소이온의 농도가 증가하면 pH가 감소하여, 체액의 산도가 증가해 산성증(acidosis)의 상태가 되고, 수소이온의 농도가 감소하면 pH가 증가하여, 체액의 산도가 감소해 알칼리증(alkalosis)의 상태가 된다.

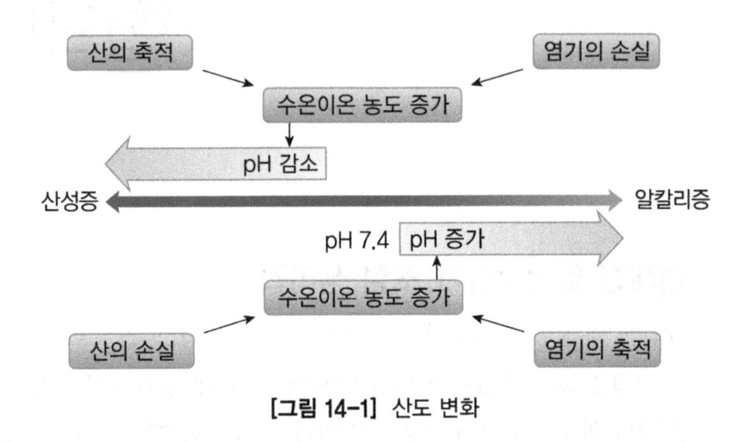

[그림 14-1] 산도 변화

체액(혈액)의 pH(정상적인 동맥혈 pH = 7.4)는 항상성 유지를 위해 중요한 역할을 한다. 체액의 pH 조절은 산도의 변화가 대사반응을 조절하는 효소의 속도를 바꿀 수 있고 다른 정상적인 신체의 반응을 수정할 수 있기 때문에 매우 중요하다. 예를 들어 건강한 사람의 경우 정상 pH는 7.4를 유지하지만, 체내 산-염기 항상성 유지가 깨지면 심각한 결과를 초래하여 신체 주요 기관의 기능장애를 가져올 수 있다. 실제로 비교적 낮은 동맥혈 pH 변화(pH = 0.1~0.2)도 신체기관의 기능에 커다란 부정적 영향을 줄 수 있다. 대사적 산성증은 체내 산의 증가에 기인하는데 며칠 동안 장기간의 굶주림은 지방대사의 부산물인 체내 케톤산(ketoacid)의 생성에 의해 대사적 산성증을 일으킬 수 있다. 반대로 대사적 알칼리증은 체내에서 산의 감소에 의해 발생한다. 대사적 알칼리증을 일으키는 상황은 지속적인 구토 또는 산의 손실을 일으키는 신장 이상과 같은 질병을 포함한다. 이와 같은 상황에서 산의 감소는 체내 염기 과잉을 초래하여 대사적 알칼리증을 일으킨다. 체액의 pH가 정상범위를 벗어나게 되면 소화기(소장)로부터 산 또는 알칼리 성분을 빼앗음으로써 체액의 pH 균형을 맞춘다. 그 결과 전해질(Ca, Mg, K, Na 등)의 흡수 및 균형에 이상이 발생되어 소화기 장애를 야기시키기도 하며, 산-염기 균형이 맞지 않을 경우에는 신경계 작동에 이상이 발생하기도 한다(산성혈증: 혼수상태에 빠짐/알칼리혈증: 매우민감하고 신경질적임).

이렇게 중요한 pH 균형을 위해 인체에는 급격한 pH 감소나 증가를 막기 위한 산-염기 상태를 조절하는 시스템이 있으며, 체액의 수소이온 농도를 조절하는 가장 중요한 수단중의 하나는 완충제(buffer)의 도움을 받는 것이다. 완충제는 H^+농도가 증가하면 H^+을 제거하고 H^+ 농도가 감소하면 H^+을 방출하여 pH 변화를 막는다.

14.2 pH 측정 원리

pH는 수용액상에 녹아있는 수소이온 농도를 수소이온 감응전극을 이용하여 전기화학적으로 발생하는 전위차로 측정한다. 이를 위하여 외부용액에 대해 일정한 전위를 유지하는 기준 전극을 이용하여 수소이온 감응전극과의 전위차를 측정한다(pH 값을 알고 있는 용액(보정용액)을 이용하여 전위를 측정하고 그에 해당하는 보정곡선(1차 또는 2차식)을 얻은 후, 시료용액의 전위차를 측정한 값을 보정곡선을 이용하여 pH로 환산한다).

이와 같이 기준 전극을 기준으로 작동 전극의 전위를 측정하는 것을 전위차법(Potentiometry)이라고 한다.

[그림 14-2]는 일반적으로 사용하는 pH 전극 구조이다. 수소이온 감응막은 유리 박막의 다공성 막으로 되어 있다. 유리 박막의 양측에 서로 다른 2종(A: HCl 용액, B: 시료용액)의 용액을 놓으면, 양쪽 용액의 pH 차에 비례한 기전력이 유리박막의 양면에서 발생함을 이용한 것이 유리 전극 구조의 pH 센서 원리이다. 얇은 유리막으로 만들어진 용기의 내부에 pH를 알고 있는 용액을 미리 넣고, 이것을 시료액의 내부에 침지시키면 유리막의 양쪽에 기전력이 생기므로 양쪽 용액에 적당한 전극(내부 전극(E_1), 기준 전극(E_2))을 넣어서 양 전극간의 전위차를 측정하면 유리막에 발생하는 기전력을 알 수 있다.

본 실험에서는 pH 센서를 구성하는 내부 전극과 기준 전극과의 전위 차이를 측정하기 위해 NI사의 USB-DAQ 카드와 차동 회로 터미널을 이용하여 두 가지 전극(E_1, E_2) 사이에서 발생하는 전위차를 측정한다.

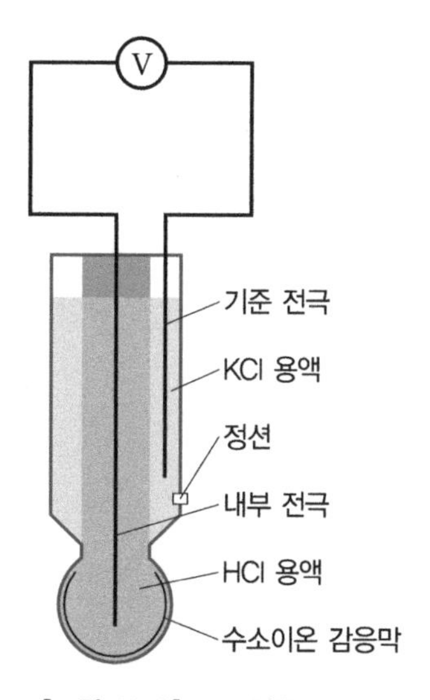

[그림 14-2] pH 전극 구조도

14.3 pH 측정 실험

14.3.1 목표

전위차 측정 회로로부터 측정된 pH 센서의 아날로그 신호를 DAQ 카드와 pH 값을 LabVIEW를 통하여 분석하고자 한다.

14.3.2 준비물

DAQ카드, 전위차 아날로그 측정 회로, pH 센서, 0.1M PBS 용액(pH 2, 4, 6, 8, 10, 12)

[그림 14-3] USB 방식의 NI사의 DAQ 카드

14.3.3 방법

❶ 전위차 측정 회로는 pH 센서의 내부 전극(working electrode)을 다음 그림의 V_Ch1 단에 연결하고, 기준 전극(reference electrode)을 Ref 단에 연결한다.

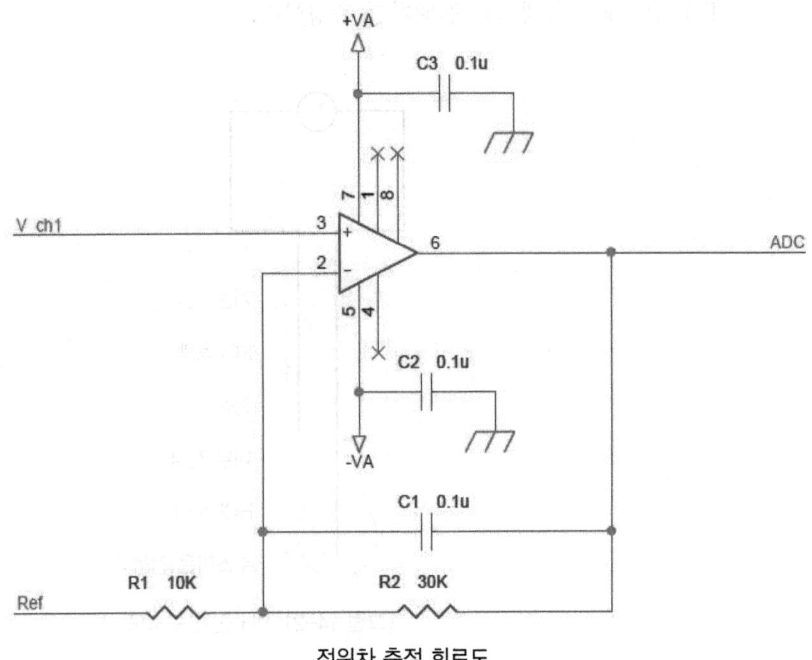

전위차 측정 회로도

❷ pH 측정을 위한 pH 센서는 상용으로 판매하는 유리막 기반의 pH 전극을 이용할 수 있으며, 본 실험에서는 서울대 의용전자 연구실에서 제작한 칩타입의 pH 센서를 이용하였다.

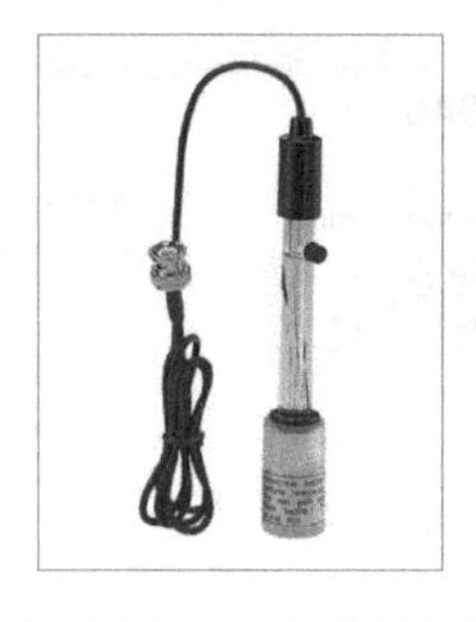

유리막 기반의 pH 전극(상용), 칩타입 pH 전극(서울대 Melab)

❸ 전위차 측정 아날로그 회로의 입 · 출력, 전원, GND 단자를 다음 표와 같이 USB-DAQ 카드의 해당되는 자리에 연결한다.

단자 순서

Potentiometry 아날로그 회로	USB-DAQ 카드 단자
±5V	±5V
GND	GND
입력단자	AI0

❹ 아날로그 전위차 측정 회로로부터 측정되어 나온 신호를 분석하기 위해 LabVIEW 프로그램을 이용하여 다음 그림과 같이 DAQ 어시스턴트를 실행시킨다.

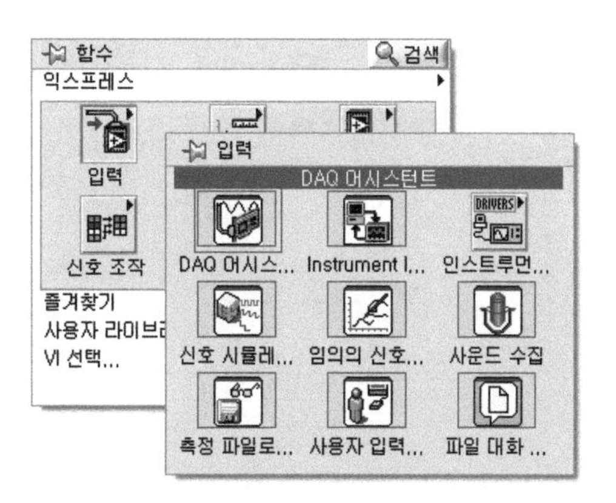

⑤ 전위차 측정을 위한 아날로그 회로로부터 측정된 결과를 데이터 신호 수집을 위하여 DAQ 카드를 이용하고 아날로그 입력의 전압을 선택하여 다음 그림과 같이 한 개의 채널(AI0)를 선택한다.

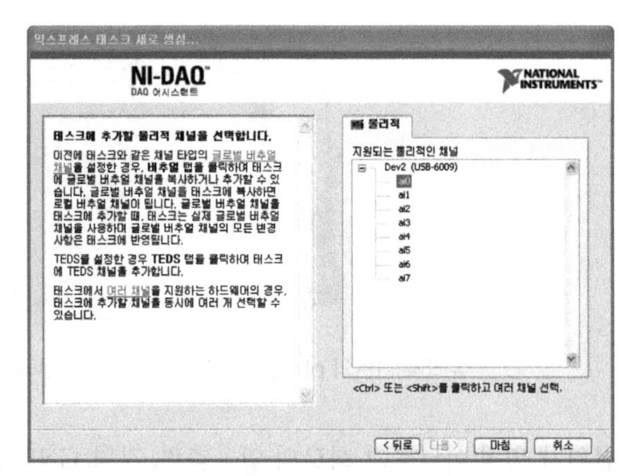

입력신호 수집을 위한 LabVIEW 익스프레스 테스크 창

⑥ 전위차 회로로부터 측정된 작동 전극과 기준 전극 사이에 전압 차이를 측정하기 위하여 다음 그림과 같이 DAQ 어시스턴트 창의 전압 입력 범위를 pH 센서 성능

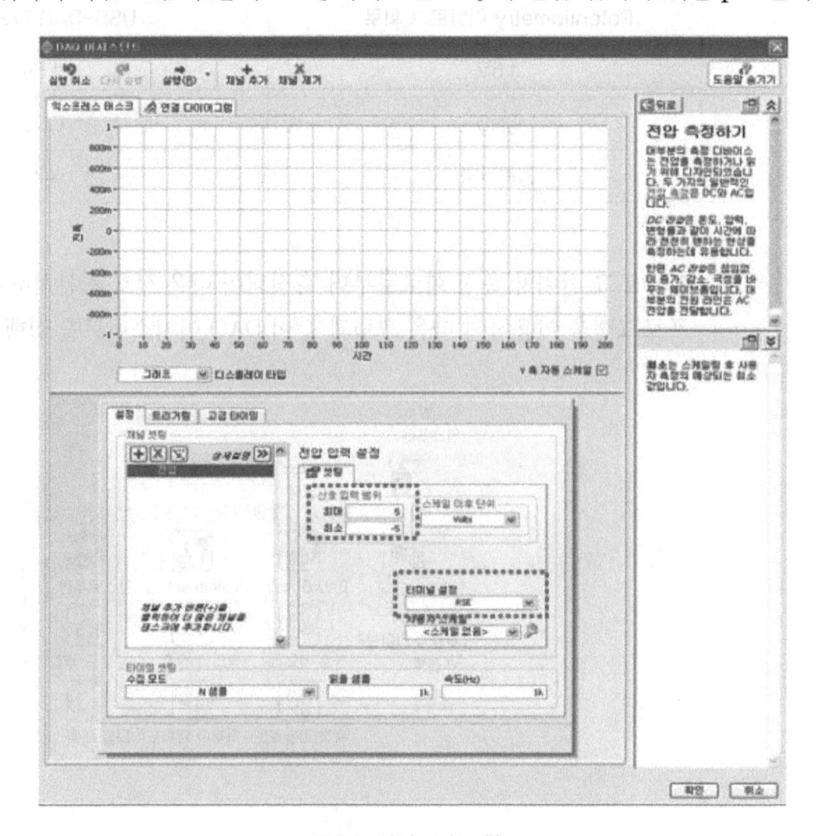

DAQ 어시스턴트 창

에 알맞은 +5/−5 볼트로 선택한다. 터미널 설정의 RSE는 전위차 회로와 같이 두 전극 사이에 차이 전압을 단일단자 부동신호원으로 측정할 때 주로 사용한다.

⑦ LabVIEW를 이용하여 다음과 같이 블록다이어그램을 설정한다.

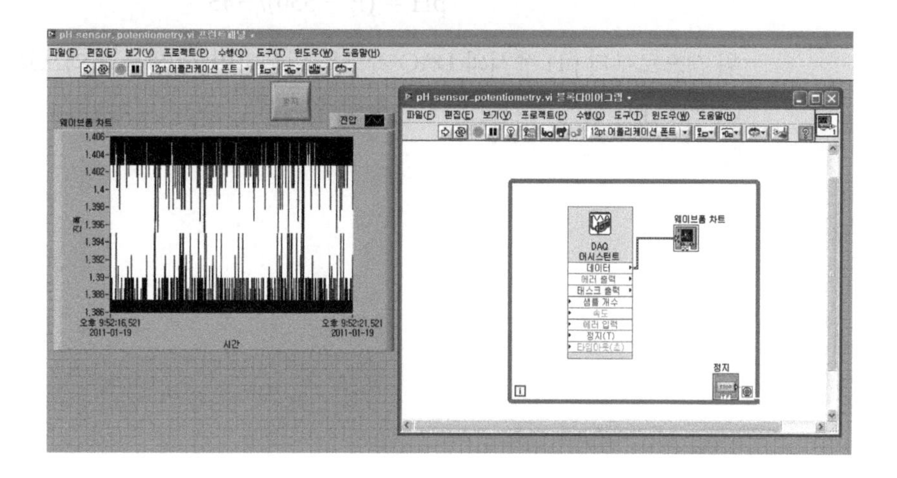

⑧ 0.1 M PBS 용액을, pH 2~12까지 6종의 용액을 차례로 준비한 pH 전극에 떨어뜨려 실험한 후 측정된 전위값을 저장한다.

14.3.4 결과 및 토의

- 전위차 측정 회로를 이용하여 측정한 결과는 전압으로 표시되며, 샘플 용액의 pH 값에 따라서 전위값이 ⑦번 그림과 같이 웨이브폼 차트를 통하여 얻어진다. 측정되는 전위값이 안정화되면 각 pH와 전위값을 [그림 14-4]와 같이 그래프로 그린다.

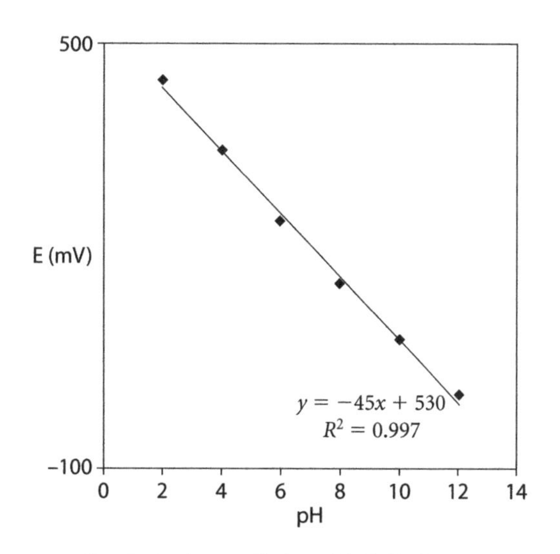

[그림 14-4] pH 센서를 이용한 측정 결과

- 전위차 측정 회로를 통하여 얻은 전위값을 pH 2, 4, 6, 8, 10, 12 샘플 용액과 비교하여 각 용액의 pH에 해당하는 다음과 같은 보정곡선을 얻을 수 있다.

$$E(mV) = -45pH + 530 \tag{2}$$

$$pH = (E - 530)/-45 \tag{3}$$

위 식으로부터 pH 센서와 DAQ 카드를 이용하여 각 샘플 용액으로부터 얻은 전위(mV)를 pH 값으로 환산하여 얻을 수 있다.

15 혈구 계수와 면역분석법

15.1 혈액 생리학

혈액은 액체 성분인 혈장과 고체 성분인 혈구로 구성되어 있다. 척추동물의 경우 혈장은 혈액의 55% 정도를 차지하며, 그 중 91%는 물이다. 또한 삼투압 평형, pH 조절, 막 전위 조절 등을 위한 여러 가지 종류의 염류와 알부민(albumin), 글로불린(globulin), 피브리노겐(fibrinogen) 등의 혈장 단백질로 구성되어 있다. 대부분의 혈장 단백질은 간에서 생성되는데, 수소 이온을 흡수하거나 배출할 수 있어 혈액의 pH를 7.4로 유지시켜 준다. 알부민은 가용성 단백질 중에서 황산암모늄으로 침전되지 않는 단순 단백질을 총칭하는 것이고, 글로불린은 물에 녹지 않으며 약한 염기성 또는 중성 염류 용액에 녹는 단순 단백질을 말한다. 글로불린은 간에서 합성되는 알파 글로불린(α-globulin)과 베타 글로불린(β-globulin), 그리고 림프계통에서 생성되어 면역 항체로서 중요한 기능을 하는 감마 글로불린(γ-globulin) 세 종류가 있다. 한편 피브리노겐은 수용성 단백질로 혈액 응고에 관여하여 혈소판의 침전 속도와 혈액의 점성에 영향을 미친다. 혈장 단백질은 거대 유기분자와 결합하여 운반작용을 하는데, 알부민은 헤모글로빈(hemoglobin)의 분해산물인 빌리루빈(bilirubin)을 운반하고, 글로불린을 포함하고 있는 지단백질은 콜레스테롤(cholesterol)을 운반한다.

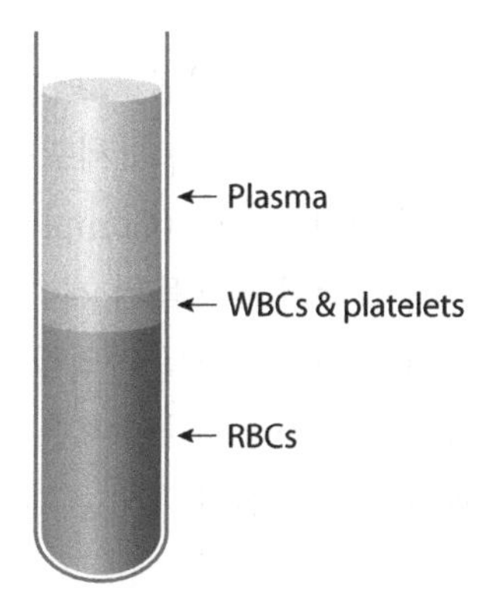

[그림 15-1] 혈액의 구성

혈구에는 적혈구(Red blood cell, RBC), 백혈구(White blood cell, WBC), 혈소판(platelet) 세 종류가 있다. 혈액세포 중 가장 많은 적혈구는 직경 6~8μm이며 혈색소, 즉 헤모글로빈을 포함하고 산소와 이산화탄소를 운반한다. 적혈구 세포질 내부의 헤모글로빈이 폐에서 산소(O_2)와 결합하여 체내의 다른 말초 조직으로 운반하고, 말초 조직으로부터 생긴 이산화탄소(CO_2)를 폐에서 체외에 방출하는 역할을 한다. 적혈구는 양면이 오목한 원반형이며, 표면적이 넓어서 좁은 모세혈관을 통과하기 쉬워 산소운반의 효율을 높인다. 헤모글로빈의 양이 비정상적으로 적거나, 적혈구의 수가 적어지면 빈혈(anemia)이 생긴다.

백혈구는 적혈구와 달리 세포핵을 지니고 있고 독자적인 운동이 가능하다. 백혈구는 아메바 운동을 통해 혈관 밖으로 나와 외부로부터 침입한 세균 혹은 이물질을 섭취하거나 분해하여 무독화 시킨다. 백혈구의 크기는 종류에 따라 9~16μm로 다양하며, 백혈구는 크게 세포내의 과립 함유 여부에 따라 과립성 백혈구(granulocyte)와 무과립성 백혈구(agranulocyte)로 구분된다. 과립성 백혈구는 염색 특징에 따라 호산성 백혈구(eosinophil), 호염기성 백혈구(basophil), 호중성 백혈구(neutrophil)로 나뉘고, 무과립성 백혈구는 림프구(lymphocyte)와 단백구(monocyte)로 나뉜다. 림프구는 세포성 면역에 관여하는 T림프구(약 70%)와 체액성 면역에 관여하는 B림프구(약 30%)로 구분된다.

혈소판은 핵이 없고 직경이 2~3μm이다. 혈소판은 혈액의 응고와 지혈작용으로 혈액의 손실을 막고 혈관의 재생을 돕는다. 혈소판의 부족은 점상 출혈을 일으키며, 멍이 잘 들고 코피가 잘 나게 된다. 또한 방사선 노출에 가장 먼저 감소하므로 방사선 장애의 지표로도 사용된다.

15.2 혈구 계수(Blood Cell Count) 원리

15.2.1 일반 혈액 검사, 전혈구 검사(Complete Blood cell Count)

혈액 속에 존재하는 혈구들인 적혈구, 백혈구, 그리고 혈소판에 대한 지표를 통하여 다양한 정보를 얻을 수 있다. 혈액의 세포학적 및 이학적인 성질과 상태를 검사하는 혈액 검사 방법 중의 하나로 CBC(Complete Blood cell Count) 검사가 있다. CBC 검사를 통해서 얻어진 각각의 세포들의 개수가 기준치보다 비정상적으로 높거나 낮은 경우 다양한 질병과의 상관관계를 파악할 수 있어, 이 자료로부터 환자의 일반적인 건강 상태를 알 수 있다. 그리고 나이 혹은 성별에 따라서 기준치가 달라지므로 검사 결과를 해석할 때 참고해야 한다.

CBC 검사에서는 혈액응고를 방지하기 위해 항응고제 처리가 된 튜브에 담긴 혈액을 이용한다. CBC 검사는 크게 사람이 직접 수동으로 하는 방법과 기기를 이용한 자동화된 방법이 있다. 수동으로 하는 방법은 희석한 혈액을 이용하여 혈구 계산판 위에 고르게 분포시키고, 격자당 어떠한 세포가 얼마만큼 있는지를 현미경을 보고 직접 수를 세는 방식이다. 직접 수를 센 후에 적절한 수치(희석 비, 부피 비 등)를 곱하여 세포의 절대적인 개수를 얻을 수 있다.

자동화된 방법에서는 혈액을 얇은 관을 통과시켜 CBC 검사기기로 흘려보내 여러 센서들을 통과시킨다. 이때 센서들로부터 혈액 속에 들어 있는 세포의 개수 또는 세포의 종류에 대한 정보를 얻을 수 있다. 여러 가지 센서들이 많이 개발되고 있지만, 가장 상용적으로 사용되는 방식은 빛을 이용한 방식과 전기적인 임피던스 변화를 이용한 방식(Coulter counter)이 있다. CBC 검사기기는 세포의 크기에 대한 정보를 제공하며, CBC 검사기기를 통해서 나온 결과값은 컴퓨터를 통해 크기에 따른 세포들의 분포도를 그려준다. 이 분포도로부터 평균적인 세포의 개수를 측정한다.

CBC 검사를 통해서 적혈구, 백혈구, 혈소판에 대한 정보를 얻을 수 있다. 적혈구 결과로부터 총 적혈구량(Total RBCs), 헤모글로빈량(Hgb, Hemoglobin), Hematocrit (Hct; 전혈에서 적혈구가 차지하는 부피), 적혈구 크기의 분포도 넓이(RDW, Red blood cell distribution width) 등의 정보를 얻을 수 있다. 성인의 경우 적혈구 수는 450만 ~ 500만/mm^3이며, Hgb는 13.5~17.5g/dl, Hct는 41~55%이다. 적혈구 결과가 기준치보다 높을 경우 원발성 다혈구 혈증, 탈수, 부신부전증 등의 증상을 의미하고, 기준치보다 낮을 경우 철결핍 빈혈, 용혈성 빈혈, 간경화 등의 증상을 의미한다.

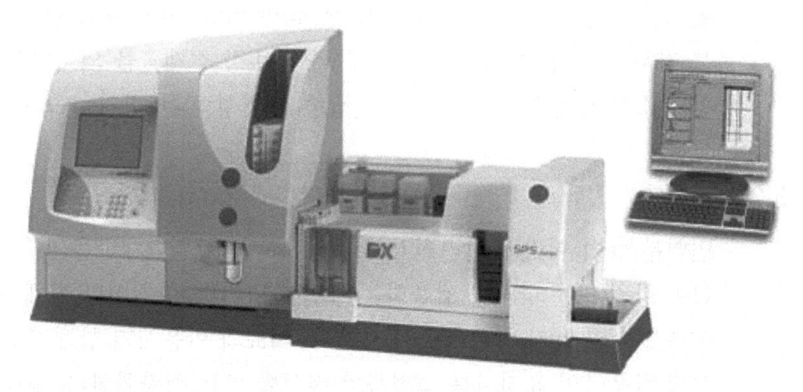

[그림 15-2] CBC test를 위한 자동화기기(ABX Pentra DF 120, HORIBA)

백혈구 결과를 통해서는 WBC differential count 정보를 얻을 수 있다. 여러 가지 종류의 백혈구(Neutrophil, Eosinophil, Basophil, Lymphocyte, Monocyte)가 각각 차

지하는 비율에 대한 정보로써 환자의 건강 상태를 알 수 있다. 백혈구 수의 성인 기준치는 약 4000~10000/mm^3이다. WBC differential count를 통하여 구해진 각각의 백혈구수가 기준치와 다를 경우 여러 가지 증상을 의미하며, 그 증상들은 [표 15-1]과 같다.

[표 15-1] WBC differential count 분석표

	정상치	많은 경우	적은 경우
Neutrophil	47~77%	• 세균 감염 • 화상 • 염증성 질환	• 방사선 노출 • 홍반성 낭창 • 비타민 B1, 2 결핍
Eosinophil	0.3~7%	• Allergy 질환 • 기생충 감염 • 피부 질환 • 암 or 백혈병 • 자가 면역 질환	• Cushing Syndrome • 약물 or 스트레스에 대한 반응
Basophil	0.3~2%	• 암 or 백혈병 • 갑상선 기능 저하	임신 or 배란기 • 갑상선 기능 항진증
Lymphocyte	16~43%	• 바이러스 • 면역성 질환	중증 만성질환 • 고스테로이드 혈청
Monocyte	0.5~10%	• 바이러스 or 곰팡이 감염 • 암 or 백혈병 • 결핵	• 아주 드물게 나타남

혈소판의 경우 성인 기준치는 13만~40만/mm^3이다. 혈소판의 수가 기준치보다 높은 경우는 악성 종양, 진성 다혈구 혈증, 비장 절제술을 의미하고, 낮은 경우는 혈소판 감소성 자반증, 후천성 면역 결핍증, 용혈성 질환, 방사선 노출을 의미한다.

15.2.2 면역분석법(Immunoassay)과 바이오마커(biomarker)

면역분석(법)이라고 알려진 Immunoassay는 항원항체반응의 고도의 특이성을 이용하여 항원 또는 항체를 검출하는 방법을 말한다. 항원이나 항체 중의 어느 한쪽이나 양쪽을 여러 가지 방법으로 표지한 후, 시료와 반응시켜 항체 또는 항원에 의하여 생성된 반응물의 표지자를 측정하여 정성화 또는 정량화한다. 생명체의 정상 또는 병리적인 상태, 약물에 대한 반응 정도 등을 객관적으로 측정하며, 치료 예측도 가능하게 하는 표지자를 바이오마커(biomarker)라고 한다. 다양한 바이오마커의 개발은 질병의 발생과 진행에 관련된 주요 단백질의 탐색 그리고 임상에서 이용 가능한 대체약물 개발, 약물 독성 분석에 사용될 표준 단백질의 탐색 및 검증 등에 응용되기

때문에 매우 중요하며, 많은 발전의 필요성을 지닌 분야이다.

1 면역분석법(Blood immunoassay)의 측정 원리 및 방법

Immunoassay는 표지방법에 따라 방사면역정량법(radio immunoassay), 응집반응법(particle immnoassay), 효소면역정량법(enzyme immunoassay), 형광면역정량법(fluorescence immunoassay), 화학발광면역측정법(chemiluminescent immunoassay) 등으로 분류된다. 이러한 방법에 의한 검출 감도는 ng(10억분의 1g)에서 pg(1조분의 1g) 정도로 매우 높은 것으로 알려져 있다.

2 응집법(Particle immunoassay)

항원과 항체의 결합에 의해 응집반응(agglutination)이 나타나는 것을 이용한다. 대개 적혈구나 라텍스(latex), 젤라틴(gelatin)등에 항원이나 항체를 부착시켜 입자가 반응하면 응집을 나타내는 것을 측정한다. 응집반응의 측정은 빛의 흡수 정도를 혼탁측정법(turbidimetry)을 이용하거나 빛의 산란 정도를 비탁법(nephelometry)으로 측정한다.

3 효소면역측정법(Enzyme immunoassay, EIA)

항원과 항체의 결합을 효소반응을 이용하여 측정한다. 대개 측정하고자 하는 물질과 결합하는 항체에 효소를 미리 부착시켜놓고 항원항체반응을 일으킨다. 그 후 결합한 효소에 반응하는 기질을 넣어주면 효소반응이 일어난다. 효소반응의 산물은 대개 색깔을 띠는 물질로 이를 분광광도계(spectrophotometer)로 측정한다.

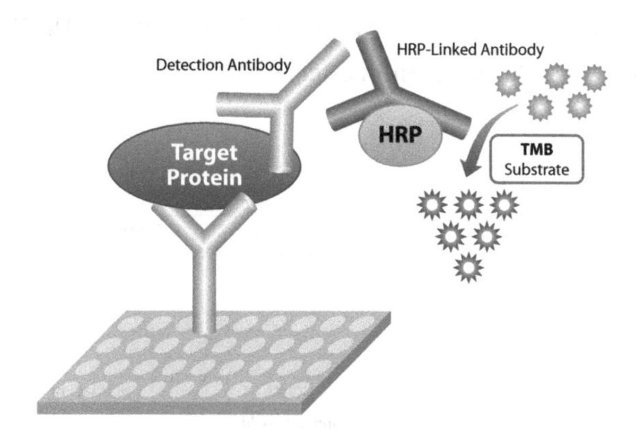

[그림 15-3] 효소면역측정법

4 형광면역측정법(Fluorescence immunoassay)

항원과 항체의 결합을 형광반응을 이용하여 측정한다. 형광반응이란 형광물질이 특정파장의 빛을 흡수하여 형광물질의 분자가 여기(excitation)되었다가 다시 원래의 상태로 돌아오면서 흡수하는 빛과는 다른 파장의 빛을 내는 반응을 말한다. 면역측정에 이용할 때에는 측정하고자 하는 물질과 같은 물질에 형광물질을 부착하거나, 측정하고자 하는 물질과 반응하는 항체에 형광물질을 부착하여 항원항체반응을 일으킨다. 반응이 일어난 후 형광반응을 일으킬 수 있는 파장의 빛을 투사하면 형광 물질의 양에 비례하여 형광을 내고, 이 형광의 세기로부터 측정물질의 농도를 계산한다.

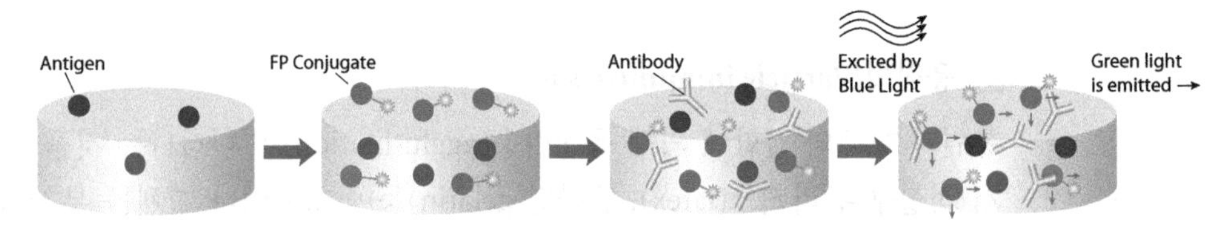

[그림 15-4] 형광면역측정법

5 화학발광면역측정법(Chemiluminescence immunoassay)

항원과 항체의 결합을 화학발광반응을 이용하여 측정한다. 화학발광반응이란 화학발광물질이 여기(excitation)되었다가 기저상태로 돌아오면서 빛을 발하는 현상으로, 분자를 여기(excitation)시키는 에너지가 빛이 아닌 화학반응이라는 점에서 형광과 다르다. 면역측정에 이용할 때에는 다른 방법들과 마찬가지로 측정하고자 하는 물질과 같은 물질에 화학발광물질을 부착하거나 또는 측정하고자 하는 물질과 반응하는 항체에 화학발광물질을 부착하여 항원항체반응을 일으킨다. 반응이 일어나고 필요한 화학반응을 일으킨 후, 발산되는 발광의 정도를 측정하여 측정물질의 농도를 계산한다. 대표적인 발광물질로는 루미놀(luminol), 이소루미놀(isoluminol), 아크리디늄에스터(acridinium ester) 등이 있다.

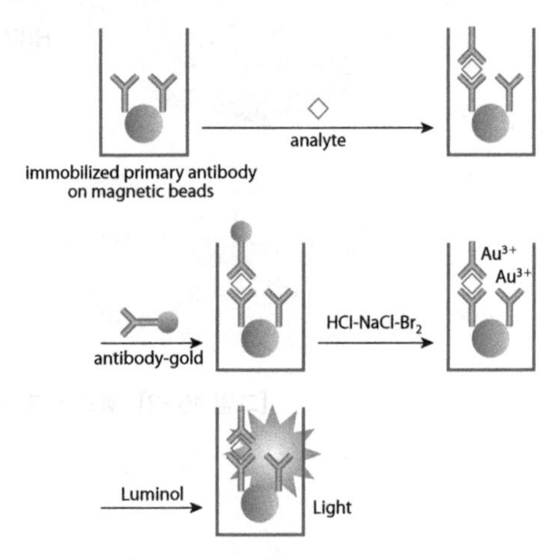

[그림 15-5] 화학발광면역측정법

15.3 혈구 계수 실험

15.3.1 목표

CBC 검사 및 Blood immunoassay를 위한 장비는 고비용의 복잡한 광학 시스템과 미세유체 시스템 등이 조합되어 작동하기 때문에 전체를 모사하여 실험에 사용하는 것은 매우 어려운 일이다. 그러므로 다음에서 설명하는 CBC 검사 및 Blood immunoassay를 위한 소형화된 시스템을 이해하는 것으로 대신하고, 센서 신호를 LabVIEW와 DAQ card를 활용하여 디스플레이할 수 있는 프로그램을 구현해 보는 것을 목표로 한다.

15.3.2 준비물

- NI DAQ card와 connection cable
- 미세유체역학 칩(형광 및 임피던스 검출용)
- 광증배관(PMT)
- 전자회로(광증배관 증폭회로, 임피던스 분석회로)
- 실험 setup(대물렌즈, 형광필터)

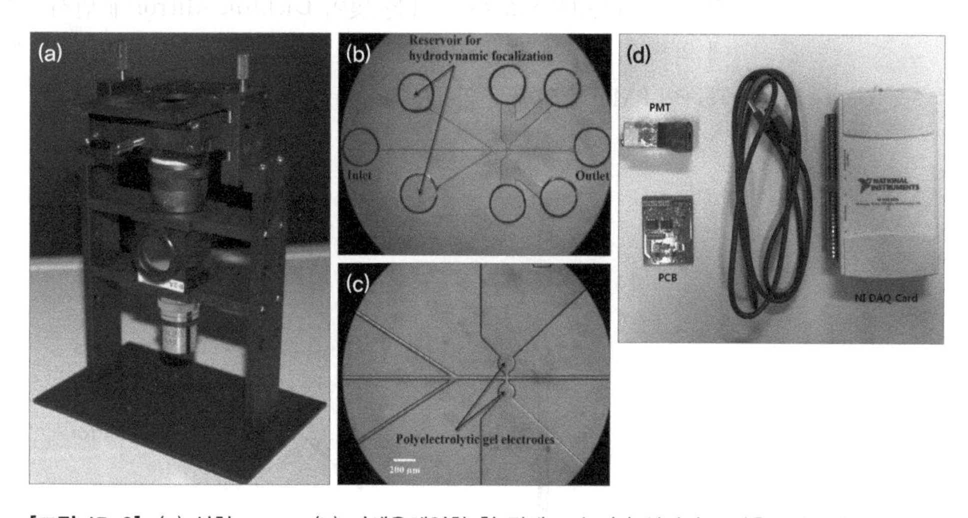

[그림 15-6] (a) 실험 setup, (b) 미세유체역학 칩 전체 모습, (c) 임피던스 검출부위가 확대된 칩의 모습, (d) PMT, PCB board, DAQ card

15.3.3 방법

1 이론

❶ 임피던스 분석부: 모든 유체채널은 1M KCl로 채워져 있고, 임피던스 측정용

전극으로 사용되는 염다리가 위치한 교차채널은 Ag/AgCl 전극을 통해 분석 회로와 전기적으로 연결되어 있다. 이때 양쪽 염다리 전극 사이의 유체채널에 입자가 지나가게 되면 전기적인 흐름이 바뀌면서 임피던스에 변화가 생기고, 이 변화를 회로를 통하여 측정한다.

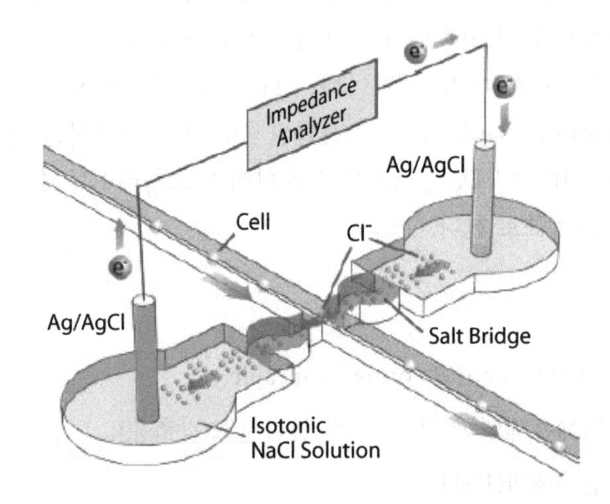

미세유체역학 칩의 임피던스 분석부 모식도(Analytical Chemistry, Vol. 77, No. 8, April 15, 2005)

❷ 형광분석부: 광원으로부터 나온 빛이 Dichroic Mirror에 반사되어 대물렌즈에 의해 검출부에 집광된다. 그 빛에 의한 형광은 다시 Dichroic Mirror를 통과하여 PMT에 의해서 읽혀진다.

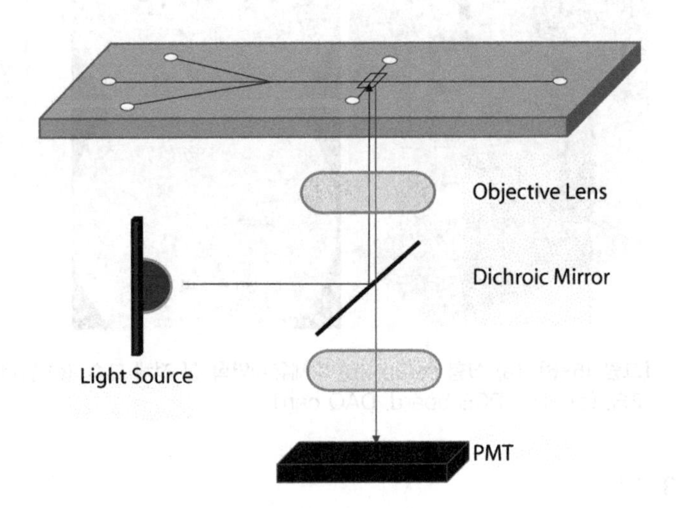

미세유체역학 칩의 형광분석부 모식도(Analytical Chemistry, Vol. 77, No. 8, April 15, 2005)

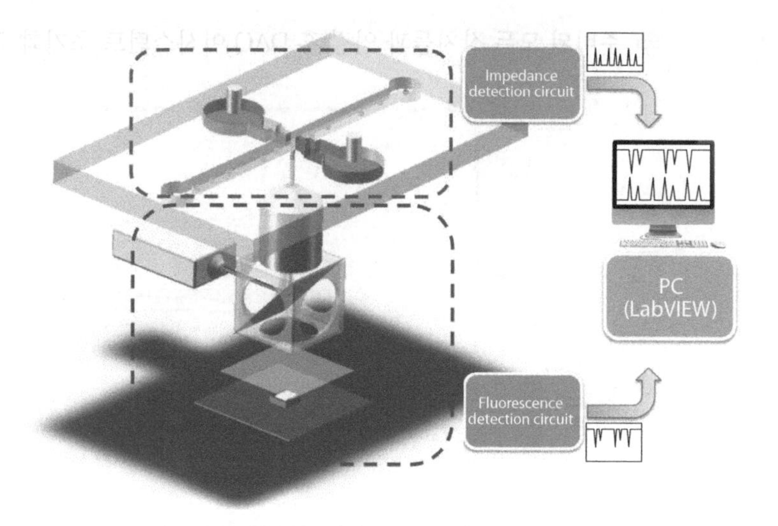

임피던스 및 형광분석이 가능한 미세유체역학 칩의 전체 구성도

2 센서의 신호를 디스플레이할 수 있는 LabVIEW 프로그램 만들기와 설정

❶ DAQ 어시스턴트를 활용한 LabVEIW vi 파일을 완성한다.

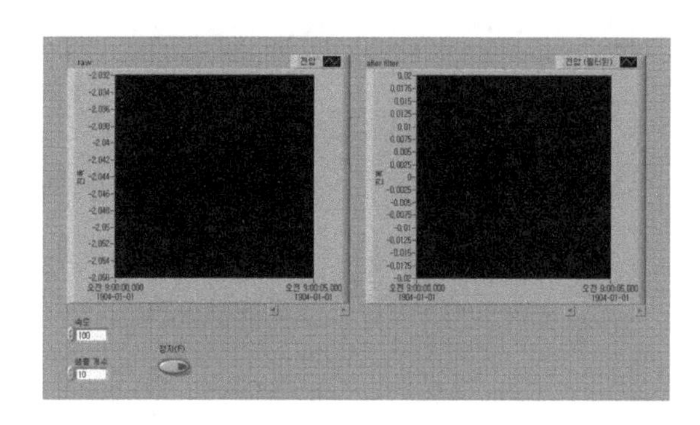

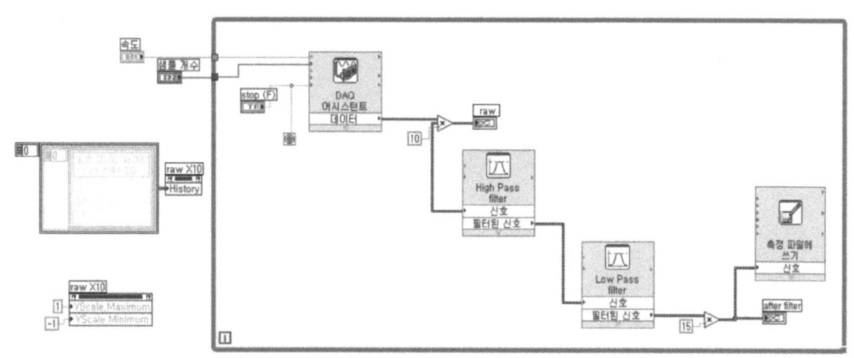

완성된 vi 프로그램 예시 - 프런트패널과 블록다이어그램

❷ 준비된 모든 장치들과 연결 후 DAQ 어시스턴트 초기화 작업을 시작한다.

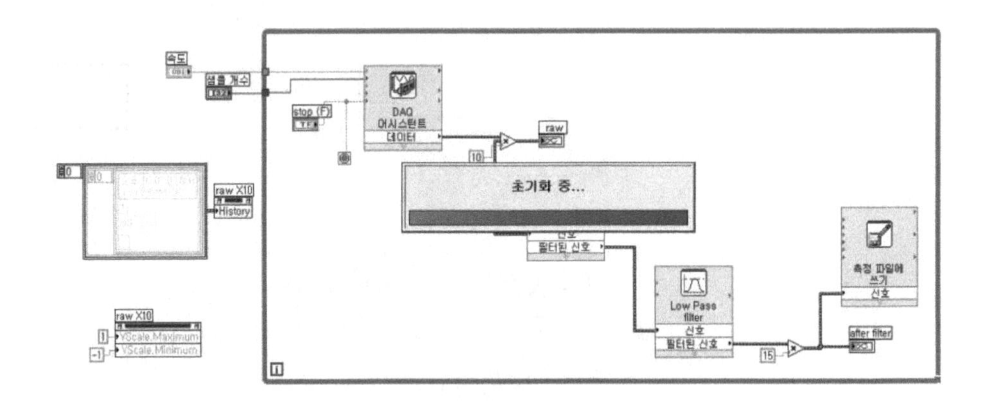

❸ DAQ 어시스턴트를 더블 클릭하여 창을 연다.

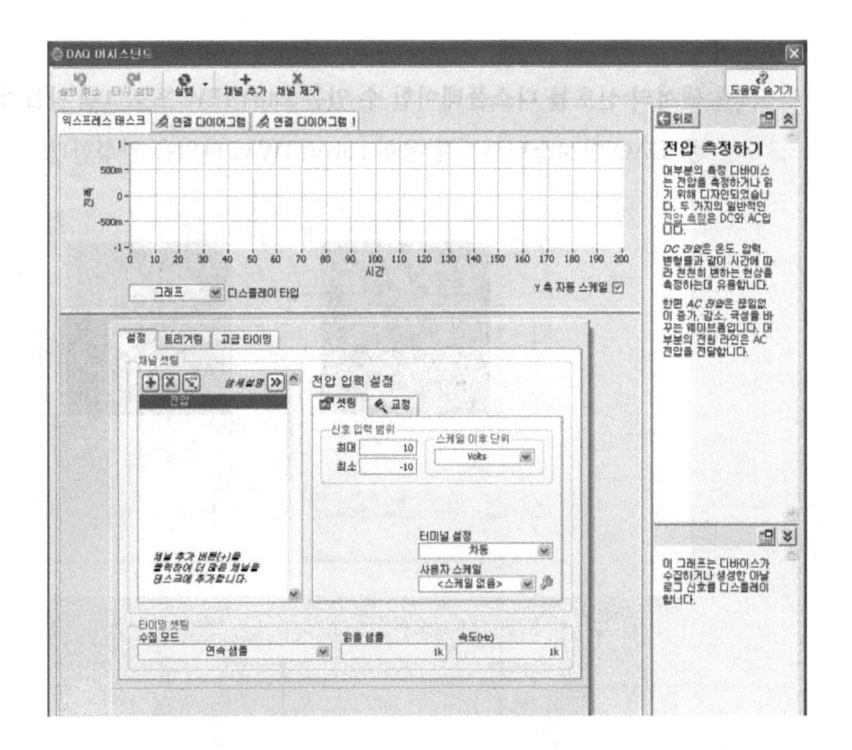

④ DAQ card에서 사용할 신호들과 물리적 채널들을 설정한다(원하는 만큼의 채널들로부터 신호를 얻을 수 있다).

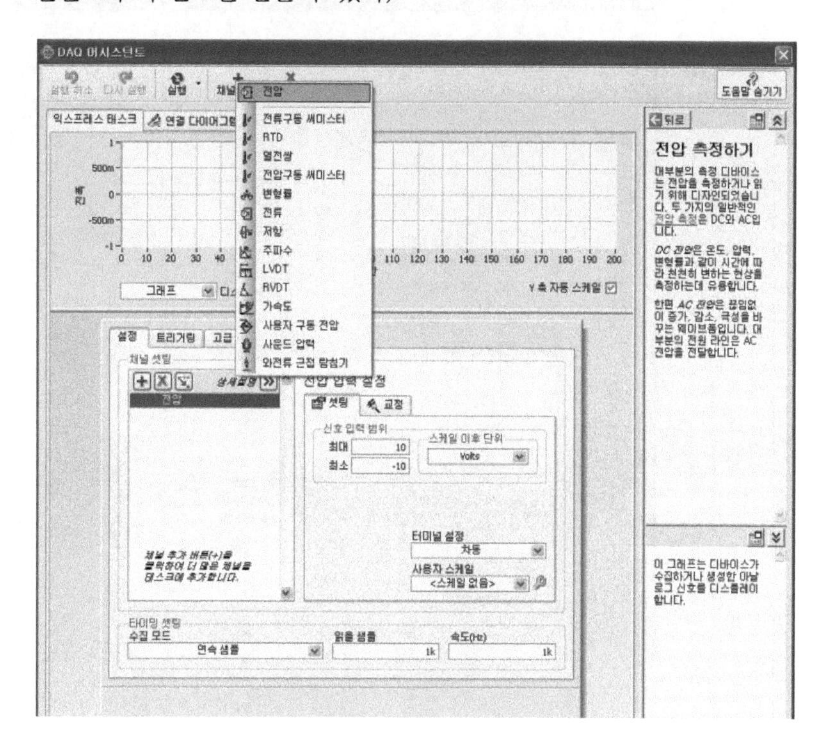

⑤ 설정을 끝내고 test 후 확인한다.

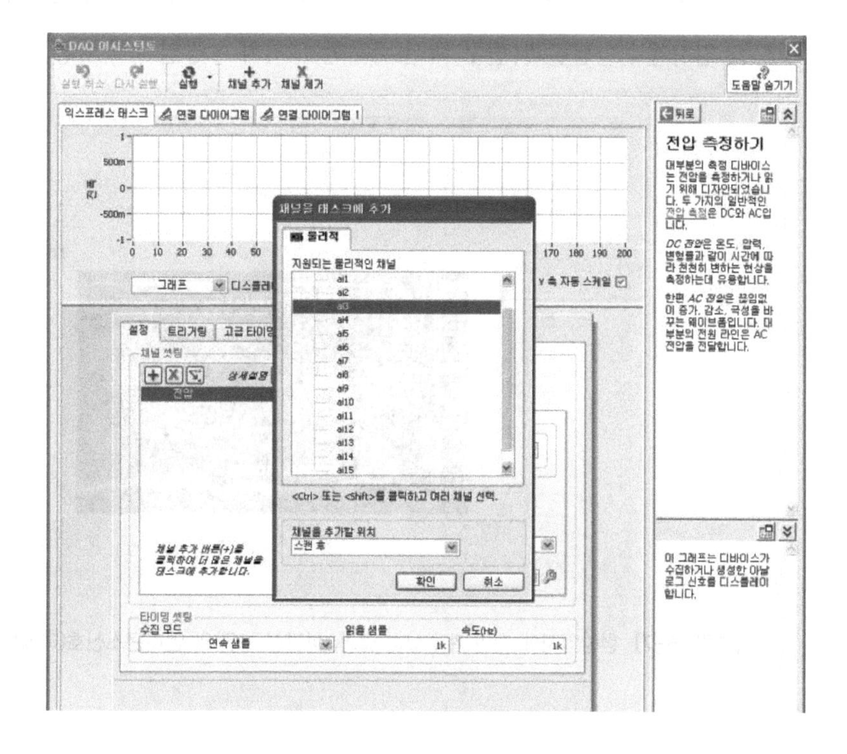

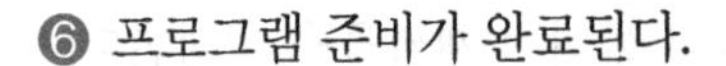
⑥ 프로그램 준비가 완료된다.

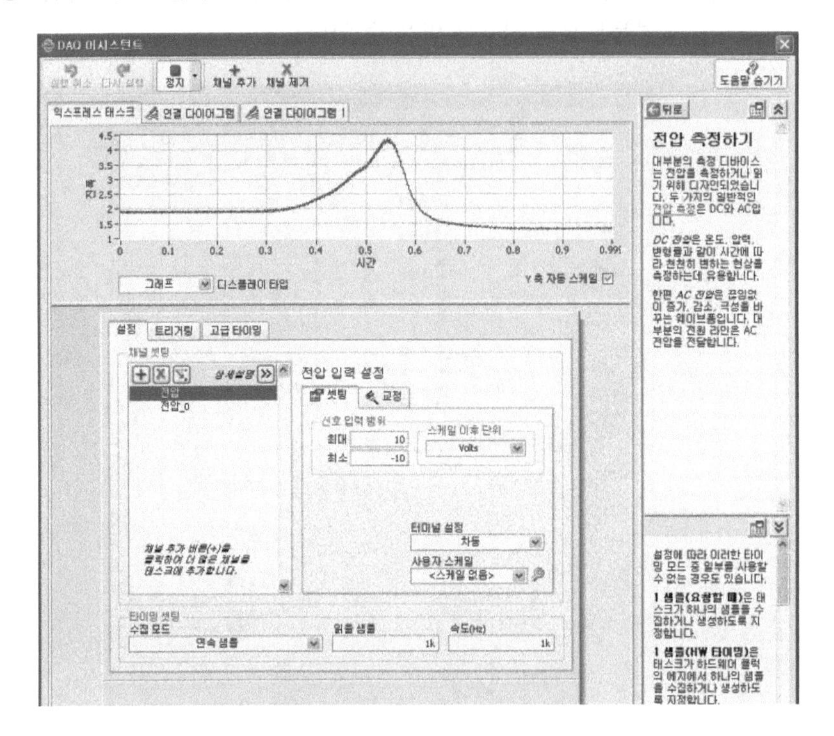

15.3.4 결과 및 토의

(아래의 결과는 PMT와 염다리 전극이 장착된 미세유체역학 칩이 활용됨)

- 입자계수실험결과(혈구 대신 비슷한 크기의 형광입자를 사용)

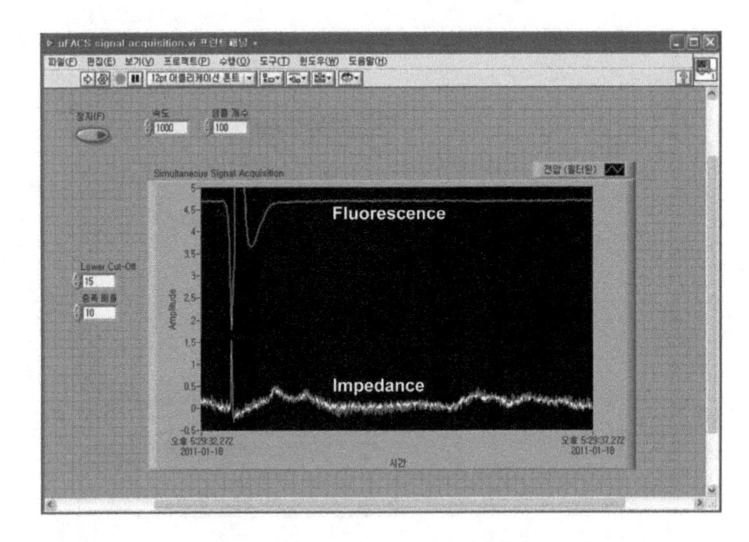

[그림 15-7] 형광입자에 대한 계수실험 결과: 형광신호(위)와 임피던스신호(아래).

하나의 입자가 지나갈 때, 임피던스 신호의 변화 peak와 형광분석부에 의한 형광 peak가 잘 동기화 되어 있는 것을 확인할 수 있다. 형광신호는 대역통과필터(BPF)를 통과한 모습이다.

- 형광신호처리 결과

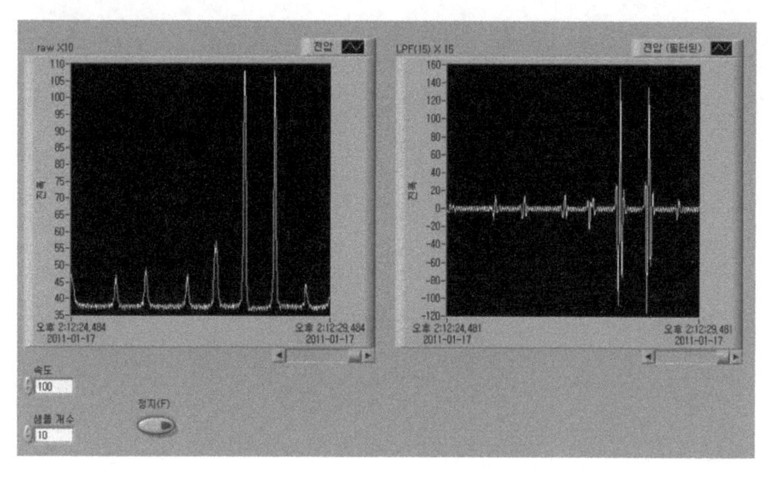

[그림 15-8] 형광입자로부터 측정한 형광신호와 기저선변동 제거와 고주파 잡음제거를 위해 신호처리한 결과: PMT에서 얻은 원신호(왼쪽)와 대역통과필터(BPF)를 통과한 신호(오른쪽).

[그림 15-8]에서 볼 수 있듯이 각각의 형광입자에서 형광 변화를 검출할 수 있으며, 형광의 강도에 대한 정보도 얻을 수 있다. 이를 이용하면 혈구세포를 비롯한 다양한 입자의 개수를 계수할 수 있는 시스템을 구현할 수 있다.

예시로 구현된 LabVIEW 프로그램은 사용자의 필요에 맞게 샘플링속도, 샘플개수, 필터, 파일 저장 등을 쉽게 설정하여 외부에서 얻어지는 전압신호를 DAQ card 를 통하여 제어할 수 있는 간단한 솔루션으로 활용할 수 있다.

CHAPTER

16 뇌파

16.1 신경계 생리학

뇌는 대뇌, 소뇌, 간뇌, 뇌간(중뇌, 뇌교, 연수)로 구성된다. 뇌는 매우 부드러운 조직으로 뇌척수막에 싸여 뇌척수액 속에 떠 있는 상태로 존재하며, 쉽게 손상되지 않도록 바깥의 딱딱한 두개골에 의해 보호된다.

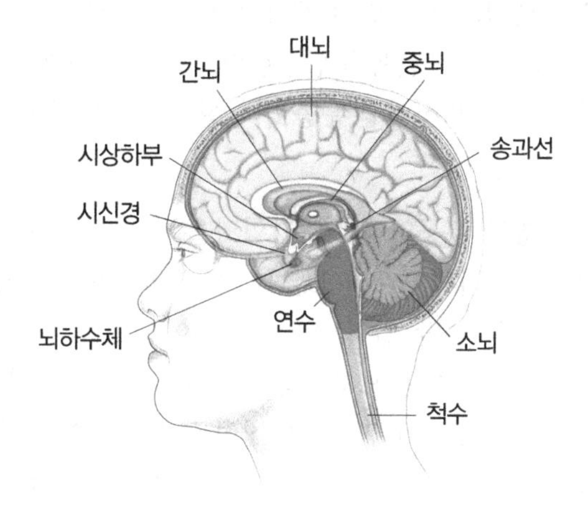

[그림 16-1] 뇌의 구조

16.1.1 대뇌

대뇌는 왼쪽, 오른쪽 두 개의 반구와 두 반구를 연결하는 신경 섬유 조직인 뇌량으로 구성된다. 대뇌의 표면은 회백질의 대뇌피질로 이루어져 있고, 대뇌피질은 약 2~4mm의 두께로 약 140억 개의 신경세포로 이루어져 있으며 심하게 주름져 있다. 수많은 주름에 의해 홈과 둔덕이 생기는데, 큰 홈과 둔덕을 따라 전두엽, 측두엽, 두정엽, 후두엽으로 나누어진다. 신경 세포들의 분포상황이 피질 부위에 따라 다르기 때문에 신경 세포 분포에 따라 운동영역, 체성감각영역, 청각영역, 시각영역, 후각영역 및 미각영역으로 나누어진다. 대뇌피질에서 감각영역과 운동영역을 제외한 나머지 영역은 특정기능과 연관시키기 어려워 연합영역이라고 지칭하며, 여러 영역들을 서로 연결하고 통합하는 역할을 담당한다. 독일의 브로드만(Brodmann)은 대뇌피질을 좀 더 세분화시켜 총 52영역으로 구분했으며, 이는 피질의 기능과 함께 중추의 부위를 나타내는 데 이용되고 있다. 대뇌피질은 뇌로 들어오는 외부로부터의 모든 정보를 분석, 판단하는 최고의 중추로서 인간이 가지는 고도의 감각과 지각, 운동과 기술, 사고력, 상상력, 언어능력을 관장한다. 또한 외부로부터 새로운 정보를 받아서 기존에 저장되어 있는 정보와 비교, 분석한 후 판단을 해서 결정을 하거나 명령을 내리는 역할을 한다. 사람의 뇌는 다른 동물에 비해 대뇌피질이 크게 발달하였는데, 이것이 인간이 다른 동물에 비해 고등 기능을 수행할 수 있게 해준다.

❶ **감각 영역:** 체성감각영역은 브로드만의 제 1, 2, 3영역에 해당하며 자극의 위치, 강도, 형태 등을 자세히 감별한다. 이 피질 부위에 병변이 생기면 통각, 온각, 냉각, 압각 및 촉각 등이 현저히 감소되고 식별감각과 체위감각이 소실된다. 시각영역은 제 17영역, 청각영역은 제 41, 42영역에 해당한다.

❷ **운동 영역:** 브로드만의 제 4영역에서는 신체의 하부, 상부, 얼굴, 좌우의 지배등 전신의 골격근 운동을 담당한다. 브로드만의 제 6, 8영역은 전운동영역이라고 하며, 주로 무의식적인 운동이나 긴장을 지배하여 자세조정이나 근육의 협력작용을 담당한다.

❸ **연합 영역:** 운동영역과 감각영역을 제외한 나머지 넓은 피질영역에 해당하며, 전체 대뇌피질의 약 80~90%를 차지한다. 이 영역에서는 인간의 고등한 정신과 관련된 인식, 판단, 언어, 기억, 학습, 이성, 인격 등의 기능을 주관한다. 이 영역에는 언어를 담당하는 브로카영역(Broca's area)과 베르니케영역(Wernicke's area)이 포함되어 있어 이 부위에 병변이 생기면 실어증 증상이 나타난다. 이 외에도 연합영역이 손상되면 체성감각, 운동능력은 정상이지만 대상을 인식하는 데 어려움을 느끼며 실어증 외에도 기억상실증, 실인증, 실행증 등의 증상이 나타난다.

16.1.2 소뇌

소뇌는 후두엽 밑에 위치하며 약 120~150g 정도로 전체 뇌의 약 10%를 차지한다. 감각 인지의 통합 조정으로 대뇌의 운동중추를 돕고 근육 운동을 조절하여 자세와 평형감각을 유지한다. 운동기능에 있어서 대뇌 다음으로 중요한 부분이며, 소뇌에 문제가 생기면 운동은 할 수 있지만 동작이 섬세하거나 빠르지 못하고, 균형 감각이 떨어져 똑바로 걷지 못하고 비틀거리게 된다.

16.1.3 간뇌

간뇌는 대뇌와 중뇌 사이에 위치하고 항상성을 유지하는 역할을 하며, 시상과 시상하부로 구성된다. 시상은 감각계의 최종중계소로서 모든 감각신경이 시상을 거쳐 대뇌피질로 전해진다. 또한 시상하부는 자율신경계의 최고 중추로서 체온, 섭식, 삼투압, 생체리듬 등을 조절하며 시상하부 아래쪽에는 뇌하수체가 연결되어 있어 뇌하수체의 호르몬 분비에도 관여한다.

16.1.4 뇌간

중뇌, 교뇌, 연수는 그 기능이 서로 연결되어 있고 이를 통칭하여 뇌간이라고 하며, 대부분의 뇌신경들의 기점이다. 뇌간에서는 호흡, 순환, 심장박동, 소화 등 생명활동과 직결된 작용을 한다. 중뇌는 뇌간 중 가장 작고, 동공의 축소와 확대를 조절하는 동공반사의 중추이며 소뇌와 함께 몸의 평형을 유지하는 중추이다. 뇌교는 중뇌와 연수 사이에 위치하고 대뇌의 좌반구와 우반구를 연결시키며, 이 부분에 병변이 생길 경우 혼수상태에 빠지게 되거나 전신마비 또는 사망에 이르기도 한다. 연수는 뇌교 바로 밑에 있으며, 밑으로는 척수와 연결된다. 여기에는 호흡, 소화, 심장활동 등 생명유지와 관련된 중추가 많이 분포해 있다.

16.1.5 뇌신경

뇌신경은 뇌에서 직접 나오는 좌우 12쌍의 말초신경을 말한다. 12신경은 후각신경, 시신경, 동안신경, 활차시경, 삼차신경, 외전신경, 안면신경, 청신경, 설인신경, 미주신경, 부신경, 설하신경으로 이루어진다.

[표 16-1] 뇌신경의 종류와 기능

번호	신경 이름	기능
1	후신경	코를 통한 냄새 정보(감각)
2	시신경	눈을 통한 시각 정보(감각)
3	동안신경	눈의 움직임, 동공 수축, 렌즈모양(운동)
4	활차신경	눈의 움직임 조절(운동)
5	삼차신경	얼굴과 입으로부터의 정보(감각) 씹는 운동 조절(운동)
6	외전신경	눈의 움직임(운동)
7	안면신경	미각, 눈물샘, 침샘(감각) 얼굴 표정 조절(운동)

(계속)

[표 16-1] 뇌신경의 종류와 기능(계속)

번호	신경 이름	기능
8	청신경	청각, 평형감각(감각)
9	설인신경	구강 내 감각, 혈관 내 압력수용체와 화학 수용체(감각) 귀 밑 침샘 분비를 위한 원심성 신경(운동)
10	미주신경	내장기관, 근육, 샘의 감각(감각) 원심성 신경(운동)
11	부신경	입 속 근육, 목과 어깨 일부 근육(운동)
12	설하신경	혀 근육 조절(운동)

16.2 뇌파(ElectroEncephaloGram, EEG) 측정 원리

16.2.1 뇌파란 무엇인가?

뇌의 정보처리는 신경세포들 간의 전기화학적 정보교환을 통해서 이루어진다. 주로 대뇌피질의 신경세포군에서 이루어지며 이런 활동을 통해 뇌에서 전기신호가 발생한다. 뇌에서 발생된 전기신호를 두피에서 측정하여 시간에 따른 전위 변화로 기록한 것이 뇌파이다. 이는 뇌의 활동을 측정하는 것이므로 살아있는 사람에게서는 뇌파가 계속해서 발생한다. 뇌파를 측정하는 것이 현재까지는 대뇌의 기능을 평가할 수 있는 방법 중에 가장 객관적이며 위험하지 않고 연속적이기 때문에 간편하게 사용되는 가장 좋은 방법이다.

뇌파에 영향을 주는 요인은 상당히 많다. 그 중 생리적 요인으로는 연령, 정신활동, 지각자극, 의식상태의 변화, 신체의 생리적 또는 화학적 변화(산소, pH, 체온), 약물 등이 있다. 이렇게 뇌파는 여러 인자의 영향을 받아 변화하기 때문에 뇌파를 측정함으로써 뇌의 활동 상태와 질병을 진단할 수 있다. 임상적으로 주로 간질, 두부외상, 뇌종양 등 뇌의 기질적, 기능적 질환에 대하여 진단하고 치료효과를 판정하는 데 중요하게 이용된다. 또한 사람의 수면상태를 측정하기 위한 수단으로써 뇌파가 많이 이용되고 있다. 잠자는 동안 뇌파는 특징적으로 변동하므로 뇌파를 분석함으로써 수면단계를 분석할 수 있다.

16.2.2 뇌파의 신호 특징

뇌파는 주파수 대역에 따라 5개의 파로 구분할 수 있다. 주파수 범위는 0.5~100Hz이지만 임상적으로는 0.5~30Hz의 신호를 주로 사용한다. 각각의 파는 서로 다른 출현부위에서 검출되며 각기 다른 임상적 의미를 가진다.

[표 16-2] 주파수에 따른 뇌파의 구분과 각 파의 특징

파	주파수범위(Hz)	진폭(uV)	출현부위	특징
델타(delta)	0.5~3	100~200	다양함	숙면이나 간질, 뇌종양, 정신박약 등이 있을 때 나타남
쎄타(theta)	4~7	10~50	후두부, 측두부	수면상태나 노령자의 경우 나타남. 정상 성인의 경우 각성상태에서는 거의 출현하지 않음
알파(alpha)	8~13	10~150	두정엽, 후두엽	정상인의 각성, 안정, 폐안상태에서 나타남
베타(beta)	14~30	5~10	전두부	긴장, 집중과 같은 정신활동 시 나타남
감마(gamma)	30Hz 이상	2~20	전두엽, 두정엽	극도의 각성과 흥분 시 나타남

알파파를 기준으로 느린 파는 서파(slow wave), 빠른 파는 속파(fast wave)로 구분하기도 한다. 뇌파는 또한 동기화와 비동기화로 구분될 수 있다. 동기화(synchronization) 신호는 많은 신경세포들이 동시에 느리게 활동하여 큰 진폭의 느린 신호가 나타나는 것을 지칭하며, 수면상태나 의식이 없는 상태와 같이 뇌세포의 활성이 저하된 상태에서 나타난다. 이에 반해 비동기화(desynchronization) 신호는 신경세포들이 시간적으로 각각 활동할 경우에 나타나는 파형으로, 여러 신경세포들이 독립적으로 빠르게 활동하여 나타나는 작은 진폭의 빠른 신호를 지칭한다.

16.2.3 뇌파 측정 원리

일반적으로 뇌파 측정은 단극법(monopolar)으로 측정하게 되는데, 이는 하나의 기준 전극에 대하여 전극이 부착된 지점의 뇌파를 얻는 방법이다. 수 μV~수십 μV의 진폭을 가진 뇌파를 측정하기 위해서는 차동 증폭기가 사용된다. 입력단자1은 활동 전극에, 입력단자2는 기준 전극에 연결하면 증폭기는 2개의 입력단자에 들어온 신호의 전위차를 증폭한다. 이때 기준 전극은 주로 뇌파성분의 활동이 적은 부위(귓불)에 부착한다. 또한 0.5~30Hz 정도의 주파수 대역에서 발생하는 뇌파에는 주변의 잡파가 많이 섞여 있어 Amplifier와 Filter를 통해 작은 신호를 크게 만들고 필요 없는 잡음을 제거하여 우리가 원하는 신호만을 검출한다. 최종적으로 DAQ card를 통해 디지털데이터로 변환하면, 이 데이터들을 통신 케이블을 통해 컴퓨터로 전송하고 소프트웨어를 통해 이 데이터들을 신호처리 및 디스플레이하게 된다.

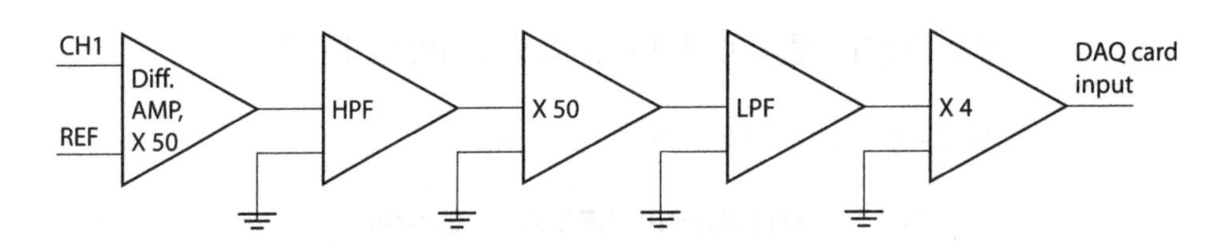

[그림 16-2] 뇌파 측정용 증폭기 회로 구성

16.3 뇌파 측정 실험

16.3.1 목표

뇌파 측정 장비와 DAQ card, LabVIEW 프로그램으로 뇌파를 수집하여 시간 영역에서 변화하는 뇌파의 Raw data를 측정하고, 주파수 영역에서의 파워 스펙트럼 변화를 관찰하고 해석한다.

16.3.2 준비물

- EEG Amplifier
- DAQ card(NI USB-6009)
- 일회용 Ag/AgCl 전극
- 스냅전극

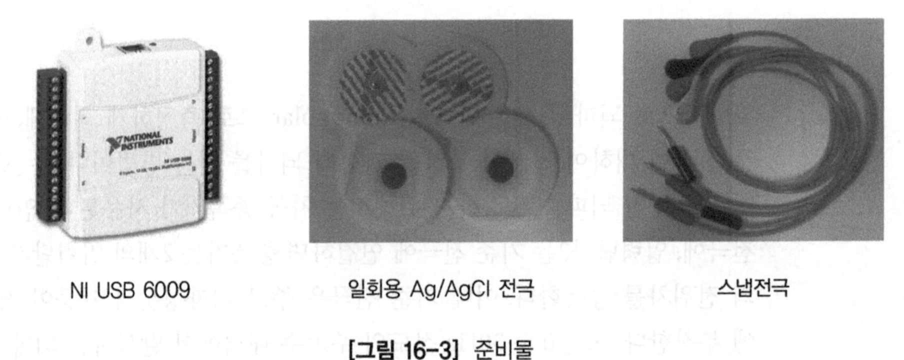

NI USB 6009　　일회용 Ag/AgCl 전극　　스냅전극

[그림 16-3] 준비물

16.3.3 방법

1 뇌파 측정기 및 프로그램 구성

❶ 피험자에게 총 3개(활동 전극, 기준 전극, 그라운드 전극)의 Ag/AgCl 전극을

부착한다. 이때 전극을 부착할 부분의 피부를 깨끗이 닦은 후 붙인다. 전극이 확실히 부착되고 고정되어야 정확한 뇌파를 얻을 수 있다.

a. 활동 전극은 국제규정 측정배치법인 10-20system에 따라 측정을 원하는 곳에 부착한다. 이 실험에서는 Fp1(왼쪽 이마)에 측정 전극을 부착한다.

b. 기준 전극은 오른쪽 귀 밑에 부착한다.

c. 그라운드 전극은 목 뒤에 부착한다.

❷ 부착된 전극에 스냅 단자를 연결하고 이를 EEG Amplifier에 연결한다.

❸ EEG Amplifier의 GND와 출력단을 DAQ card의 GND 포트와 AI0에 각각 연결한다.

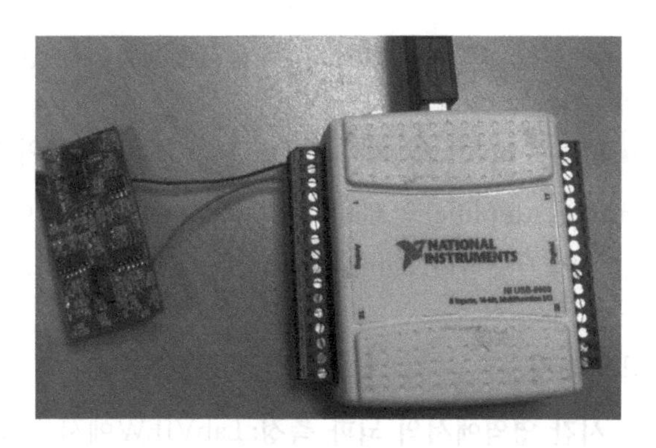

EEG Amplifier와 DAQ card가 연결된 모습

❹ LabVIEW를 실행시켜 DAQ card로부터 받은 데이터를 수집하여 실시간 그래프로 나타내고 파일로 저장하기 위해 다음과 같이 블록다이어그램을 구성한다.

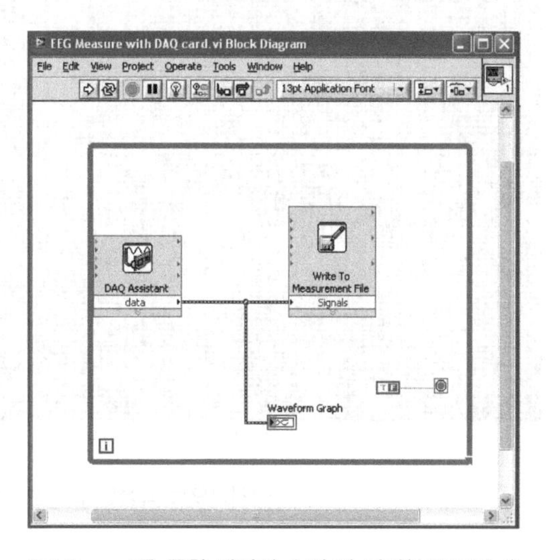

DAQ card를 통한 데이터 수집 및 저장(프로그램 1)

⑤ DAQ card로부터 저장된 Raw data에서 FFT를 거쳐 뇌파의 파워 스펙트럼을 분석하기 위해 다음과 같은 블록다이어그램을 구성한다.

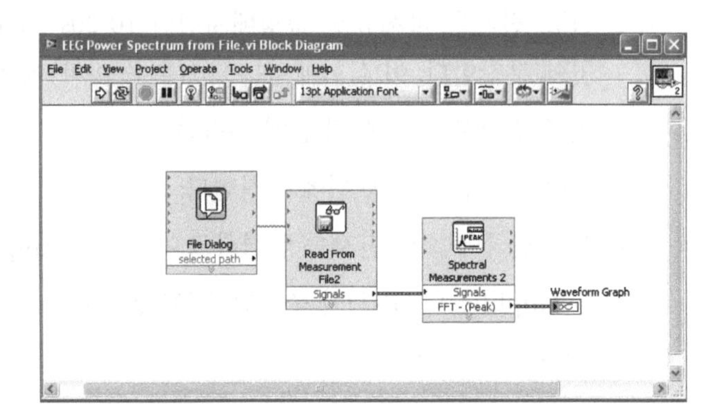

저장된 파일로부터 FFT를 통한 파워 스펙트럼 분석(프로그램 2)

⑥ EEG Amplifier와 연결된 DAQ card를 컴퓨터와 연결하면 측정 준비가 끝난다.

⑦ EEG Amplifier의 Gain은 10,000 배로 설정되어 있으며, 이는 실험에 따라 조정이 가능하다. Sampling rate은 1KHz로 한다.

2 뇌파 측정

❶ **시간 영역에서의 뇌파 측정:** LabVIEW에서 프로그램1을 실행시키고 그래프 상에서 실시간으로 뇌파가 변하는 것을 관찰한다. 시간 영역에서 측정되는 뇌파는 위와 같이 규칙성 없이 복잡한 신호로 나타나는데, 이것이 Raw data이다.

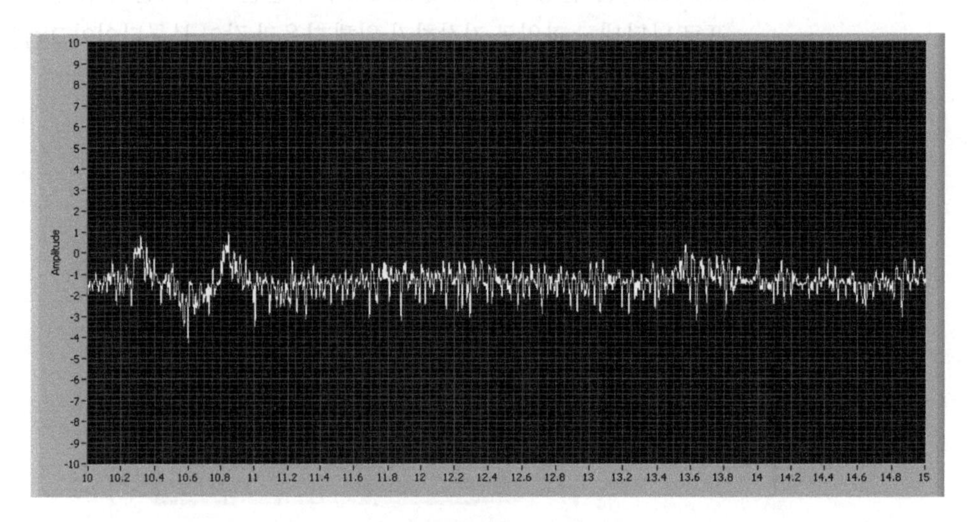

실시간으로 측정된 실시간 뇌파

❷ **시간 영역의 뇌파를 통한 안전도(EOG: Electrooculogram) 측정 :** 뇌파 측정이 진행되는 동안의 Raw data를 관찰하면 안전도가 나타나는 것을 확인할 수 있다.

a. 눈의 깜빡임 측정

뇌파를 측정하면서 눈을 깜빡여보고 그래프가 어떻게 변하는지 확인해 보자. 다음과 같이 눈을 깜빡이는 순간 신호의 진폭에 큰 peak가 생기는 것을 관찰할 수 있다.

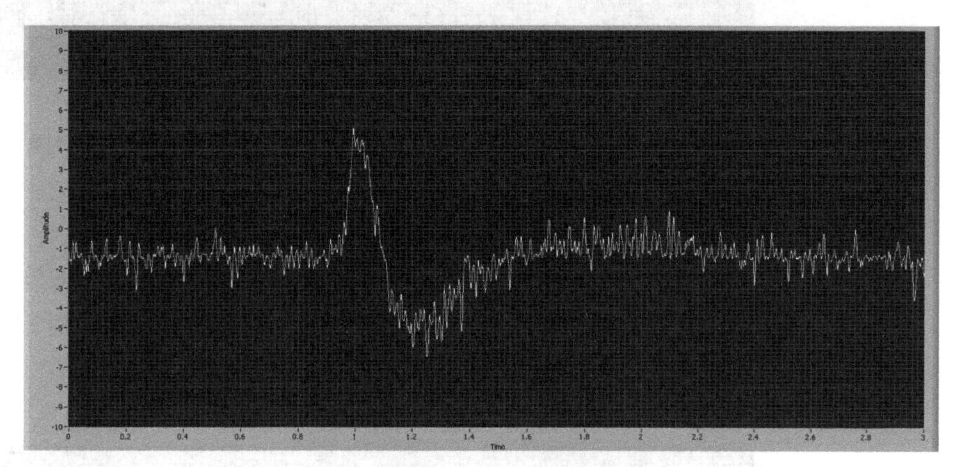

눈을 깜빡일 때 나타나는 EOG 신호

b. 안전도 측정 1(왼쪽 이마에서 왼쪽 / 오른쪽 주시)

Fp1(왼쪽 이마)위치에 전극을 부착하고 정면을 주시한 상태에서 눈동자를 왼쪽/오른쪽으로 돌려보고 그래프가 어떻게 변하는지 확인해 보자. 왼쪽을 주시했을 때와 오른쪽을 주시했을 때, 다른 양상의 신호 peak가 생기는 것을 확인할 수 있다. 변화하는 peak의 극성과 크기를 비교해 보자.

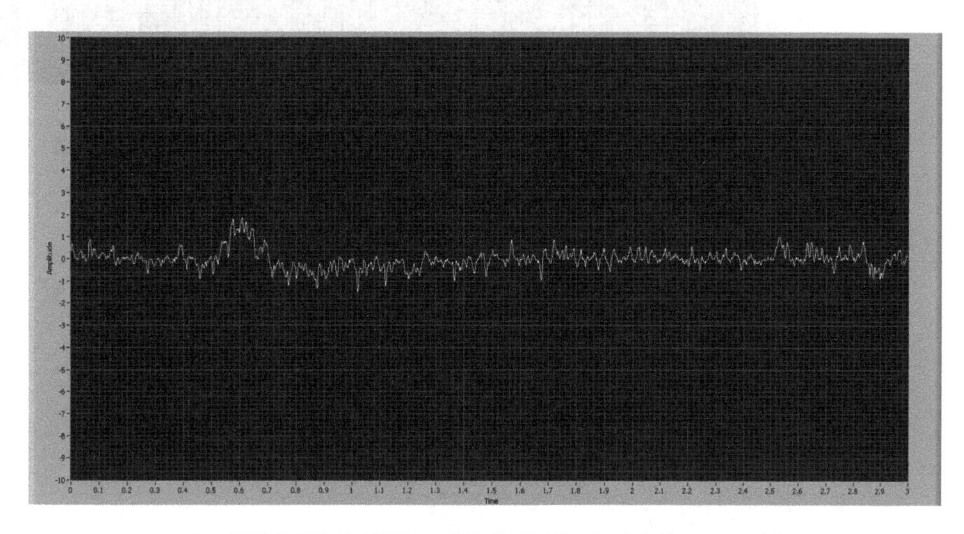

Fp1 위치에 전극을 부착하고 왼쪽을 주시할 때 나타나는 EOG 신호

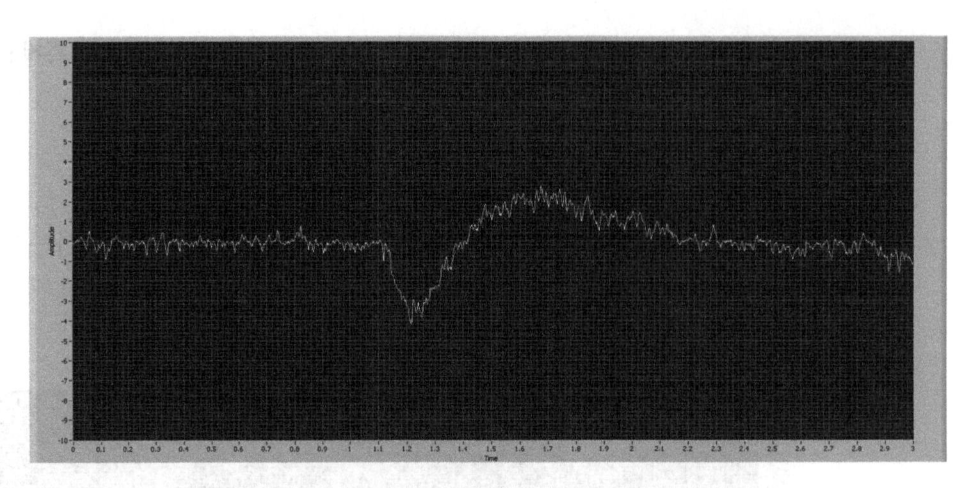

Fp1 위치에 전극을 부착하고 오른쪽을 주시할 때 나타나는 EOG 신호

c. 안전도 측정 2(오른쪽 이마에서 왼쪽 / 오른쪽 주시)
측정 전극의 위치를 오른쪽 이마(Fp2)로 바꿔 부착한 후 C의 실험을 동일하게 진행해 본다. C의 실험에서 왼쪽/오른쪽에서 나타났던 신호의 경향이 반대로 나타나는 것을 확인할 수 있다.

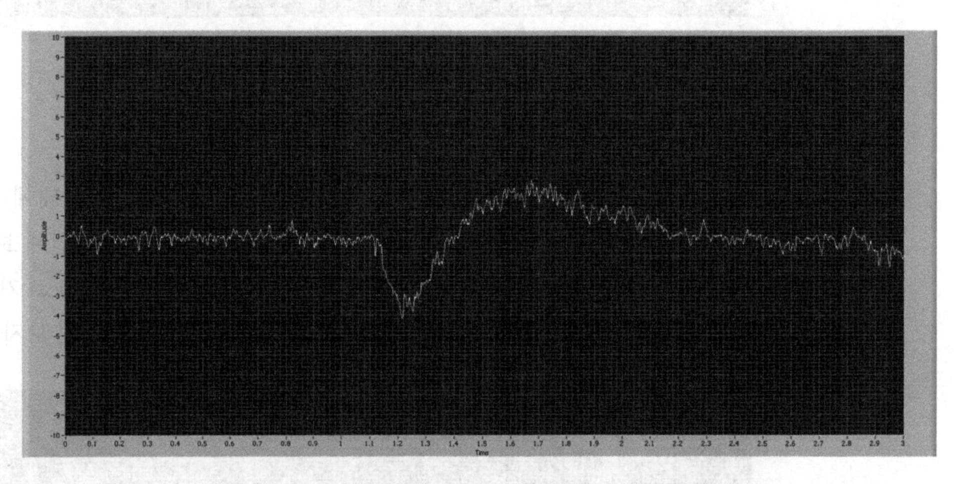

Fp2 위치에 전극 부착하고 왼쪽을 주시할 때 나타나는 EOG 신호

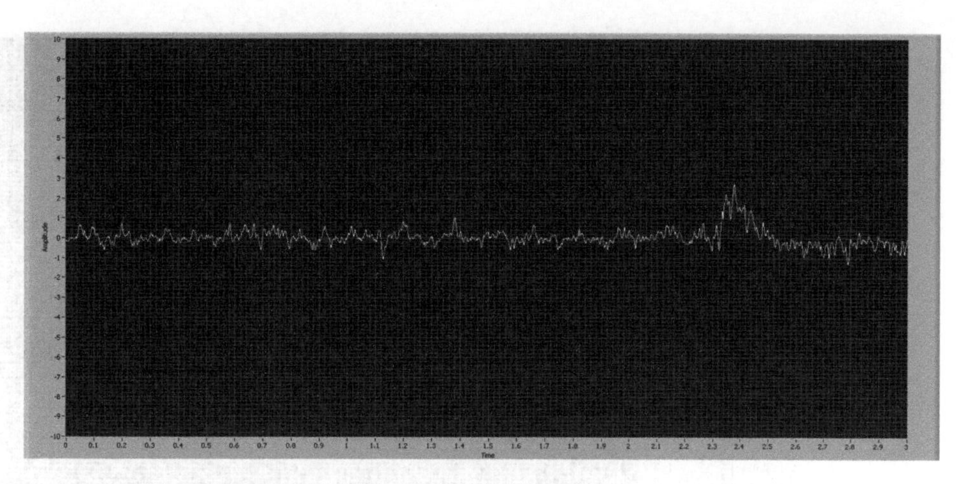

Fp2 위치에 전극 부착하고 오른쪽을 주시할 때 나타나는 EOG 신호

Fp1(왼쪽 이마)에 전극을 부착하고 왼쪽을 주시했을 때와 Fp2(오른쪽 이마)에 전극을 부착하고 오른쪽을 주시했을 때, peak의 극성이 (+)이며 Amplitude가 상대적으로 작은 것을 확인할 수 있다.
반면 Fp1에 전극을 부착하고 오른쪽을 주시했을 때와 Fp2에 전극을 부착하고 왼쪽을 주시했을 때, peak의 극성은 (−)가 되며 진폭이 상대적으로 큰 것을 확인할 수 있다.

❸ 주파수 영역에서의 뇌파 변화 측정

a. 앞에서 시간 영역에서 뇌파의 Raw data를 통한 실험을 하였다. 하지만 시간 영역에서는 뇌파의 신호가 복잡하고 해석하기 어려우므로 일반적으로 FFT(Fast Fourier Transformation)과정을 거쳐 파워 스펙트럼을 분석한다.
b. 이 실험에서는 눈을 뜨고 측정한 뇌파와 눈을 감고 측정한 뇌파의 주파수 대역 파워 스펙트럼을 비교해 본다.
c. 편안한 상태에서 눈을 뜨고 3분 동안 뇌파를 측정한 후, 프로그램 2를 실행시켜 파워 스펙트럼 그래프를 확인한다.

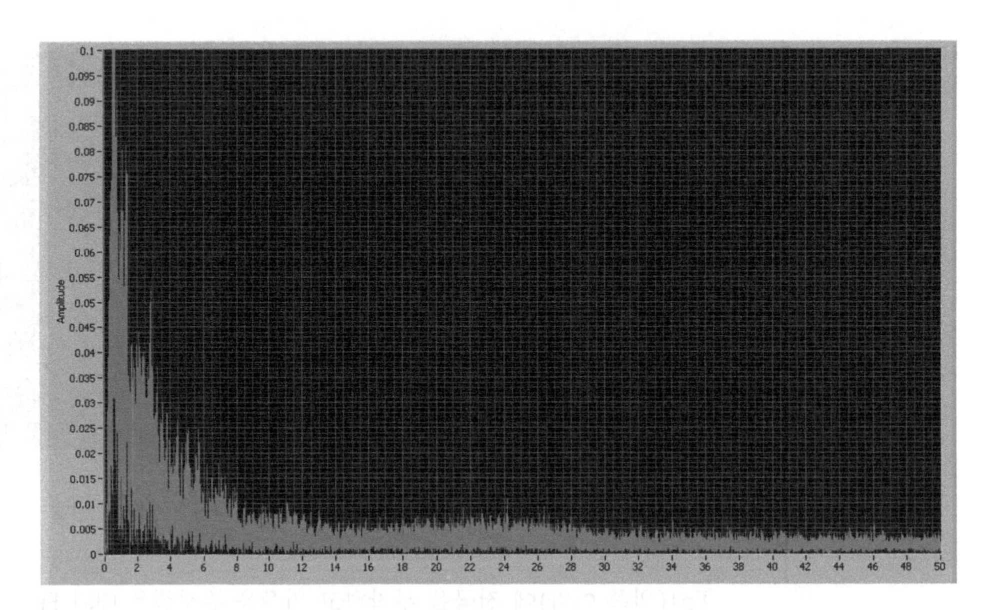

눈을 뜨고 측정한 뇌파의 파워 스펙트럼

d. 편안한 상태에서 눈을 감고 3분 동안 뇌파를 측정한 후, 파워 스펙트럼 그래프를 확인한다.

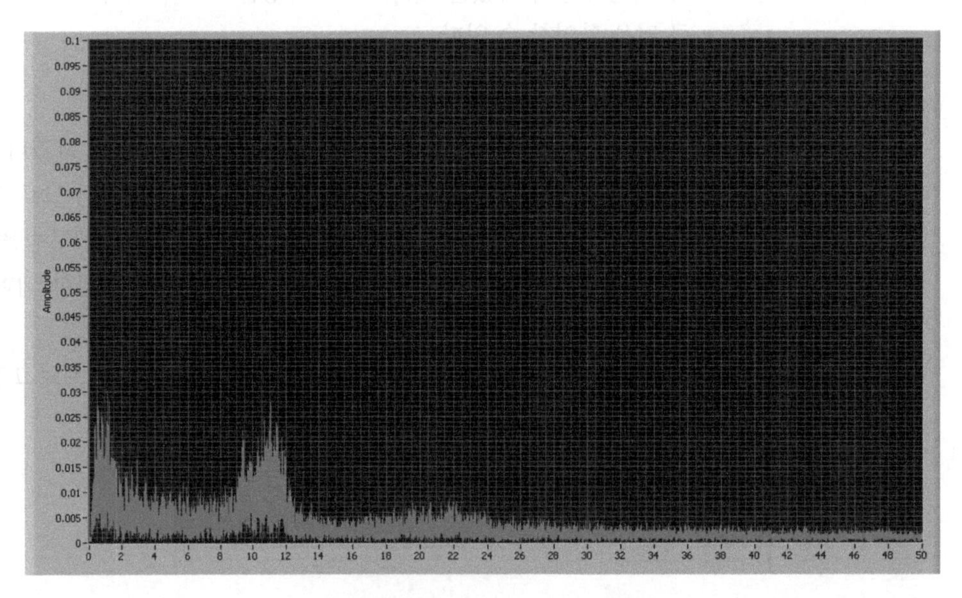

눈을 감고 측정한 뇌파의 파워 스펙트럼

16.3.4 결과 및 토의

• 1에서 그래프에 출력되는 뇌파의 진폭은 얼마인가? EEG Amplifier의 Gain이 10,000배임을 감안하였을 때 원래의 뇌파 크기는 얼마로 추정되는가? 뇌파의 진폭

이 일반적으로 알려진 뇌파 범위인 수 μV ~수십 μV 범위 내에 있는지 확인해 보자.

- 전극을 10-20system에 따라 머리의 다른 위치에 부착해 가며 앞의 실험을 반복 하고 어떠한 차이가 있는지 확인해 보자.
- **2**에서 Fp1 위치에 전극을 부착하고 정면을 주시한 상태에서 위/아래를 주시해 보고 그때 신호가 어떻게 변하는지 확인해 보자.
- **3**에서 실험 *c*와 실험 *d*를 통해 얻은 두 그래프를 비교해 보자. 눈을 감고 측정한 그래프에서 8~13Hz 대역의 파워가 증가한 것이 관찰되는가? 눈을 떴을 때와 감았을 때 알파파의 파워가 변화하는 이유에 대해 토론해 보자.
- 뇌파 연구가 기존에 질병 진단이나 치료의 목적 외에 어떠한 분야에 활용되고 있는지 조사해 보자.

CHAPTER 17

체온조절

주위 환경의 온도가 크게 변하여도 매우 좁은 범위 내에서 체온을 유지할 수 있는 동물들을 항온동물이라고 한다. 사람의 체온도 비교적 높은 온도에서 일정 범위 내로 유지되기 때문에 여러 가지 생화학반응이 정상적으로 일어날 수 있다. 그러나 체온이 정상범위 이상으로 올라가면 신경계 기능이상과 단백질의 변성을 일으키기 때문에 체온을 약 37°C로 유지해 주는 정확한 조절기전이 필요하다. 체온이 41°C 이상으로 올라가면 일부 사람은 경련 증세를 일으키며 43°C 이상으로 올라가면 사망할 수 있다. 본 단원에서는 인간의 몸에서 어떠한 기전으로 열에너지가 방출되고 생성되는지에 대해 간략히 이해하고 체온을 측정하는 실험을 통해 체온 조절에 대해 이해한다.

17.1 열 손실과 획득의 기전

신체표면에서는 복사, 전도, 대류 및 수증기의 증발과정에 의해 열 손실이 일어날 수 있다. 그러나 복사, 전도, 대류는 열 손실 과정임과 동시에 열 획득의 과정임을 이해하는 것이 중요하다. 복사는 물체의 표면에서 전자기파의 형태로 열을 방출하는 과정이며, 이때 열 발산 속도는 체표면의 온도에 의해 결정된다. 즉 체표면의 온도가 주위 환경보다 높다면 전자기파 형태로 열을 발산하여 체열을 잃게 되고 반대로 주위 환경의 온도가 체표면의 온도보다 높다면 인체가 주위 환경으로부터 열을 받아 온도가 올라가게 된다.

전도는 신체와 근접해 있는 분자들이 서로 충돌해 열에너지를 전달함으로써 열을 얻거나 잃는 과정이다. 체표면이 차갑거나 따뜻한 물체와 접촉할 때 전도 현상을 통해 온도가 높은 곳에서 낮은 곳으로 열이 이동한다.

대류는 신체와 맞닿아있는 공기나 물 분자의 이동에 의해 열이 교환되는 과정이다.

예를 들어 신체의 표면이 주위 환경보다 온도가 높을 때 신체 가까이 있는 공기나 수증기의 분자들은 신체와 충돌하면서 신체의 열을 빼앗아 간다. 신체로부터 열을 받은 수증기나 공기는 열에 의한 운동이 활발해져 같은 분자수당 차지하는 공간이 많아진다. 따라서 자연히 밀도가 낮아지게 되고 밀도가 높은 차가운 수증기나 공기층 위로 대류현상을 통해 이동한다. 이러한 과정의 반복을 통해 신체의 열이 대류현상에 의해 공기중으로 이동하게 된다.

이외에도 피부와 호흡기의 점막을 통해 수분이 증발하는 과정을 통해서도 체열은 손실된다. 액체상태의 물을 기체상태로 전환시키는 데에는 600 kcal/L의 에너지가 소모되므로 체표면의 액체성분이 체표면에서 전도된 열을 통해 기화되면서 체열이 빠져나간다. [그림 17-1]에 이러한 내용이 요약되어 있다.

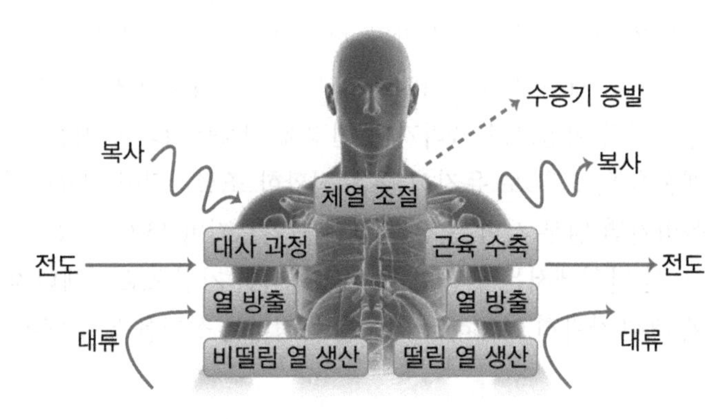

[그림 17-1] 열 손실과 획득 기전

17.2 체온조절의 반사

체온조절은 생물학적인 조절계의 전형적인 예이다. 운동에 의한 에너지 대사나 주위 환경의 온도 변화에 따라 끊임 없이 영향을 받고 그 결과로 체온이 변한다. 이러한 온도 변화는 온도 수용기에 의해 감지되고 감지된 반응에 의해 여러 가지 반사작용을 일으켜 체온을 정상으로 회복한다.

[그림 17-2]는 체온 유지를 위해 체내에서 일어나는 반사작용을 나타낸 것이다. 온도 수용기는 피부에 있는 말초 온도 수용기와 내장기관이나 시상하부와 같이 신체의 깊숙한 부분에 있는 중심 온도 수용기, 두 종류로 분류할 수 있다. 인체에서 온도가 일정하게 유지되어야만 하는 부분은 피부 쪽의 온도가 아니라 단백질에 의한 여러 가지 화학 작용이 일어나는 신체의 중심부이므로 주로 온도유지를 위한 반사활동은 중심 온도 수용기에서 이루어 지고, 말초 온도 수용기는 인체 외부의 온도에 대한 정보를 전달하는 역할을 한다.

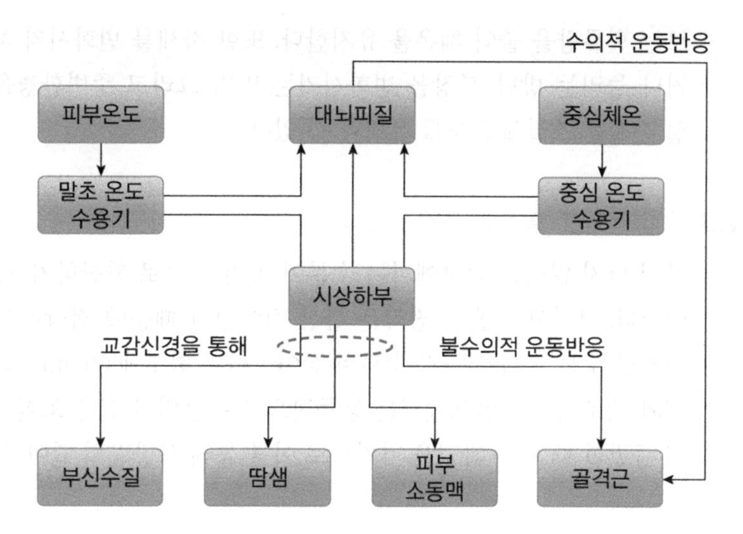

[그림 17-2] 말초 온도 수용기와 중심 온도 수용기에서 체온을 조절하는 기전

17.2.1 열 생산의 조절

근육활동은 열 생산을 변화시키는 주된 원인이므로 근육의 활동은 체온조절에 매우 중요한 역할을 한다. 특히 중심부의 온도가 저하되면 이에 반응하여 골격근의 수축 활동이 점진적으로 증가되며, 결국 근육의 수축과 이완 속도가 증가하여 몸을 반복적으로 떨게 된다. 떨림에 의해 일어나는 활동은 거의 열 에너지 형태로 신체에 전달된다고 볼 수 있고 이를 떨림 열 생산이라 한다.

이와 반대로 주변환경의 온도가 높다면 몸을 구성하고 있는 분자들이 열에 의한 활동도가 높아져 반응성이 커지게 되고, 그 결과로 세포 내에서 일어나는 화학반응 속도가 빨라지게 된다. 화학반응 속도가 빨라짐에 따라 에어지 원인 ATP(adenosine triphosphate)의 분해가 이전보다 많아지고, ATP 소모량을 보충하기 위해 세포 내에서 ATP의 합성활동도 활발히 일어난다. 이러한 과정에서 열이 화학 반응의 부산물로서 생산된다. 이처럼 근육을 사용하지 않고 열을 생산하는 것을 비떨림 열 생산이라고 한다.

17.2.2 복사와 전도에 의한 열 손실 조절

신체 중심으로부터 피부로 흐르는 혈류량이 많을수록 피부의 온도는 신체 중심의 온도와 비슷해진다. 즉 혈류가 많이 흐른다는 것은 그만큼 열이 피부로 많이 전달된다는 것이고 피부에 열이 많다면 복사와 전도에 의해 더 많은 에너지를 손실하게 된다. 따라서 신체 외부의 온도가 높을 때에는 혈류량을 높여 열에너지를 손실함으로써 체온을 유지한다. 반대로 주변의 온도가 낮으면 열 손실을 줄이기 위해 피부로 흐르는 혈류량을 줄여 체온을 유지한다. 또한 자세를 변화시켜 체표면의 면적을 줄이거나 늘리는 방법, 복장을 변화시키는 방법 그리고 주변환경을 선택하는 방법으로 열 손실을 조절해 온도를 유지할 수 있다.

17.2.3 증발에 의한 열 손실 조절

땀이 나지 않아도 피부에서는 수분이 공기 중으로 확산하기 때문에 수분 손실이 일어난다. 그리고 호흡기 점막은 항상 젖어있기 때문에 점막에서도 수분이 손실된다. 이러한 수분 손실을 불감 수분 손실이라하며 하루에 600ml만큼의 수분이 손실된다. 이와 대조적으로 땀샘에서는 능동적으로 수분의 손실을 조절한다. 수분이 체표면에서 증발할 때 기화 과정을 거치므로 이를 통해 상당량의 열이 손실된다.

17.3 체온측정 원리

17.3.1 써미스터(Thermistor)의 작동 원리와 특징

Thermistor는 온도에 따라 저항값의 크기가 상당히 많이 변하는 저항의 한 종류이다(Thermal + resistor의 합성어). 순수한 금속을 사용하는 RTD(Resistance Temperature Detector) 와는 달리 Thermistor는 세라믹 재질이나 폴리머를 사용해 제작한다. 다른 온도 센서들(Thermocouple, RTD)과 달리 측정이 빠르고 전류원을 통해 전력을 공급받으므로 저항의 변화가 커 온도 측정이 쉽다는 장점이 있다. 하지만 세라믹을 이용하므로 깨질 수도 있고, 선형적으로 측정할 수 있는 온도의 범위가 적은 편이기 때문에 얻은 신호를 현실적인 온도에 맞도록 보정이 필요하다. Thermistor가 선형적으로 동작하는 범위 내에서는 $\Delta R = k\Delta T$로 표현할 수 있고, 제작된 재료에 따라 k 값은 양이나 음의 값을 갖는다.

17.4 체온측정 실험

17.4.1 실험 목표

❶ Thermistor의 작동 원리의 이해

❷ 온도계 센서, ELVIS와 LabVIEW 프로그램을 이용해 체온을 측정한다.

17.4.2 실험 장치(준비물)

- 온도 센서(버니어, STS-BTA)

[그림 17-3] Thermistor를 이용해 제작된 온도 센서

- NI ELVIS 인터페이스 아답터

[그림 17-4] 온도 센서와 함께 제공되는 커넥터

- ELVIS Board(NI) 혹은 USB-DAQ Board(Data acquisition module , NI)과 브레드 보드

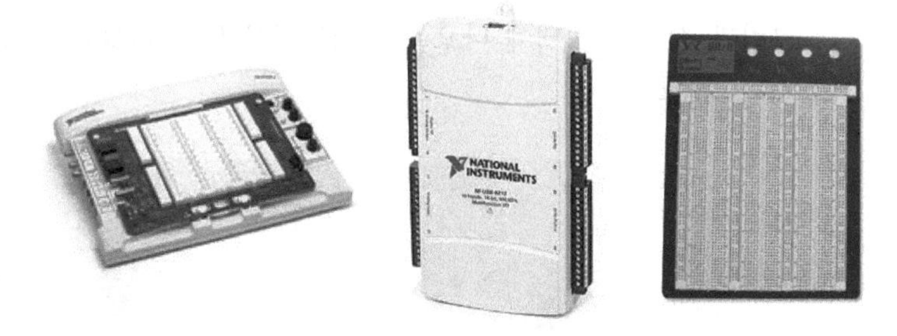

[그림 17-5] ELVIS Board 와 USB data acquisition module

- LabVIEW가 설치된 컴퓨터

17.4.3 실험 절차

(본 실험에서는 USB-Data acquisition module과 브레드보드를 사용하였다)

❶ DAQ Board를 컴퓨터의 USB 단자에 연결하고 LED 램프가 깜빡이는지 확인한다. 컴퓨터에서 USB-DAQ Board를 제대로 인식해야만 LED가 깜빡거린다.

❷ Analog Connector를 ❺번 첫 번째 그림에 보이는 바와 같이 브레드보드에 꼽는다.

❸ DAQ Board에서 나온 Analog input ground(AI GND)와 Analog output ground

(AO GND) 포트를 Analog Connector의 GND 단자와 연결한다.

④ DAQ Board에서 나온 5V output을 Analog Connector의 5V 단자와 연결하여 센서에 전력을 공급한다.

⑤ 다음 그림과 같이 DAQ Board의 AI0 port와 Analog Connector의 SIG1 port를 연결한다. 이 선이 센서에서 감지한 온도에 비례하는 전압값이 나온다.

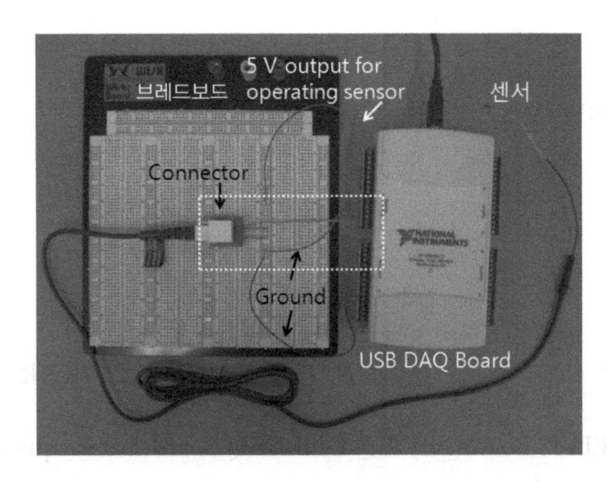

위 그림의 체온 측정세팅에서 점선 안쪽을 자세히 볼 수 있도록 확대하였다. 다음 그림과 같이 커넥터에 나오는 출력전압을 USB-DAQ Board의 AI0 포트에 체결시켜야 한다.

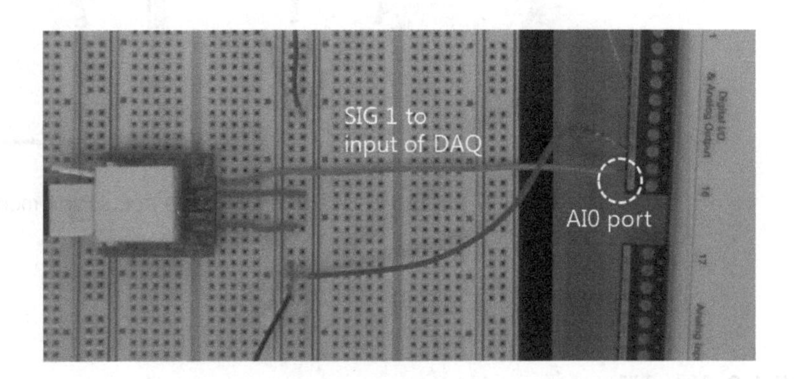

⑥ http://zone.ni.com/devzone/cda/epd/p/id/6256에서 제공하는 예제 프로그램의 Temperature 폴더를 열어 Surface Temperature.vi를 동작시키면 [그림 17-8]과 같은 LabVIEW 프런트패널이 화면에 나타난다.

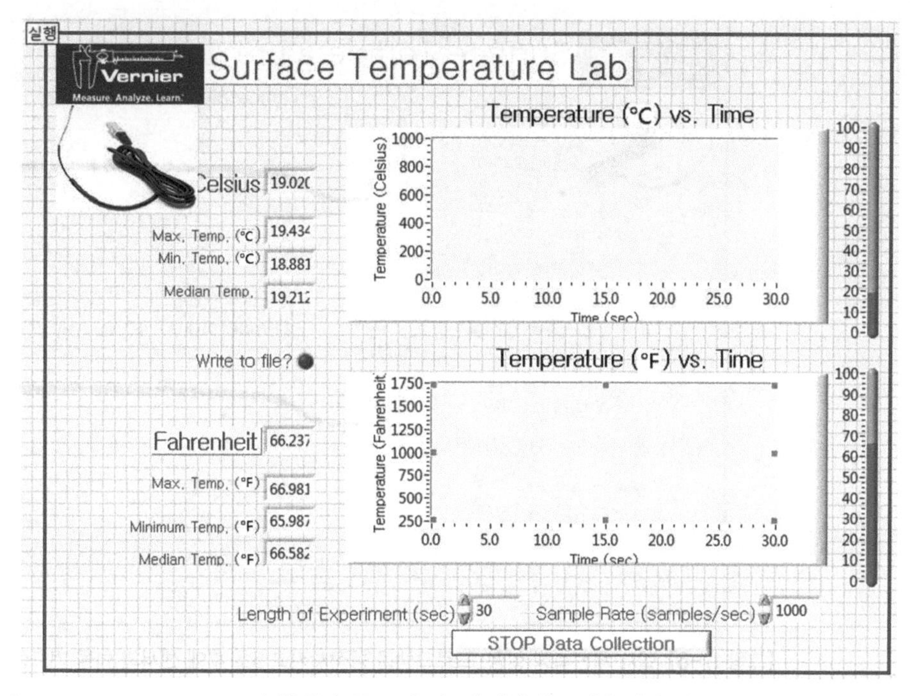

Surface Temperature.vi의 첫 화면. 두 그래프는 측정된 온도 값을 각각 섭씨와 화씨로 표현해 준다.

❼ 이때 주의해야 할 것은 블록다이어그램에서 DAQ Assistant의 물리적 채널 설정이 ❻번 그림에서 연결한 AI0으로 되어 있어야 프로그램이 올바르게 동작한다는 점이다.

❽ 센서의 팁을 측정하고자 하는 부위(혀, 겨드랑이, 항문)에 고정시킨 후 프런트패널에서 실행 버튼을 눌러 체온을 측정한다.

❾ 본 프로그램은 30초 단위로 동작하게 되어있다. 따라서 실행을 한 후 30초 동안 체온이 측정되다가 정지한다.

17.4.4 실험 데이터 분석

[그림 17-9]의 결과는 상온에서 5초 경에 온도 센서의 끝을 겨드랑이에 접촉시킨 결과이다. 실험 결과를 보면 상단의 그래프는 섭씨 온도를 나타낸 그림이고 하단의 그래프는 화씨 단위로 온도를 측정한 결과이다. 측정을 하는 사람의 체온이 너무 낮거나 혹은 센서의 세라믹이 너무 두꺼우면 실제 온도보다 낮게 나올 수 있다. 각각의 요소들을 더블 클릭하면 프런트패널의 각 요소에 해당하는 블록다이어그램을 확인할 수 있다.

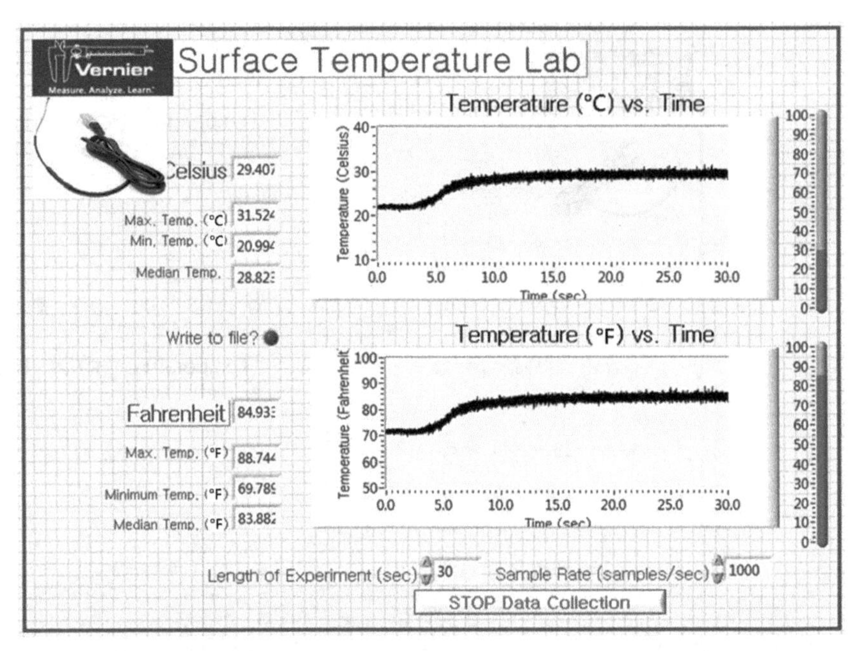

[그림 17-6] 실제 체온측정 실험. 프로그램을 동작시키고 5초 후에 센서의 팁을 겨드랑이에 접촉시켰다.

18 체중과 체지방

18.1 대사작용과 에너지 균형 생리학

18.1.1 소화와 흡수

1 탄수화물

한국인 성인기준 에너지 적정 비율에서 탄수화물은 전체 식이의 55~70% 비율이 적당하다. 탄수화물은 단당류인 포도당, 과당 등이 다양한 형태와 개수로 결합한 다당류로 구성되어 있으며, 이들을 섭취하고 다시 포도당으로 분해하여 에너지를 얻는다. 섭취한 탄수화물은 입에서 분해되기 시작하여 소장까지 가는 동안 다양한 효소에 의해 분해되어 흡수된다.

[그림 18-1] 탄수화물이 풍부한 음식

2 단백질

단백질은 전체 식이의 7~20% 정도 비율을 갖는 것이 적당하며, 하루 동안 섭취하는 총 칼로리의 1/6 정도이다. 단백질의 종류는 20여 종이 있지만 대부분이 펩신(pepsin), 트립신(trypsin) 등의 효소에 의해 아미노산으로 분해되어 소장에서 흡수된다.

[그림 18-2] 단백질이 풍부한 음식

3 지질

지질은 전체 섭취 음식물의 15~25% 내외가 적당하며, 이 중에서도 포화지방산은 4.5~7% 가량, 트랜스지방산은 1% 미만, 콜레스테롤은 하루에 300mg 미만으로 섭취하는 것이 적당하다.

섭취한 지질은 위를 지나면서 거대 지방구로 뭉쳐진다. 소장으로 이동한 지방구는 담즙염, 인지질, 지방 가수분해 효소에 의해 잘게 쪼개져서 지방산과 모노글리세리드가 된다. 분해된 지방산과 모노글리세리드는 소장의 상피세포로 들어가 흡수되어 에너지원으로 이용되거나 몸의 각 부분에 저장된다.

[그림 18-3] 지방이 풍부한 음식

18.1.2 대사 작용과 에너지 균형

1 대사율

기초대사량(basal metabolism)은 생물체가 생명을 유지하는 데 필요한 최소한의 에너지량을 의미한다. 기초적인 생명 활동에 쓰이는 에너지이며, 움직이지 않고 가만히 있을 때 기초대사량만큼의 에너지가 소모된다. 체표면적에 비례하는 루브너의 '체표면적의 법칙'에 따라 성, 연령, 신장, 체중을 통해 표준 기초대사량을 알 수 있으며, 기초대사율(basal metabolic rate)은 표준 기초대사량과 개인별로 측정한 기초대사량의 차를 측정 기초대사량으로 나눈 값이다. 개인마다 기초대사량을 측정하기 번거롭기 때문에 실험적인 방법으로 기초대사량을 산출하는 공식들이 연구되어 있다. 갑상선 호르몬은 기초대사율을 결정짓는 중요한 요소로써, 기초대사과정에서 열 생성 속도를 조절한다. 갑상선 호르몬이 과다하게 분비되면(갑상선기능 항진증) 기초대사율이 증가하고 식욕이 늘어나며 영양소 분해가 증가된다. 반대로 갑상선 호르몬이 부족하면(갑상선 기능 저하증) 기초대사율이 낮아지고 열 발생이 적어서 추위를 견디기 힘들어하며 식욕이 부진하고 기운이 없게 된다.

그 외에 에피네프린 호르몬에 의해서도 열 발생이 조절되어 기초대사율이 변할 수 있고, 식사 후에 식사성 열 발생에 의해서도 기초대사율이 변한다. 섭취한 음식물 성분 중에서 단백질이 열 발생 효과가 가장 크고 탄수화물, 지방은 상대적으로 열을 덜 발생시킨다. 식사성 열 발생은 흡수된 영양소가 간에 의해 처리되는 것이 주요하며 일시적으로 10~20% 정도 대사율이 증가한다. 그리고 골격근의 운동에 의한 에너지 소모도 대사율에 영향을 끼치는 중요한 요소이다.

2 에너지 균형

섭취한 음식물을 분해하여 얻어진 에너지는 인체를 유지하는 데 쓰이고, 외부의 일을 할 때에도 쓰인다. 만약 인체를 유지하고 외부의 일을 하는 데 에너지를 쓰고도 남는다면 남은 에너지는 다른 형태로 변환되어 몸에 저장된다. 반대로 섭취한 에너지량보다 많은 에너지를 소모한다면 몸에 저장되어 있던 성분을 분해하여 에너지로 사용한다.

에너지를 얻기 위해 음식을 섭취하는 것은 렙틴(leptin)이라는 호르몬에 의해 조절되며 이는 지방세포에서 합성된다. 렙틴은 지방 조직에 저장되어 있는 지방량에 비례하여 지방세포에서 분비되며, 시상하부에 작용하여 음식 섭취량을 조절한다. 렙틴 이외에 혈장 인슐린, 글루카곤, 혈당, 체온 등 음식물 섭취에 영향을 주는 요소는 다양하며, 이들이 적절하게 조절되지 못하면 심각한 기아 상태가 되거나 과체중, 비만이 되기 쉽다. 특히 현대인들은 과체중, 비만에 의한 문제가 심각해지고 있으며 이에 관한 관심도 매우 높아지고 있다.

섭취한 에너지가 소모한 에너지보다 높아서 저장되는 에너지들은 대부분이 지방의 형태로 저장되며 지속적으로 지방이 저장된다면 과체중 상태가 되고 더 심해지면 비만이 된다. 과체중과 비만을 결정짓는 절대적인 잣대는 없지만 일반적으로 체질량 지수(Body Mass Index, BMI)를 이용하여 구분한다. BMI는 체중(kg)을 키(m)의 제곱으로 나누어 계산한다. 하지만 체질량 지수값만으로 단순히 신체 상태를 판단할 수는 없으며 나이, 체형, 근육량 등을 종합적으로 분석해야 정확하게 분석할 수 있다.

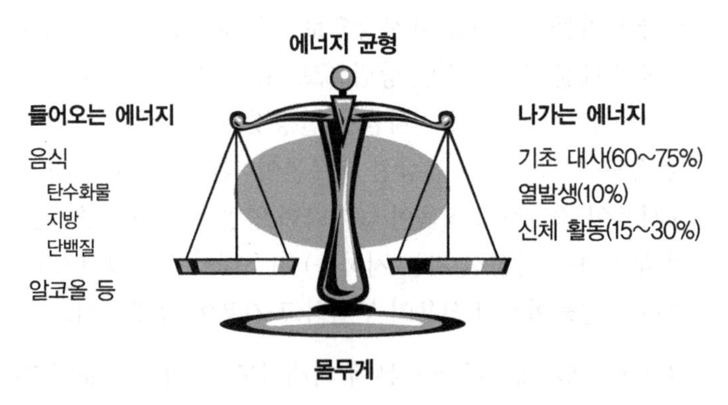

[그림 18-4] 에너지 균형 저울: 들어오는 에너지와 소모된 에너지 사이의 차이만큼 몸에 저장되거나 저장된 영양소를 분해한다.

18.2 체중 측정

18.2.1 체중 측정 원리

1 로드셀

일반적으로 로드셀의 내부에는 스트레인게이지가 들어있는데, 이는 물체에 특정한 방향으로 힘이 가해질 때 그 변형 정도가 물체의 저항값의 변화와 연결되는 특성을 이용하여, 물체에 가해진 힘의 크기를 알 수 있게 해주는 변환소자이다. 로드셀은 다수의 스트레인게이지를 내부에 갖고 있어서, 다양한 방향에 대해 외부에서 전달되는 힘의 크기를 전기적인 신호로 변화시켜 알 수 있게 해주는 센서이다.

로드셀은 동작 원리에 따라 캔틸레버 방식, 압축 방식, 인장력 방식, 전단력 방식, 토크 방식 등으로 구분되며, 로드셀의 형태에 따라 굽힘 막대 형태, 평행봉 형태, 팬케이크 형태, 'S'자 형태, 횡경막 방식 등 다양하게 분류된다.

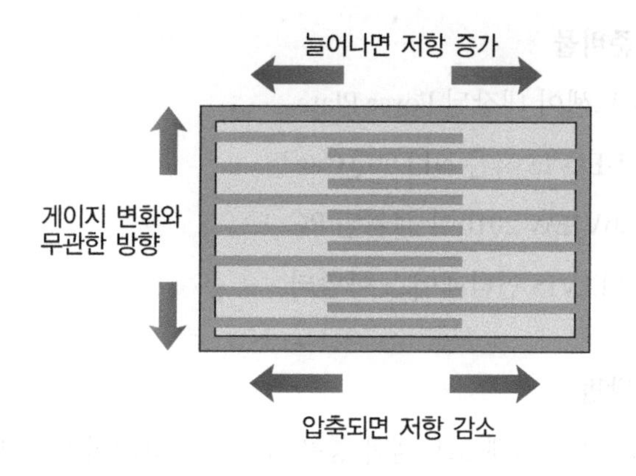

[그림 18-5] 스트레인게이지의 원리

2 로드셀 증폭 회로

로드셀 내부의 스트레인게이지의 구성 방식에 따라 다양한 증폭 회로 방식이 존재하지만 일반적으로 휘트스톤 브릿지 방식을 이용한다. 휘트스톤 브릿지에서 각 저항은 스트레인게이지이다. 힘에 의해 스트레인게이지가 변화함에 따라 저항이 변하고 전압 분배가 달라진다. 가운데 지점에서 전압을 측정하면 전체적인 저항 변화를 통해 로드셀에 가해지는 힘을 전압값으로 읽어낼 수 있다.

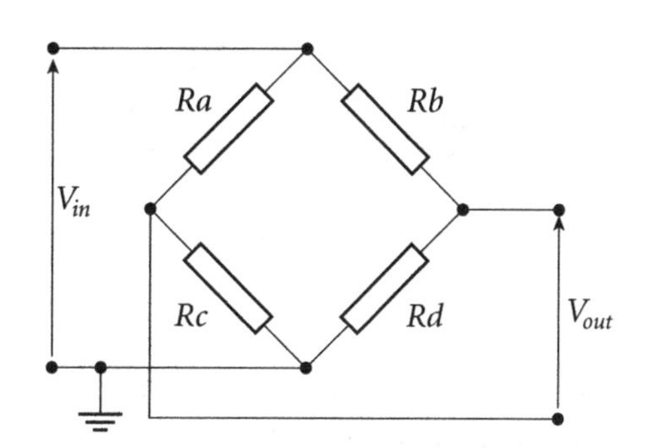

[그림 18-6] 휘트스톤 브릿지 – 로드셀 신호 검출 회로

18.2.2 체중 측정 실험

1 목표

로드셀의 원리와 종류를 알고 로드셀의 증폭 회로와 출력을 이해하며 로드셀과 ELVIS를 이용하여 체중을 측정한다.

2 준비물

- 로드셀이 내장된 Force Plate
- NI-ELVIS 혹은 NI DAQ Card
- LabVIEW 2010이 설치된 PC
- NI ELVIS 인터페이스 아답터

3 방법

❶ 실습을 위해 로드셀과 증폭회로가 내장되어 있는 버니어사의 Force Plate를 준비한다.

❷ NI ELVIS에 NI ELVIS 인터페이스 아답터를 설치하고 각각의 핀을 적절히 연결한다. 상세 핀 정보는 Force Plate의 사용자 매뉴얼을 참고한다.

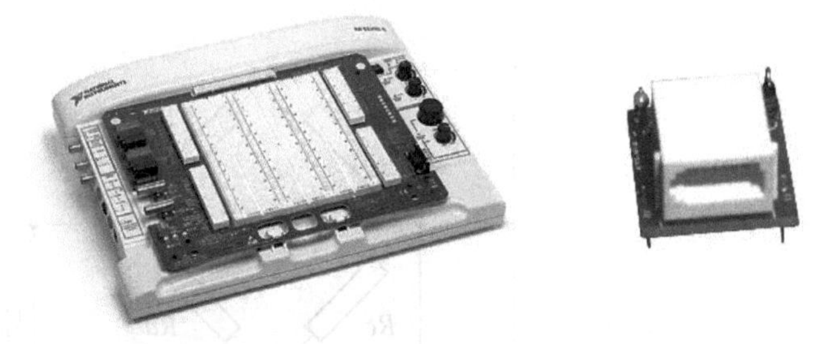

❸ Force Plate를 ELVIS에 연결하고 제공된 LabVIEW 예제 중 Forces on Human Body\Force Plate.vi 파일을 연다.

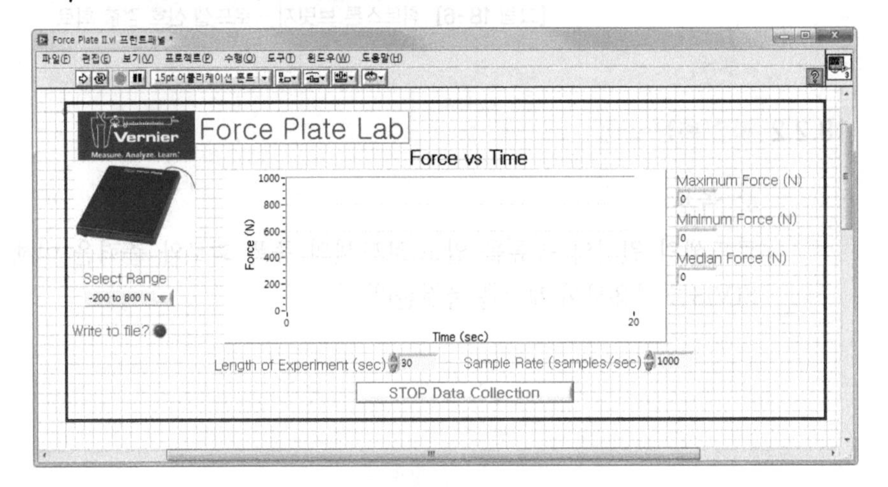

④ 로드셀 특성표와 무게를 알고있는 물체를 이용하여 값을 보정해 주는 과정이 필요하지만 버니어사의 Force Plate는 이미 보정 과정을 거쳤으므로 이 과정은 생략해도 된다.

⑤ 사람이 직접 올라가서 로드셀의 값을 읽어와 몸무게를 읽어온다.

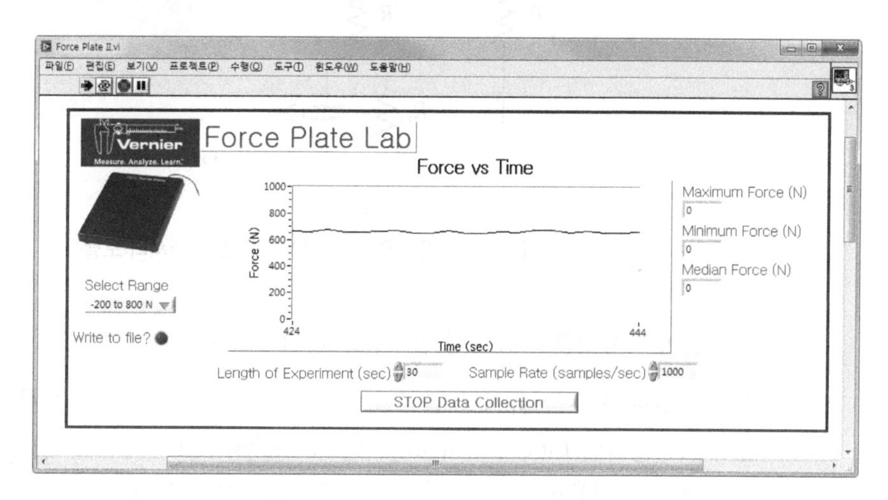

⑥ 측정한 값은 Newton 단위이므로 9.8로 나누어 Kg으로 환산하여 몸무게를 구한다.

4 결과 및 토의

뉴턴의 제 3법칙과 연계하여 몸무게의 측정법을 알 수 있었으며, 스트레인게이지를 응용한 회로의 작동 원리와 올바른 힘의 측정을 파악했다. 또한 측정된 힘을 환산하여 몸무게를 구할 수 있다.

18.3 체지방 측정

18.3.1 체지방 측정 원리

1 임피던스 계측법

임피던스란 전류의 흐름을 방해하는 특성을 말하며, 저항성분과 유도 및 용량 리액턴스 성분으로 구성되어 있다. 저항, 커패시터, 인덕터의 3대 수동소자 성분이 임피던스를 설명하는 기본적인 요소들이며, 모든 물질들은 이 세 가지 기본요소를 직/병렬로 연결하여 임피던스 등가 회로를 구성할 수 있다.

생체 구성 요소들도 임피던스 등가 회로로 나타낼 수 있고, 조직 성분에 따라서 전류의 흐름 특성이 다르므로 임피던스 등가 회로를 구성할 수 있는데, 다음 그림에서 볼

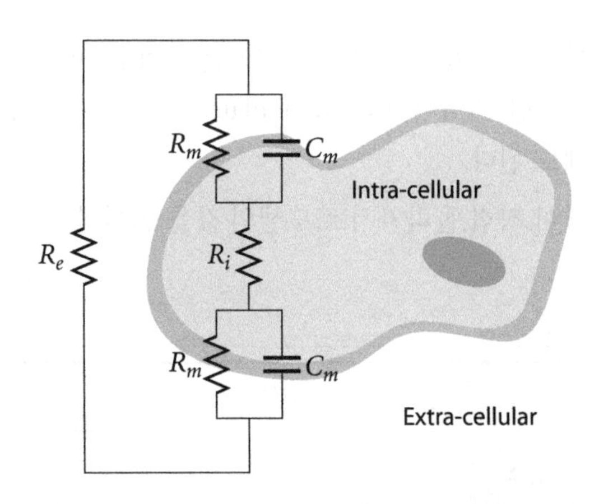

[그림 18-7] 세포 내, 외부 저항 및 커패시터 모델

수 있듯이 저항성분과 용량성 임피던스로 이루어진다.

생체 내부로 전류를 흘려서 임피던스를 측정하여 체성분을 분석하는 방법을 생체 임피던스 분석법(Bioelectrical impedance analysis, BIA)이라고 하며, 체지방량을 추정할 때 많이 이용한다. 생체 임피던스 분석법에서는 임피던스를 측정하고 사용자의 키, 성별, 몸무게 등의 정보를 추가하여 체지방량을 계산한다.

임피던스 측정 방법으로는 고주파의 교류 전류를 흘려 보내는 전류 인가용 전극 1쌍, 두 지점의 전압 차이를 측정하는 측정 전극 1쌍으로 총 4개의 전극을 이용하는 4전극법이 일반적이다. 측정하고자 하는 인체 영역의 양 끝쪽으로 전류 인가용 전극을 붙이고 그보다 안쪽에 측정 전극을 붙인다. 일반적으로 양 손바닥과 양 발바닥에 전류 인가용 전극을 붙여 전류를 흘려 보내주고 측정한 임피던스 값을 체지방 추정식에 대입하여 체지방량을 유추하는 방식을 가장 많이 사용한다.

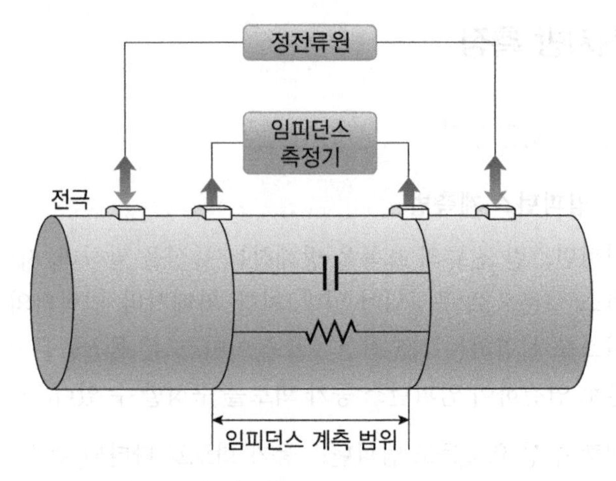

[그림 18-8] 임피던스 측정 방법 모식도

$$\text{체지방량(kg)} = \text{체중} - (0.372 \times (\text{키(cm)}^2/\text{임피던스}) + 3.05 \times (\text{성별}) + 0.142 \times (\text{체중}) - 0.069 \times (\text{나이})) / 0.73 \quad (1)$$

$$\text{체지방률(\%)} = \text{체지방량} / \text{체중} \times 100 \quad (2)$$

이 추정식은 Lukaski와 Bolonchuck가 연구하여 발표한 체지방량 추정식이며 이외에도 다양한 추정식이 존재한다. 위 식에서 성별 값은 남자일 때에는 1, 여자일 때에는 0을 넣어서 계산한다.

18.3.2 체지방 측정 실험

1 목표

임피던스의 개념과 생체 임피던스에 대해 파악하고, 생체 임피던스를 통한 체지방 측정법의 기본 개념을 이해한다. 그리고 실제적으로 생체 임피던스를 측정하고 체지방률을 구해본다.

2 준비물

- 범용 OpAmp
- 브레드보드, 저항, 커패시터, 가변 저항, 다이오드
- 파워 서플라이(±5V)
- 버니어 차동전압 센서
- Ag/AgCl 전극
- NI-ELVIS 혹은 NI DAQ Card
- LabVIEW 2010이 설치된 PC

3 방법

❶ 정확한 측정을 위해서는 측정 8시간 전부터 과한 수분 섭취 및 배출이 없도록 한다. 편안하게 누운 상태에서 전류 인가용 전극을 오른손, 오른발 발등에 붙여준다. 측정용 전극도 그 옆에 붙이되 전류 인가용 전극보다 안쪽으로 붙인다. 전극은 일반적으로 많이 쓰이는 심전도용 일회용 Ag/AgCl 전극을 사용하여도 무방하다.

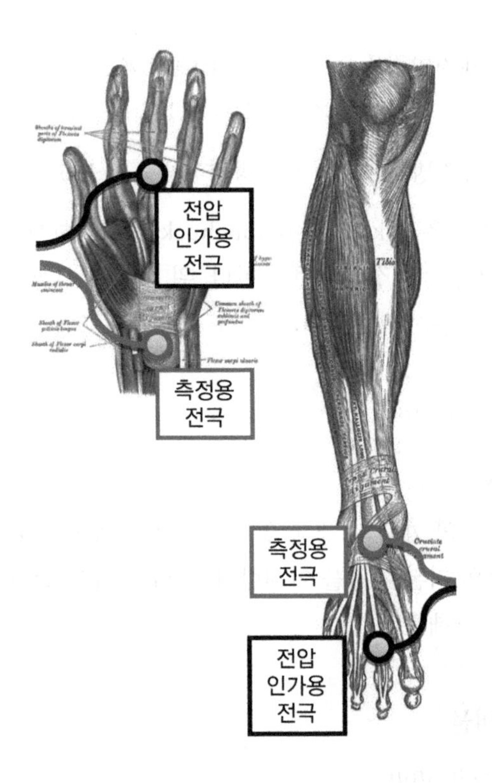

❷ 전압 인가용 회로를 다음과 같이 구성하고 각각의 전극을 연결한다. 다음 회로의 출력에는 50KHz, zero offset, Sine Waveform이 나와야 하며, $f = 1/2\pi RC$ 식을 이용하여 적합한 R, C 값을 계산해 연결한다(예: $R = 965\Omega$, $C = 3.3nF$).

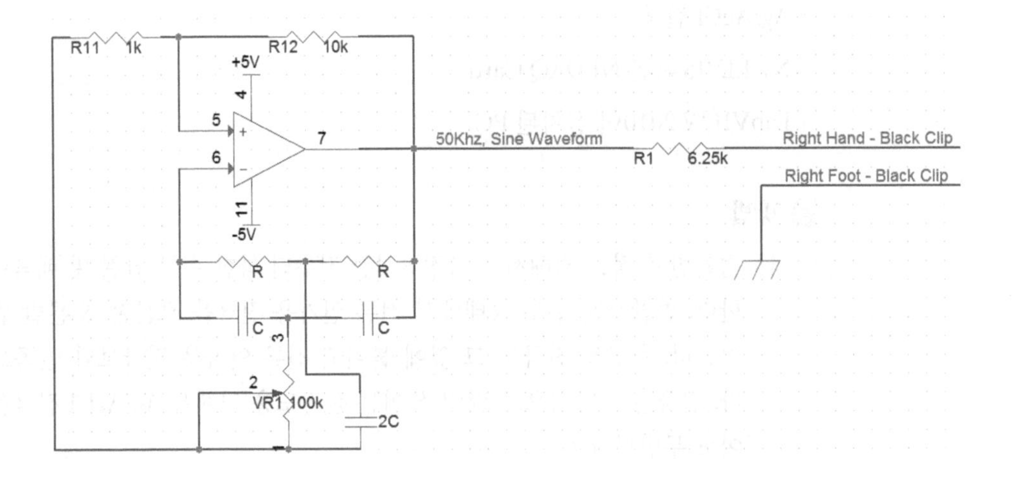

❸ 측정용 회로를 다음과 같이 구성하고 측정용 전극을 연결해 준다. 다음 회로는 측정용 전극 양단의 전압을 차동 입력하여 양단 사이의 저항에 따라 Offset 값이 달라지도록 구성되어 있다.

이론적으로는 정전류원을 이용하여 임피던스를 계측하는 것이 가장 적합하지만 간단히 구성할 수 있는 정전압원으로 대체한다. 정전압원을 사용하면 회로와 신체 표면에 흐르는 전류를 알 수 없으므로 저항값을 바로 읽어낼 수 없다. 하지만 미리 값을 정확히 알고 있는 저항을 연결하여 그때의 전압을 측정하면 특정 저항에서 출력 전압을 알 수 있으며, 신체에 연결하여 출력 전압을 측정하고 미리 측정한 저항에서 구한 출력전압을 이용해 내삽법으로 계산하면 신체 임피던스를 구할 수 있다.

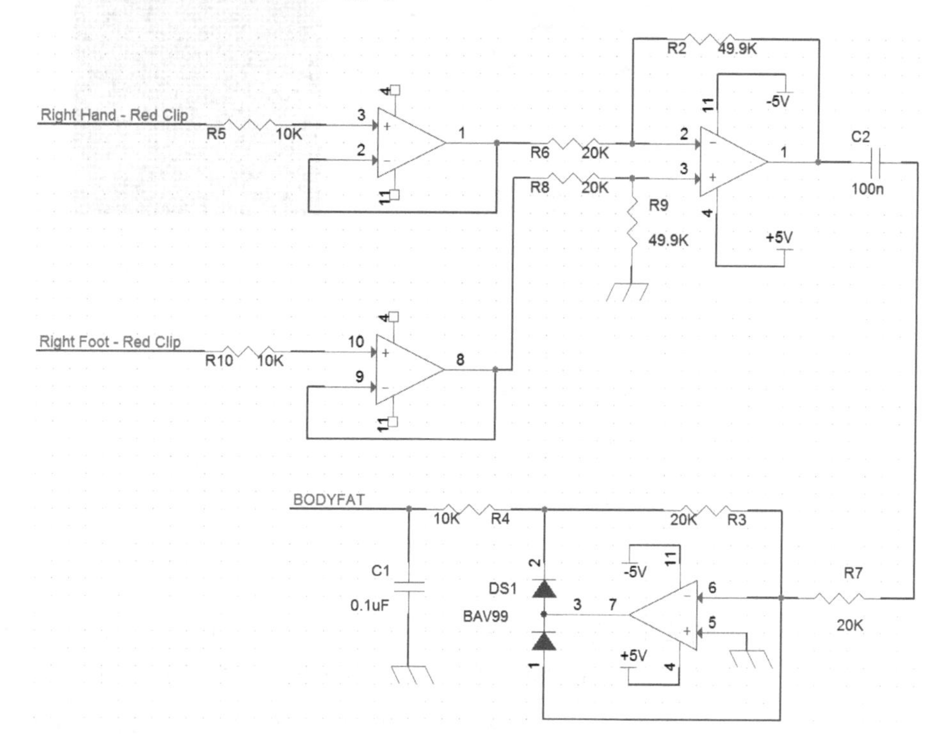

❹ 회로를 구성하고 난 후 BODYFAT 신호를 버니어 차동전압 센서의 빨간색 선에, GND를 검은색 선에 연결한다.

⑤ 버니어 차동전압 센서를 ELVIS와 연결하고 제공된 LabVIEW 예제 중에 Vernier Analog Signals\Acquire_Continuous.vi 파일을 열어 다음 화면처럼 세팅한다.

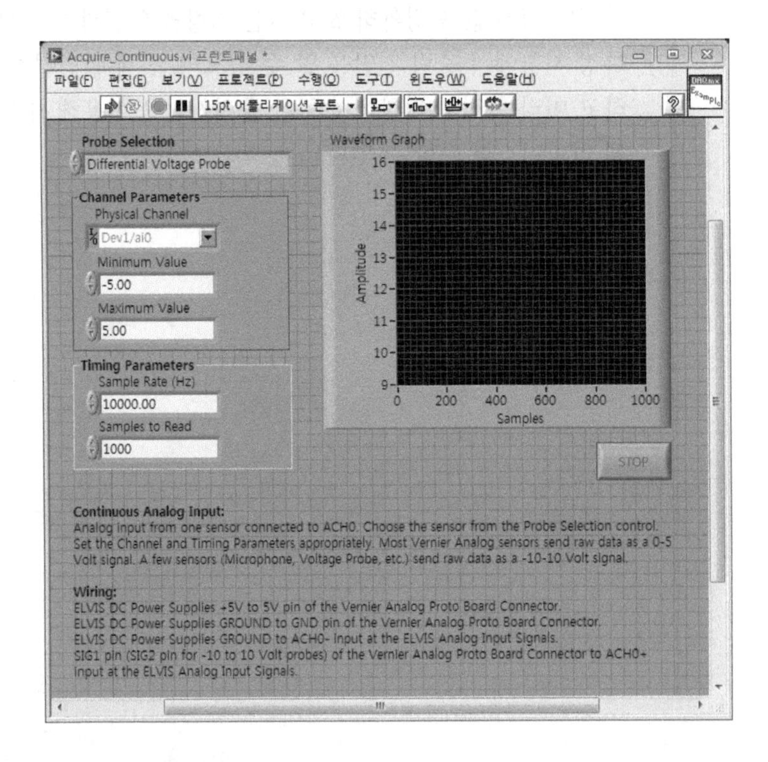

⑥ 회로가 모두 구성되면 전압 인가용 회로의 Right Hand-Black Clip과 측정용 회로의 Right Hand-Red Clip을 400ohm 저항 한쪽 끝에 연결한다. 저항의 다른 쪽 끝은 측정용 회로의 Right Foot-Red Clip에 연결한 후 LabVIEW를 실행하여 전압을 읽고 기록한다.

⑦ 이제 400ohm 저항 대신에 1200ohm 저항을 연결하여 같은 과정을 반복한다.

⑧ 마지막으로 ❶번 과정에서 나온 사진처럼 전극을 붙이고 ❷번 전압 인가용 회로와 ❸번 측정용 회로에 적절하게 연결하고 ❹번의 과정을 반복하여 신체 임피던스 정보를 담고 있는 전압을 읽어온다.

⑨ ❹, ❺, ❻의 과정에서 측정한 전압과 그때의 저항간의 상관관계는 다음 그래프와 같으므로 내삽법으로 임피던스 R값을 구한다.

$$R_{body} = 400 + (1200 - 400)\frac{(V_{body} - V_{400\ ohm})}{(V_{1200\ ohm} - V_{400\ ohm})}$$

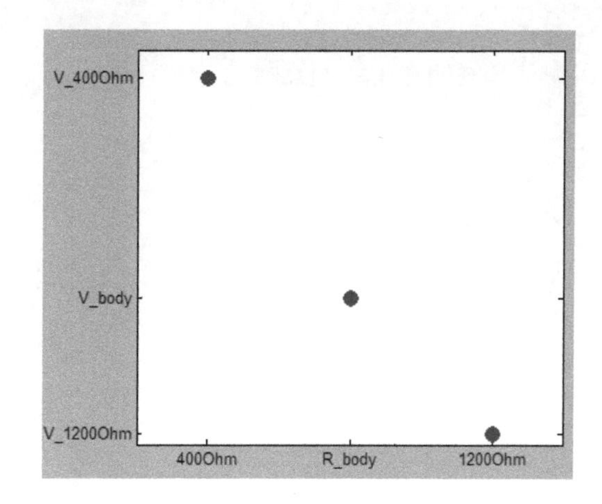

⑩ ❼의 과정에서 구한 임피던스 값과 추정식을 이용해 체지방량과 체지방률을 계산한다.

$$\text{Body Fat(kg)} = \text{Weight(kg)} - \left(\frac{0.372 \times \text{Height(cm)}^2}{\text{Impedance(ohm)}} + 3.05 \times (\text{Gender}) + 0.142 \times \text{Weight(kg)} - 0.069 \times \text{Age(years)}\right)/0.73$$

※ Gender : Male = 1, Female = 0

$$\text{Body Fat Ratio(\%)} = \frac{\text{Body fat(kg)} \times 100}{\text{Body Weight(kg)}}$$

4 결과 및 토의

정확한 분석을 위해서는 저항성 임피던스 값과 용량성 임피던스 값을 따로 분석해야 하지만 체지방 분석에서 저항성 성분이 주요하므로 위와 같은 분석방법을 사용하여 대략적인 경향을 알 수 있다.

참고문헌

PART 1 의용생체계측 이론

[1] Webster J. G., Editor. *Medical Instrumentation Application and Design. Third Edition*. John Wiley & Sons, Inc.. 1998

[2] Enderle J., Blanchard S., Bronzino J.. *Introduction to Biomedical Engineering. Second Edition*. Elsevier Academic Press. 2005

[3] Geddes L.A., Baker L.E.. *Principles of Applied Biomedical Instrumentation. Third Edition*. John Wiley & Sons, Inc.. 1989

[4] Carr J. J., Brown J. M.. *Introduction to Biomedical Equipment Technology. Fourth Edition*. Prentice Hall. 2001

[5] Carr J. J.. *Sensors and Circuits*. PTR Prentice-Hall. Inc.. 1993

[6] Eggins B. R.. *Biosensors: an Introduction*. John Wiley & Sons, Inc.. 1997

PART 2 의용생체계측을 위한 LabVIEW 프로그래밍

[1] 곽두영.『컴퓨터 기반의 제어와 계측 LabVIEW(한글판)』. Ohm사. 2007

[2] 곽두영.『컴퓨터 기반의 제어와 계측 LabVIEW 2009(한글판)』. Ohm사. 2009

[3] National Instruments. "LabVIEW 시작하기". *National Instruments*. <http://www.ni.com/pdf/manuals/373427g_0129.pdf>. (2010)

PART 3 의용생체계측 응용

CHAPTER 8 심전도

[1] National Instruments. "DAQ카드 기종별 specification". *National Instruments*. <http://www.ni.com/>

[2] Vernier 심전계 메뉴얼. HW 구입 시 포함

[3] Pan J, Tompkins WJ. "A real-time QRS detection algorithm". *IEEE transactions on bio-medical engineering*. 32(3). 230-6. 1985

CHAPTER 9 심박변이율

[1] Rajendra Acharya, U. et al. "Heart rate variability: a review". Medical and Biological Engineering and Computing. 44. 1031-1051. 2006

[2] Malik, M., Camm, J. "Electrophysiology, pacing, and arrhythmia". Clin. Cardiol. 13. 570-576. 1990

[3] Wikipedia(4 Jan. 2012). "Heart rate variability". WIKIPEDIA. <http://en.wikipedia.org/wiki/Heart_rate_variability>. (5 Feb. 2012)

CHAPTER 10 혈압

[1] Harvard Medical School(2006). "Harvard Health Topics A to Z". *Harvad A to Z.* <http://harvardatoz.demo.staywellsolutionsonline.com/>. (4 Jan. 2011)

[2] 국민고혈압사업단(2001). "국민고혈압사업단 - 고혈압알기". *국민고혈압사업단* <http://www.hypertension.or.kr>. (10 Feb. 2011)

CHAPTER 11 근력과 근전도

[1] 전대원. 『운동과 스포츠 생리학 실험법』. 도서출판 무지개사. 2005

[2] Fox. S. I.. Human physiology. 4th Ed. Wm.C.Brown Publishers. 1996

[3] National Instruments(Aug. 2008). "Vernier Biosensors VIs for NI ELVIS II User Manual". *National Instruments.* <www.ni.com>. (21 Nov. 2011)

CHAPTER 12 호흡과 가스 교환

[1] 이연숙. 『(이해하기 쉬운)인체생리학』. 파워북. 2009

[2] 오성천. 『인체생리학』. 효일. 2001

[3] John G. Webster. *Medical Instrumentation: application and design*. Wiley. 1997

[4] Jon B. Olansen, Eric Rosow. *Virtual Bio-instrumentation: Biomedical, Clinical and Healthcare Applications in Labview*. Prentice Hall PTR. 2001

[5] 김기환 외 2명. 『생리학 제 7판』. 도서출판 의학문화사. 2004

CHAPTER 13 혈당

[1] 대한당뇨학회. 『당뇨병학』. 제3판. 고려의학. 2005

[2] Heller. A., Feldman. B.. "Electrochemical glucose sensors and their applications in diabetes management". *Chemical Reviews*. 108. 2482-2505. 2008

[3] Jon Weber(7 May. 2003). "The Chemistry & Circuitry of Glucometry". *University of Illinois, College of Engineering*. <https://wiki.engr.illinois.edu/pages/viewpage.action?pageId=44729985>. (Feb 3. 2012)

CHAPTER 14 혈액 전해질

[1] John. G. Webster. *Medical Instrumentation: Application and Design*. John Wiley & Sons, Inc.. 1998

[2] Jon. B. Olansen, Eric Rosow. *Virtual Bio-Instrumentation, Biomedical, Clinical, and Healthcare applications in Labview*. NATIONAL INSTRUMENTS. 2002

CHAPTER 15 혈구 계수와 면역분석법

[1] 대한혈액학회. 『혈액학』. E PUBLIC. 2006

[2] 오성천, 김은희, 최영덕, 권상희. 『인체 생리학』. 도서출판 효일. 2001

[3] 한국식품과학회. 『식품과학기술대사전』. 광일분화사. 2004

[4] 이철주. 「바이오마커 연구개발 동향」. 『KSBMB News (생화학분자생물학회 소식)』. 28(2). 57-63. 2008

[5] Wikipedia(7 Jun. 2003). " Complete Blood Count." . WIKIPEDIA. <http://en.wikipedia.org/wiki/Complete_blood_count>. (17 Jan. 2011)

[6] American Association for Clinical Chemistry(2 Mar. 2008). "Complete Blood Count.". *Lab Tests Online*. <http://www.labtestsonline.org/understanding/analytes/cbc/test.html>. (17 Jan 2011)

[7] RnCeus(2005). "Differential.". *Rnceus.com*. <http://www.rnceus.com/cbc/cbcdiff.html>. (17 Jan 2011)

[8] HORIBA Medical(1996). "ABX Pentra DF 120 SPS.". *HORIBA*. <http://www.horiba.com/kr/medical/products/hematology/abx-pentra-dx-df-120/abx-pentra-df-120-details/abx-pentra-df-120-sps-757/>. (17 Jan. 2011)

CHAPTER 16 뇌파

[1] 김대식. 『임상생리학』. 고려의학. 2006

[2] 김기환. 『생리학』. 의학문화사. 2004

[3] 위키백과.(5 Jul. 2011). "뇌파". *위키백과*. <http://ko.wikipedia.org/wiki/%EB%87%8C%ED%8C%8C>. (15 Jan. 2012)

[4] 위키백과.(5 Jul. 2011). "대뇌". *위키백과*. <http://ko.wikipedia.org/wiki/%EB%8C%80%EB%87%8C>. (15 Jan. 2012)

CHAPTER 17 체온조절

[1] Eric P. Widmaier. Human Physiology. 10th edition. McGrawHill. 2005

[2] Sodium(25 Oct. 2001). "Thermistor". *Wikipedia*. <http://en.wikipedia.org/wiki/Thermistor>. (6 Feb. 2012)

[3] National INSTRUMENTS. "Vernier 바이오센서를 위한 VI 인터페이스". *National INSTRUMENTS*. <http://zone.ni.com/devzone/cda/epd/p/id/6256>. (6 Feb. 2012)

CHAPTER 18 체중과 체지방

[1] (사)한국영양학회. 『한국인 영양섭취기준 1차 개정판』. 한국영양학회. 2010

[2] Eric P. Widmaier. 강신성 역. 『인체 생리학』. 10th edition. McGrawHill. 2008

[3] R. J. Liedtke. *Principles of Bioelectrical Impedance Analysis*. RJL Systems publications. 1997

[4] L. M. Stolarczyk. "The fatness-specific bioelectrical impedance analysis eqauations of Segal et al: are they generalizable and practical?". *Am J Clin Nutr*. 66. 8-17. 1997

[5] "Body Composition: Bioelectrical Impedance Analysis(BIA)". *ROHAN Academic Computing*. <http://www-rohan.sdsu.edu/~ens304l/bia.htm>. (13 Jan. 2011)

[6] "Sine Wave Generator". *ECE Lab*. <http://ecelab.com/circuit-sine-wave-gen.htm>. (13 Jan. 2011)

[7] Ursula G. Kyle et al. "Bioelectrical impedance analysis part I: review of principles and methods". *Clinical Nutrition*. 23. 5. 1226?1243. 2004.

[8] Lukaski & Bolonchuk. "Formula for total body water". *Aviation Space and Environmental Medicine*. 59. 1163-1169. 1988

찾아보기

L

M

N

O

P

Q

R

S

T

V

W

기타

마이랩뷰로의 초대

LabVIEW로 말하는 세상! mylv.net

마이랩뷰는 2003년 사이트를 오픈 한 이래 꾸준한 LabVIEW 사용자들의 증가로 국내 최대 규모의 LabVIEW 개발자 커뮤니티로 자리 잡았습니다. 2011년 회원 여러분들과의 협업을 통해 마이랩뷰는 보다 강력하고 사용자 중심적인 LabVIEW 커뮤니티로 더욱 성장하였습니다.

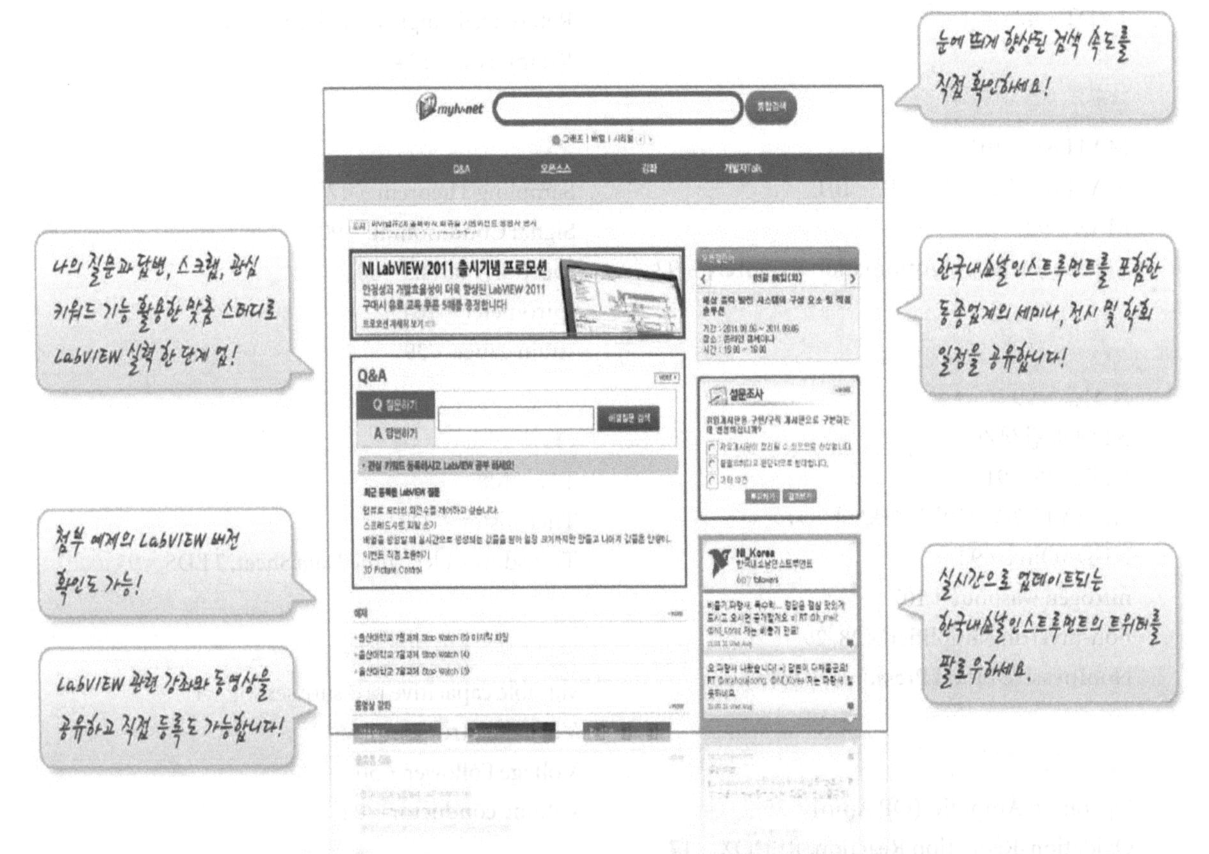

마이랩뷰2.0의 풍성한 리소스와 혜택을 모두 누리세요!

리소스

- 월 300건 이상의 질의응답이 이루어지는 Q&A 게시판
- 동영상 강좌, 사용자 솔루션 및 프로그래밍 예제 공유
- 다양한 분야의 엔지니어를 위한 구인, 구직 게시판
- 마이랩뷰 핫이슈만 골라보는 e뉴스레터
- 동종업계 세미나, 전시, 학회일정을 공유하는 오픈캘린더
- 회원님들의 멋진 꿈과 경험을 공유하는 멤버인터뷰

풍부한 혜택

- 커뮤니티 참여를 통한 소프트웨어 개발 실력 향상 기회
- 노하우와 지식 공유 시 주어지는 포인트 보상 프로그램
- 푸짐한 경품과 함께 매월 진행되는 이벤트 참여 기회
- 오프라인 모임을 통한 개발자간의 네트워크 형성 기회
- 설문조사를 통해 회원들의 의견을 적극 반영하여 커뮤니티 운영

더욱 새로워진 **마이랩뷰**를 지금 확인하세요!

LabVIEW 교육을 위한 단 하나의 선택! NI 교육센터

한국 NI 교육센터 교육전용 웹사이트 www.niedu.co.kr

- 실무 지식과 숙련된 강의 경험 LabVIEW 국제인증 자격 보유자인 최고 강사들
- 20년 이상의 노하우를 가진 NI 미국 본사 전담교재개발팀에서 집필한 교재
- 수강생들이 교육에 집중하고 효율을 높일수 있는 최적의 환경

1. 미리 만나보는 강사진

웹사이트에서 미리 한국NI 교육센터의 강사진을 만나보십시오. NI 교육 강사들은 NI 기반 솔루션과 소프트웨어를 누구보다도 잘 알고 있는 한국NI 기술지원 엔지니어들과 현장에서 시스템 통합 업무 경험이 있는 전문 강사로 구성되어 있습니다.

2. 내게 맞는 교육과정 찾기

내게 맞는 교육과정 찾기는 스스로가 본인의 LabVIEW 실력을 파악하는데 도움이 되는 퀴즈이며, 각 채점된 결과에 따라 적합한 과정을 추천하여 드립니다. 정확한 진단을 위해 10가지 문항의 설문 후 퀴즈풀이에 참여하게 되며 총 4 과정에 대한 퀴즈가 준비되어 있습니다.

3. 수강생 후기

교육 과정 별 수강생 후기 또는 국제인증 자격시험에 응시한 후기를 살펴볼 수 있습니다. 진솔한 수강생의 후기를 통해 강의의 생생한 분위기를 미리 살펴보거나 강의 내용을 파악할 수 있습니다.

> 강의를 듣기 전에는 LabVIEW를 다뤄본 경험이 거의 없었기 때문에 과연 강의진도를 따라갈 수 있을까 걱정했었는데, 강사님께서 친절한 설명과 함께 수강생 모두가 따라올 수 있도록 배려해주셔서 무사히 과정을 마칠 수 있었던 것 같습니다.
>
> LabVIEW만큼 당장 업무에 적용가능하고 반드시 필요한 교육도 드물었던 것 같습니다.
>
> Core1에서는 기본적인 내용을 알고 간단한 프로그래밍 연습을 해볼 수 있어 앞으로 LabVIEW를 배워나가는 데 탄탄한 밑바탕이 될 것 같습니다.
>
> 3일 동안 배운 내용을 잊어 버리기 전에 빨리 저만의 VI를 만들어보고 싶은 욕심이 생깁니다
>
> 교육내용뿐만 아니라 교육환경 면에서도 너무너무 만족스러웠습니다.
>
> **– 교육과정 수강생 후기 중**

수강생후기

NI 교육과정 수강생, 국제인증 자격시험 응시하신 분들은 교육후기를 남겨 주세요! 교육후기 작성 시 50점의 마일리지가 적립되며, 베스트 후기로 채택될 시에는 추가 50점을 드려 총 100[...] 리지가 적립됩니다!

교육과정을 선택하세요.

번호	제목	과정명	만족도	작성자
224	LabVIEW Core 2 후기	LabVIEW Core II	★★★★★	최병욱
223	LabVIEW Core 1 후기[1]	LabVIEW Core I	★★★★★	최병욱
222	LabVIEW Core 1 수업 잘 들었습니다^^	LabVIEW Core I	★★★★★	손세욱
221	LabVIEW Core 1 과정 수강 후기[1]	LabVIEW Core I	★★★★★	김민지
220	손혜영 강사님의 Labview core1 (basics ..[1]	LabVIEW Basics I	★★★★★	유재석
219	Intermediate I 강의를 듣고..	LabVIEW Intermediate I	★★★★★	이태웅
218	손혜영 강사님의 DAQ & SCXI 강의 ..[3]	DAQ & SCXI	★★★★★	이태웅

김 희 찬

서울대학교 의과대학 의공학교실 주임교수
서울대학교병원 의공학과 과장
서울대학교 의학연구원 의용생체공학연구소장
서울대학교병원 의료기기 IRB 전문간사
서울대학교 대학원 바이오엔지니어링 협동과정 주임교수
서울대학교병원 임상의학연구원 지식재산관리실장

LabVIEW를 이용한 의용생체계측 시스템

Biomedical Instrumentation Using LabVIEW

인 쇄	2012년 2월 10일 초판1쇄
발 행	2012년 8월 13일 초판2쇄
저 자	김희찬
발 행 인	채희만
출판기획	안성일
영 업	박지훈, 박지인
편집진행	이승훈, 장은화, 백진주
관 리	최은정
발 행 처	INFINITYBOOKS
주 소	서울특별시 마포구 서교동 460-35
대표전화	02)302-8441
팩 스	02)6085-0777
Homepage	www.infinitybooks.co.kr
E-mail	helloworld@infinitybooks.co.kr
I S B N	978-89-92649-75-9
등록번호	제313-2010-241호
판매정가	28,000원